- 国家社会科学基金重大项目"改革开放40年文学批评学术史研究"(18ZDA276)阶段性成果
- 教育部产学合作协同育人项目"西部少数民族地区本科院校文艺学教学的理论与实践研究"(230824450007026)阶段性成果
- "广西一流学科中国语言文学"学科建设经费资助
- 广西学位与研究生教育改革课题"审美人类学课程教学改革与创新研究"(JGY2022042)阶段性成果
- 广西师范大学研究生课程(2017)建设成果

审美人类学理论与批评

张利群　刘世文　等编著

苏州大学出版社
Soochow University Press

图书在版编目(CIP)数据

审美人类学理论与批评/张利群等编著. --苏州：苏州大学出版社，2023.12
ISBN 978-7-5672-4648-5

Ⅰ.①审… Ⅱ.①张… Ⅲ.①审美-文化人类学-研究 Ⅳ.①B83-05

中国国家版本馆 CIP 数据核字(2024)第 003445 号

Shenmei Renleixue Lilun yu Piping

书　　名：	审美人类学理论与批评
编 著 者：	张利群　刘世文　等
责任编辑：	杨　华
装帧设计：	刘　俊
出版发行：	苏州大学出版社（Soochow University Press）
社　　址：	苏州市十梓街1号　邮编：215006
印　　装：	江苏凤凰数码印务有限公司
网　　址：	www.sudapress.com
邮　　箱：	sdcbs@suda.edu.cn
邮购热线：	0512-67480030
销售热线：	0512-67481020
开　　本：	787 mm×1 092 mm　1/16　印张：14.5　字数：318千
版　　次：	2023年12月第1版
印　　次：	2023年12月第1次印刷
书　　号：	ISBN 978-7-5672-4648-5
定　　价：	55.00元

凡购本社图书发现印装错误，请与本社联系调换。服务热线：0512-67481020

目录 Contents

- 绪论 / 001

- 第一章 审美人类学的学科基础 / 004
    - 第一节 审美人类学的学科定位 / 004
    - 第二节 审美人类学研究的生长点 / 014
    - 第三节 审美人类学学科的发展及其前景 / 017

- 第二章 现代美学与文化生态相关问题 / 020
    - 第一节 美学面临的挑战及现代美学问题 / 020
    - 第二节 民族文化生态与艺术生态问题 / 025
    - 第三节 人类的审美活动及审美文化现象问题 / 031

- 第三章 审美人类学资源的发掘与利用 / 037
    - 第一节 西方审美人类学思想资源 / 037
    - 第二节 民族审美人类学的理论资源 / 042
    - 第三节 民间文艺审美人类学资源 / 051
    - 第四节 文化习俗审美人类学资源 / 064
    - 第五节 中国古代审美人类学资源 / 071

- 第四章 马克思《人类学笔记》及其人类学美学思想 / 081
    - 第一节 马克思与《人类学笔记》 / 082
    - 第二节 马克思《人类学笔记》及其审美人类学思想 / 085
    - 第三节 马克思《人类学笔记》的重要美学价值 / 097

- 第五章 审美人类学跨学科研究方法 / 103
  - 第一节 文艺学美学研究方法 / 103
  - 第二节 人类学研究方法及其价值 / 114
  - 第三节 民族学及民族美学研究方法 / 121
  - 第四节 民俗学及民俗美学研究方法 / 128
  - 第五节 生态学及生态美学研究方法 / 137
  - 第六节 比较研究方法及比较美学 / 145
  - 第七节 跨学科的研究方法 / 153

- 第六章 艺术起源的审美人类学阐释 / 161
  - 第一节 艺术发生学的审美人类学阐释 / 161
  - 第二节 艺术起源的主客体双向同构性 / 167
  - 第三节 身体作为原发点的审美人类学阐释 / 174

- 第七章 审美人类学批评实践 / 185
  - 第一节 花山岩画图像原型的审美人类学批评 / 186
  - 第二节 《密洛陀》创世史诗的审美人类学批评 / 194
  - 第三节 歌圩缘起生成的审美人类学批评 / 202
  - 第四节 论左江花山岩画的神圣空间建构及其功能 / 212

- 主要参考文献 / 221
- 后记 / 227

绪 论

在现代化与全球化思潮的推动下,后工业社会发展加快,其文化经济时代已然到来。一方面,后现代主义思潮及其文化研究特征越来越彰显;另一方面,资源匮缺、环境破坏、生态危机问题也越来越凸显。国内学术界、政府与社会都聚焦于生态文明、和谐社会、科技发展和现代化进程议题,旨在形成当代社会共同的核心价值取向及其殊途同归的精神追求。在文化建设发展的民族化与本土化语境下,文化研究思潮推动着思维观念更新、理论模式转换、学术范式转型、研究方法创新,尤其是交叉学科、综合学科、新兴学科的跨学科研究视域拓展与深化,改变了既有学术研究的基本格局。审美人类学的兴起,既是社会时代发展外驱力影响下的必然结果,也是新兴学科崛起与学术转向内驱力推动下的必然产物。

在20世纪与21世纪转换之交,以王杰等为代表的广西师范大学文学院的一批学者,立足于本土文化资源发掘,打破学科间壁垒,开辟审美人类学研究领域。文艺学、美学与人类学、中国少数民族语言文学、民俗学等多学科通过整合资源、构筑平台、聚集人才、转换机制等方式组成跨学科研究团队,致力于审美人类学研究及这一新兴学科的建设。"审美人类学丛书"的"总序"明确阐发了研究初衷与宗旨:"审美人类学作为一门交叉学科,采用文化人类学的理论观念和田野调查的方法,努力把美学问题人类学化。作为一种理论方法,审美人类学把民族艺术作为一种复杂的意识形态现象来研究,不仅研究民族艺术的形态、意义、审美价值,而且研究民族艺术的社会作用以及与社会发展的关系。这种研究既包括学理上的,也包括实践方面的,因为这是现实存在着的文化运动。"① 这一基本理念与思路奠定了审美人类学研究的基本思路与研究指向。

20多年来,广西师范大学文艺学教研室相继出版了一批审美人类学研究成果,主要包括王杰《审美幻象研究:现代美学导论》《审美幻象与审美人类学》《审美人类学》、覃德清《审美人类学的理论与实践》《天人和谐与人文重建——漓江流域文化底蕴与社会发展的审美人类学探究》《民生与民心——华南紫村壮汉族群的生存境况与精神世界》《文化保护与民族发展——珠江流域中上游族群文化的调查和研究》、张利群《民族区域

---

① 王杰:《寻找母亲的仪式——南宁国际民歌艺术节的审美人类学考察》,广西师范大学出版社2004年版,"总序"第2页。

文化的审美人类学批评》、杨树喆《师公·仪式·信仰——壮族民间师公教研究》、海力波《道出真我——黑衣壮的人观与认同表征》、王朝元《审美人格的批判与重构——康德审美人类学思想研究》等著作，以及王杰主编《寻找母亲的仪式——南宁国际民歌艺术节的审美人类学考察》、王杰和王朝元主编《神圣而朴素的美——黑衣壮审美文化与审美制度研究》、海力波等主编《历史记忆与文化表征》等著作。还发表了一系列重要的研究成果，主要有：王杰、覃德清、海力波《审美人类学的学理基础与实践精神》（《文学评论》2002年第4期），王杰、海力波《审美人类学与马克思主义美学的当代发展》（《文艺研究》2002年第2期），王杰、彭兆荣、覃德清《审美人类学三人谈》（《广西民族学院学报》2002年第6期），王杰、叶舒宪、覃德清、海力波《探寻文化的审美尺度——审美人类学与文化建设四人谈》（《南方文坛》2003年第1期），王杰《美学研究的人类学转向与文学学科的文化实践——以南宁国际民歌节的初步研究为例》（《广西民族学院学报》2004年第5期），王杰、海力波《马克思的审美人类学思想》（《广西师范大学学报》2000年第4期），张利群《论民族审美人类学领域的开拓和扩展》（《广西民族研究》2001年第2期）、《论中国古代审美人类学资源的利用》（《东方丛刊》2001年第4期）、《民族审美人类学》（《民族艺术研究》2002年第4期），海力波《审美人类学理论研究初探——从本质界定、功能分析到意义认知》（《广西民族学院学报》2004年第5期）等论文。这些重要的研究成果构成了审美人类学研究的基本框架与基本格局，呈现出三个明确方向及其研究路径：一是审美人类学理论与实践资源发掘、开发与利用；二是广西区域文化及其民族文化、民间文化、民俗文化的审美人类学阐释；三是审美人类学理论研究及其理论体系建构，夯实了审美人类学研究的理论与方法论基础，为相关研究提供了丰富多彩的审美人类学实践资源与民族经验。

广西师范大学审美人类学研究经过20多年的建设与发展，取得了令人瞩目的研究成果：出版了由王杰、覃德清主编的"审美人类学丛书"8部，相关著作10多部，发表论文100余篇，建立了广西人文社科重点基地"审美人类学研究中心"，获得国家社科项目、教育部社科项目、广西社科项目与广西软科学项目近20项，获得广西社科成果奖、广西文艺创作铜鼓奖及其他各种奖项近30项，使广西师范大学成为审美人类学研究重镇。广西师范大学的审美人类学研究得到学界专家冯宪光、张玉能、叶舒宪、郑元者、彭兆荣、傅其林等学者的肯定与好评。傅其林在《审美意识形态的人类学阐释——二十世纪国外马克思主义审美人类学文艺理论研究》中评价："王杰等学者的审美人类学研究群体在国内开创了另一种途径。这就是侧重于民族审美文化的人类学研究，即一种侧重于人类学的美学研究。它接近于目前国外人类学家的审美人类学研究，体现出审美人类学的跨国际整合态势，具有独特的价值。他们在一系列的论文与专著中，就审美人类学的跨学科性质、研究对象、主要任务、学理基础、研究方法、价值意义及其发展方向进行了较为全面的思考，也对具有中国民族特征的具体审美现象进行了阐发，为中国的审美人类学的建设与研究奠定了基础。"① 审美人类学研究获得学界认同，它与文化人类学、文学人类学、艺术人类学、影视人类学、生态人类学、民族人类学等构成新兴学科、交叉学科、综合学科的跨学科研究的一道亮丽风景线。

在文化强国战略实施的大背景下，广西明确提出"民族文化强区"的区域文化发展战略，持之以恒的审美人类学研究得到学界、政府与社会的高度重视，推动着广西师范大学研究团队开始新的跨越和更高目标的追求。为此，文艺学教研室进一步加大审美人类学学科建设及其研究力度，形成具有鲜明特色与明显优势的学科方向与研究方向，继续推出高质量、高水平、有分量的研究成果，不断增强学科及其审美人类学研究的综合实力。2014年出版了张利群主编"审美人类学丛书"（第二辑），包括张利群《八桂文化论丛——审美人类学与广西民族文化研究》、覃德清《审美人类学与区域文化建设》、海力波《美之文化与文化之美——人类学视域下的审美与文化》、聂春华《书斋里的田野——作为知识生产的人类学和美学》、莫其逊主编《审美人类学的西方理论视野》、廖国伟主编《审美人类学视阈中的民歌文化》、王朝元主编《艺术形态的审美人类学阐释》、袁愈宗主编《都市时尚审美文化研究》、陈雪军主编《黑衣壮文化的审美人类学研究》、唐迎欣主编《电影审美人类学的理论研究》共10部著作，以期进一步深化审美人类学研究，引起学界与同人的关注和支持，推动审美人类学学科建设和发展。

随着审美人类学研究的不断深化和拓展，进一步推动学科建设资源整合优化及学科方向特色优势凝练，培养从事审美人类学研究的专业人才，已成为审美人类学研究发展的必然途径。鉴于此，我们从2004年起开设本科生课程及研究生课程，开辟文艺学硕士研究生培养的审美人类学方向，加大审美人类学课程教学力度，加快审美人类学人才培养速度。基于此，我们组织编撰《审美人类学理论与批评》教材，在满足教学及人才培养需求的基础上，抛砖引玉，期待学界同人的批评指正，共同推动审美人类学建设及研究的进一步发展。

---

① 傅其林：《审美意识形态的人类学阐释——二十世纪国外马克思主义审美人类学文艺理论研究》，巴蜀书社2008年版，第18—19页。

第一章　审美人类学的学科基础

第一节　审美人类学的学科定位

　　学科发展既要遵循社会发展规律及社会发展需求，又要遵循学科发展的内在规律，更要遵循科学共同体及学术共同体原则。从总体上看，现代学科发展主要呈现三种趋势：一是随着现代社会分工及大工业分工越来越细密而逐步走向学科细化，从学科中产生出分支学科或学科方向，如同一棵树生长出层层枝杈。将学科划分为一级学科、二级学科、三级学科等，形成更为精细、精密和微观的分门别类的专业化、专门化学科。二是应对研究对象及其构成的整体把握、研究视野与视角的扩展、研究系统性和综合性的需求，呈现出明显的学科资源整合、学科结构调整、学科优势互补的多学科、交叉学科、复合学科的跨学科研究趋向，如同生物杂交、嫁接、移植能够改良品种或产生新品种一样，凸显出一定的优势与特色，如人类学、地理学、生态学、环境学、传播学、信息学等。人文科学与社会科学及自然科学的理论方法结合，基础学科与应用学科结合，传统学科与现代学科结合，以及在学科研究中引入相关学科资源、知识、理论和方法，如系统论、控制论、信息论、价值论等，推动跨学科综合研究及协同创新发展。三是为了适应社会发展及新生事物发展需求而产生新兴学科，如随着技术进步和媒介发展而产生的网络文学、网络艺术、网络美学、新媒体艺术、数字艺术、人工智能艺术等，自然科学适应高新科学技术发展及新生事物涌现而产生的新学科和交叉学科更是举不胜举。当然，学科发展的这三种趋势并非截然分流，而是相辅相成、互为渗透、相互影响，共同构成现代学科发展的基本格局及发展走向。

　　国内审美人类学研究从20世纪90年代末发展至今，已基本形成审美人类学的学科格局。这既是在已经取得大量的理论与实践研究成果基础上推动审美人类学研究发展的必然结果，也是其研究逐步走向学术自觉、学科自觉、理论自觉的必然产物。审美人类学研究从多元化文化思潮中兴起，从边缘崛起，从学术范式转型及学科更新的发展趋向中突起，已逐步从幼稚走向成长，从质疑与争议走向认同与共识，具备了学科形态的雏形及其形成基础和形成条件。

一、审美人类学的学科定位及其跨学科特征

要将审美人类学作为一门学科来进行科学建构，需要厘清和回应以下问题：如何对审美人类学进行学科定位？如何看待审美人类学跨学科构成的学科性？如何建构其学科形态及加强审美人类学学科建设？这些问题可从以下几个方面予以回答。

其一，美学与人类学研究的共同思路。就美学与人类学研究的基本思路与价值取向而言，可谓异流同源、殊途同归。王杰认为："审美人类学作为一门交叉学科，采用文化人类学的理论观念和田野调查的方法，努力把美学问题人类学化。作为一种理论方法，审美人类学把民族艺术作为一种复杂的意识形态现象来研究，不仅研究民族艺术的形态、意义、审美价值，而且研究民族艺术的社会作用以及与社会发展的关系。这种研究既包括学理上的，也包括实践方面的，因为这是现实存在着的文化运动。"[①] 这一基本理念与思路奠定了审美人类学研究的基本思路与宗旨。首先，就审美而论，审美现象及审美活动无疑是人类社会实践活动的产物，是人类活动的一种方式，美作为"理念的感性显现"、人的"对象化"、人对自我的确证、人性复归与人的全面发展的一种行为活动方式，无疑具有人学及人类学意义。其次，就人类学而论，一方面，无论是体质人类学还是文化人类学其实都为审美提供必需的生理、心理、精神、情感等基础和条件，没有这些人类学基础和条件，审美无从谈起；另一方面，审美现象及审美活动不仅基于人类的社会实践活动，而且基于人类在改造世界的同时也在改造人类自身的创造、超越和提升的行为活动，无论是人类在逐步从自然界分离出来并进化到文明社会的"人化"过程中审美需要机制的推动力，还是人类发展所指向的"诗意的栖居"的审美化人生追求与审美理想机制的推动力，都昭示审美在人类存在、生存、发展中的不可或缺的重要作用和意义。再次，将审美放置在人类学及人类存在的本体论大框架中审视，审美现象及审美活动的本元、本原、本源无疑带有"人从哪里来，到哪里去"的人的存在、生存、发展的本体性终极价值与意义追寻的特征，审美无疑具有人类学本体论意义。最后，美学与人类学都将研究对象聚焦于人，其目标与宗旨都指向人类社会实践活动中显现的人类本质属性和特征，其价值取向都指向人的合理化存在、优化生存和全面发展及人性提升，由此形成基于人类总体性与整体性的美学与人类学共同的研究视野和视角，构成两者在人类本体论意义上的内在逻辑联系。更为重要的是，作为指导思想的马克思主义世界观与方法论，更在美学与人类学研究之间搭建联结的桥梁与制高点，形成审美人类学的理论基础及基本思路。冯宪光在考察马克思主义文论美学思想后指出："几乎所有自称或被称为马克思主义文艺理论家的人，都对这几个理论原点有所承传、阐释和创新。而且从

[①] 王杰：《寻找母亲的仪式——南宁国际民歌艺术节的审美人类学考察》，广西师范大学出版社2004年版，"总序"第2页。

这三个原点出发,形成四种马克思主义文艺学本体论的主要构成因素:1. 审美;2. 上层建筑与意识形态;3. 生产;4. 政治。这就形成了二十世纪马克思主义文艺理论的四种本体论形态:1. 人类学审美本体论;2. 意识形态本体论;3. 艺术生产本体论;4. 政治本体论。"① 从马克思主义本体论形态看,人类学审美本体论正是审美人类学的理论依据与理论基础,也是指导思想与基本思路。由此冯宪光认为:"如果我们从二十世纪国外马克思主义文艺理论多样化发展的实际情况出发,就可以看出,二十世纪存在着四种主要形态的马克思主义文艺理论,而且在一元化本体论指导下可以从本体论复杂关系中发展出本体论的具体理论形态。马克思主义的历史唯物主义指向的是人类的自由、解放,而审美和文艺作为人类普泛的实践活动,也是与人类共生的。这就是说,马克思主义与文艺之间在人类学上存在着共同点。人类学可以构成理解马克思主义从一元化本体论出发对文艺进行研究的本体关系的连接点。马克思主义人类学的文艺理论,是建构马克思主义文艺理论本体论的一个重要环节,也是马克思主义文艺理论本体论的一种形态。"② 在马克思主义思想指导下,文艺及其美学与人类学在本体论意义上确立共同价值取向与基本思路,由此夯实审美人类学的马克思主义理论基础。

其二,审美人类学的学科定位。傅其林指出:"'审美人类学'是二十世纪后期明确提出的新兴学科。随着人类学研究的深化与拓展,传统人类学的统一性研究范式逐步分化,出现了所谓的经济人类学、应用人类学、政治人类学、法律人类学、医学人类学、心理人类学、认识人类学、象征人类学、城市人类学,以及我们谈及的审美人类学。"③ 审美人类学既是学术研究发展的结果,也是学科发展的产物,在一定程度上印证了学术与学科发展趋向,与上述所论及的学科发展三个趋向密切相关。一是审美人类学与学科分支越来越细密的发展趋向相关。就美学学科而论,审美人类学可视为美学的一个分支或学科方向,可谓人类学美学,与生态美学、环境美学、文艺美学、生活美学、实用美学、传播美学等一样,均可作为美学学科分支与学科方向来看待。当然,并不否定审美人类学的观念、思维、理论和方法从总体上和整体上影响美学,以及推动美学学科转型和发展的根本性作用。就人类学角度而论,审美人类学亦可视为人类学分支或学科方向。从人文学科定位而言,审美人类学可归属于文化人类学,但无论是从美学来说还是从人类学来说,都无法否定美感以快感为基础和条件,文化人类学必须以体质人类学为基础和条件,它们具有不可分割的整体性。因此,学科分支或学科方向并不影响其学科整体性和跨学科综合性。二是审美人类学与跨学科综合发展趋向相关。审美人类学除表现在

---

① 冯宪光:《导论:当代马克思主义文艺理论本体论形态问题》,载傅其林《审美意识形态的人类学阐释——二十世纪国外马克思主义审美人类学文艺理论研究》,巴蜀书社2008年版,第32页。
② 冯宪光:《导论:当代马克思主义文艺理论本体论形态问题》,载傅其林《审美意识形态的人类学阐释——二十世纪国外马克思主义审美人类学文艺理论研究》,巴蜀书社2008年版,第35页。
③ 傅其林:《审美意识形态的人类学阐释——二十世纪国外马克思主义审美人类学文艺理论研究》,巴蜀书社2008年版,第4页。

美学与人类学两大学科的结合之外,还与其他相关学科互动、互补、共生,不仅凸显跨学科研究的优势,而且显现出学科间性、交叉性、复合性的特点,更有利于整体性、系统性与综合性研究,在其交叉点与契合点上更易产生新的学术生长点与增长点。同时,因其是美学与人类学的结合,也在一定程度上体现理论型学科与实证型学科结合、人文科学与社会科学乃至自然科学结合、基础性学科与应用性学科结合的特点,对于学科思维观念突破、学术范式转型、理论与方法更新具有重要作用和意义。三是将审美人类学作为独立学科来看,审美人类学显然有别于一般意义上的美学和人类学学科,它具有新兴学科的性质特点,具备学科存在的合理性与合法性,具备学科形态、研究对象与内容、资源、知识、概念、理论与方法等学科形成与构成的条件。可见,审美人类学的学科形成与构建,与学科发展趋向相吻合,审美人类学具备学科分支或学科方向、交叉学科、跨学科、新兴学科的特征,无论是将其定位于美学学科分支还是人类学学科分支,其构成性质与内在逻辑其实既保留了其学科定位与学科归属的基本性质、特点及优势,又含有美学与人类学结合的跨学科优势与特点,将其视为交叉学科、复合学科、综合学科也未尝不可。相对于传统学科而言,审美人类学无论是作为美学还是人类学学科分支或学科方向,都属于新的学科分支与学科方向,亦即可视为新兴学科。如果能够将这些因素都考虑在内,并能够把握住彼此关系与整体性,对审美人类学性质和特征的认识及其学科定位的问题就能够迎刃而解了。

其三,审美人类学的学科性质与特征。基于审美人类学是美学与人类学跨学科结合的基本状况,其学科性质与特征,一方面无疑受制于美学与人类学性质与特征,具备美学与人类学的学科属性与特征;另一方面在交叉性、复合性、综合性中又带有不同于传统美学与人类学的特性与特征,也就是说在交叉点与契合点上产生出新的生长点,如同各种色彩经过一定的调配后可化合出另一种色彩或新的色彩一样,但终究离不开红、黄、蓝三种基色。审美人类学带有不同于传统美学与人类学的新色彩,但同样也离不开美学与人类学的学科背景与学科基础。此外,若将审美人类学作为新兴学科来看,它更多地表现为传统学科的现代转型、学术范式革命及其学术转向、回应社会现实面临的挑战与问题的学科创新与发展,由此形成审美人类学新的特质也就理所当然。从学术范式转型与学科研究转向的大背景着眼,人类学学科基于人文科学、社会科学、自然科学的学科背景与基础而展开的文化人类学与体质人类学几乎涵盖与人类相关的各个领域并涉及各学科综合知识,这种综合性已成为学术潮流和发展趋势。各学科积极主动与人类学结合,或借助与利用人类学知识与资源,拓展并开辟学科研究新视野与新视角,构成哲学人类学、历史人类学、社会人类学、生态人类学、影视人类学、媒介人类学、艺术人类学等各种复合形态与交叉学科,形成跨学科发展之势,既有利于各学科研究的深化与拓展,也有利于人类学自身的深化与拓展。基于传统美学向现代美学转型中所出现的问题与危机、面临现实处境所产生的矛盾与困惑、美学学科自身的缺陷与不足而寻求和探索学科生存发展路径,审美人类学正是其选择和探索的重要路径。正如文学人类学、艺术人类学一样，美学选择了人类学正是美学力图突破学科限制及学科壁垒、弥补学科研究不足及缺陷、走出学科发展困境的一种积极的、主动进取的方式。这一选择对于美学学科转型发展具有必然性与合理性。从美学角度来看，审美人类学对于美学学科的转型发展具有重要意义。从理论上来看，审美人类学基于美学与人类学的跨学科研究无疑有利于双方取长补短、优势互补、互动双赢；从实践上来看，国内审美人类学的兴起和发展则是基于美学转型发展的事实，更多的是基于文学研究、艺术研究、美学研究方式转换及其学术范式转型，首先从文学、文艺学、艺术学内部突破继而向外扩展的。审美人类学亦如此，这些新兴学科的领军人才及其骨干，大多来自文艺学、艺术学、美学学科队伍，或具有这些学科背景，如文学人类学的倡导者叶舒宪、肖兵、方克强、陈建宪等，艺术人类学的倡导者方李莉、郑元者、徐新建、王毅等，审美人类学的倡导者王杰、冯宪光、张玉能、傅其林等。即使一些人类学研究学者如徐杰舜、彭兆荣、覃德清、海力波等，也均有文学、文艺学、艺术学等跨学科背景。由此可见，审美人类学着眼于美学学科转型及美学研究视野的突破，对于美学发展的影响和推动更大，其学科性质与特征更贴近美学性质与特征，也更趋向于贴近人类学性质与特征。

二、审美人类学的学科构成及内在逻辑

从学科形成与构建而言，审美人类学学科形成显然具备天时、地利、人和及其学科自身成长和发展的基础与条件。郑元者指出："作为一门融宏观分析与微观分析于一体的边缘学科，人类学美学的健全和发展，就成为历史的必然要求。"① 从学科形态及其内在构成而言，审美人类学初具学科形态，这可从学科对象、学科资源、学科知识结构与理论体系、学科方法等构成要素进行分析。

其一，学科对象。学科对象在一定意义上说也是研究对象，不同的研究对象构成不同的学科，但并不排斥同一研究对象的不同角度与不同研究视角所构成的不同学科的现象。如美学学科的研究对象是美，但在美学转型及研究方式转向中，亦可从美的研究转向人的美感及审美活动的研究，从而提出美感学或审美学问题。但不可否认的是，无论是美还是美感，无论是审美还是审美现象，其实都可归结为美与美感的关系及其审美价值不可分割的统一性和整体性。也就是说，作为学科对象，美学对象应该是确定的，无论是美和美感，都回归到对人类审美现象研究的基点上。人类学学科对象及其研究对象是人类，将人作为"类"的研究无疑既含有人类整体性、普遍性、共同性的类本质、类特性、类特征的研究，带有抽象性研究特点，又含有将人划分为群类、类型、分类的种族、民族、族群、群落及人类社会实践活动类型等具体形态的研究，以及类型个案、案例的研究，带有具体性、特殊性、实证性、应用性研究特点。无论是哪一种类型，都离不开人类学对象的人类及其将人作为"类"的研究。因此，人类学研究对象也是十分明

---

① 郑元者：《蒋孔阳的美论及其人类学美学主题》，《文艺研究》1996 年第 6 期。

确的。至于从人类的不同角度构成不同的研究视角,所形成的人种学、民族学、社会学、文化学、心理学、生物学、生理学等不同的学科形态,与作为人类学研究对象的人类具有普遍性与特殊性、复杂性与丰富性、群类性与多样性、交叉性与隶属性等特点相关。就其学科分类和学科分支而言,人类学形成体质人类学与文化人类学两大类型,具体还可细分为民族人类学、考古人类学、生物人类学、医学人类学、社会人类学、生态人类学、影视人类学等类型。也就是说,可将人类现象及人类行为活动与人类社会涵盖在人类学研究对象中,以便更好地揭示人类的本质属性与特征。因此,审美人类学对象的确立,一方面应遵循美学对象与人类学对象已然确立的基础和思路,以审美对象与人类学对象为立足点,从其交叉点和契合点上确立审美人类学对象为人类审美现象,既致力于将两者对象结合与统一,又致力于确立审美人类学对象研究视角,聚焦于从美学对象中以人类审美现象作为研究对象,从人类学对象中着重于抓住人类审美现象作为研究对象,旨在揭示人类审美现象本质属性与特征,进而揭示审美与人类关系及人类本质属性与特征;另一方面,则在美学对象和人类学对象的研究薄弱环节中确立审美人类学对象的研究视角,以确立审美人类学对象的特殊性与普遍性关系。审美人类学研究视角除注重美学对象从美到美感、从美的本质到审美现象、从美的客观性到美是关系等研究视角转向外,也从传统美学的经典美学、纯美学、文艺美学的研究视角转向更为关注处于边缘化、学术盲点、新兴审美现象的研究,诸如审美文化、大众美学、民族美学、民间美学、民俗美学、生活美学、应用美学、生态美学、环境美学、审美传统与审美时尚等研究视角,无疑有助于拓展美学研究领域,也有助于确立审美人类学对象及研究视角。就审美人类学研究视角下的人类学对象而论,除了聚焦于人类审美现象、吸收美学在本体论研究及理论阐释上的优势,还更为关注审美文化、民族审美传统、民间审美形态、审美习俗风尚、审美生活习性、大众审美需求和兴趣、身体文化与自然文化、区域和群类审美差异性与特殊性等,这不仅有利于拓展和深化人类学及体质人类学与文化人类学结合的研究视角,而且有利于确立审美人类学研究视角的特点与优势。

其二,学科资源。广义的学科资源由研究对象、研究队伍、基础设备、科研教学条件、图书资料、学术资源等研究主体与客体要素构成;狭义的学科资源指学科研究的学术资源,主要包括学科研究的理论资源与实践资源。审美人类学的理论资源主要有三个来源渠道:一是因其跨学科的特点而拥有的丰富的美学理论与人类学理论资源,同时还有充分借鉴和利用的其他相关学科的理论资源,包括哲学、社会学、文化学、民族学、民俗学、文艺学、艺术学、宗教学等理论资源,构成多学科理论资源的综合性、互补性特征;二是对中国传统理论资源的发掘利用和对国外审美人类学理论资源的引进与借鉴,既可拓宽审美人类学理论资源发掘渠道,又可构成古今中外理论比较、互补、参照、融汇的学术视野;三是国内学界近20年来审美人类学理论研究成果的积累,在一定程度上有利于夯实其学科基础及理论研究基础,形成相对完备的理论资源库。审美人类学实践资源及应用资源的来源主要亦有三个渠道:一是与理论资源发掘同步的实践资源发掘同样也在美学、人类学及相关学科研究中保存丰富的传统与现代实践资源。二是针对审美人类学研究视角而长期坚持的田野作业、社会调查与资料收集，已经在资源发掘、甄别、整理、保护、保存上做了大量工作。如广西师范大学审美人类学研究中心不仅建立了一些较为稳定的调研基地与考察点，而且建立了较为完备的资料库和资源数据库。三是审美人类学更为强化学科立足点和逻辑起点，更为侧重于实践研究、应用研究和实证研究，在田野作业、社会调查、资料收集基础上进行持之以恒的实践研究与实证研究，特别在个案研究、案例研究和典型研究上积累了丰富的成果，强化了应用研究的现实性、针对性、实效性和对策性。学科侧重于应用研究所提供的实践资源为构成学科理论与实践结合、基础研究与应用研究结合、学术价值与社会效应结合的学术价值取向，凸显重材料、重实证、重应用的学科优势和特色，提供了切实可靠的保障。由此可见，审美人类学学科形成具备充足和充分的学科资源条件。

其三，学科知识结构与理论体系。任何学科的知识结构与理论体系都是在不断传承、吸收、积累基础上形成的，也是在不断丰富、补充、完善过程中逐渐建构的。美学作为传统学科、基础学科、理论学科，既具有理论研究之所长，但又有应用研究、实践研究、案例研究之所短，人类学研究注重田野作业、调查研究、实证方法、个案与案例研究，正好能够弥补理论研究的欠缺；美学理论研究的优势及其理论思辨方式与理论研究方法也正好能够拓展人类学研究的广度与深度。两者结合应该是优势互补、强强联手，不仅能够达到双赢效果，而且能够在跨学科综合研究中找到彼此的交叉点、契合点和生长点，更为重要的是能够进一步推动学术范式与研究方式的转型与创新。就学科资源整合与优势互补角度而言，审美人类学作为新兴学科，其学科知识结构与理论体系正处于成长期与形成期，还有待不断丰富和完善。目前的学科知识结构与理论体系状况及构建渠道可从三方面予以思考：一方面，立足美学与人类学知识结构与理论体系的基础来进行知识、理论、方法的资源整合与资源配置，突出其在交叉综合、优势互补、取长补短中形成的跨学科知识与理论特色，为审美人类学学科知识结构与理论体系构建打下良好基础；另一方面，着眼于审美人类学理论研究，初步形成其基本范畴、基本知识、基本命题与基础理论，为其学科知识结构与理论体系构建创造有利条件；再一方面，着手于学科理论研究与建设，明晰其学科定位、内涵外延、性质特征、功能作用、要素构成、结构系统，确立研究思路、目标、价值取向、学术规则、研究方式与学科资源，形成学科理论基础及将理论应用于实践的批评模式。当然，更为重要的是，学科知识理论体系必须包含一些自身的核心范畴与基本理论命题，形成学科理论的支撑与支柱，如审美幻象、审美制度、审美文化、符号、仪式、神圣、崇拜、祭祀、原型、身体、他者、语境、场域、原生态、族群、谱系、认同、审美经验与体验等。王杰认为："西方理论家对语境有很多阐释，我认为语境还有更深的内涵，即语境可以被理解为一种审美制度。仪式也是一种特殊的制度。因为只有强有力的意识形态规定，才能在仪式中出现许多神奇的现象，使仪式有强烈的通神性。"① 这些范畴无论是具有原生性还是衍生性，无论是理论阐发还是赋予其理论意义，都构成了审美人类学知识理论体系的核心范畴与基本命题。当然，对这些核心范畴与基本理论的研究还需要进一步细化、深化与拓展，需要在审美人类学学科建构与建设过程中不断丰富和完善。

其四，学科方法。基于科学共同体、学术共同体原则与学科性质、特征及其规律特点，学科研究方法应具有普遍性与特殊性统一的特征。审美人类学研究方法基于美学与人类学学科方法，无疑具备理论学科方法与应用学科方法结合的特点，表现在科学方法与人文方法结合，文本研究与田野作业、社会调研、实地考察方法结合，历史与逻辑方法结合，文献研究与实证研究方法结合，宏观、中观与微观方法结合，理论思辨与材料实证方法结合，细读法与细描法、深描法结合，归纳与演绎方法结合，分类与比较方法结合，理论分析与个案、案例研究方法结合等方面。傅其林认为："虽然'审美人类学'概念具有多重指向，但是从跨学科研究的旨趣来看，它主要侧重于美学与文化人类学的结合，它是人类学向意义与文化等深层次掘进的表现，是人类学研究的深化，同时它也是美学研究的新对象，是一种新的美学形态的建构。因此，审美人类学跨学科的建设对人类学与美学学科的发展具有重要的价值。"② 对于美学研究侧重于理论方法而言，弥补其在实证方法、田野作业方法、调研考察方法、个案与案例研究方法、细描法与深描法等应用研究方法上的不足；对于人类学侧重于应用研究方法而言，则进一步弥补其在理论分析方法、逻辑思辨方法与宏观研究方法的运用及在文化与意义探究上的不足。王杰等认为："审美人类学将研究的根基建立在扎实而规范化的区域文化调查的基础之上，一方面承接美学学科领域的审美人类学资源，另一方面，充分借鉴传统人类学的文化整体观、跨文化比较、主位客位转换、动态演化与文化相对论视角等学术理念和研究方法，使之成为审美人类学方法论体系的有机组成部分。"③ 更为重要的是，在研究方法形成、选择与运用基础上构成的方法论，具有工具性与目的性的双重意义及本体论意义。审美人类学跨学科研究方法所带来的思维、观念、视域、理论批评模式的更新与学术范式转型及学术转向更具方法论和本体论意义。从一定程度上说，构成审美人类学研究的"顶天立地"状态。所谓"顶天"，指着眼于人类审美理想及其精神升华的理论拓展深化的大视野；所谓"立地"，指立足于人类社会审美实践活动的现实境遇和实际问题，进而落实在理论应用与社会效应上，从而彰显审美人类学理论与实践结合的研究方法优势和特色。当然，如果将跨学科研究也作为一种方法来认识的话，那么总体性与整体性方法，系统论、控制论方法，多学科交叉、复合、综合方法，比较方法与参照方法，等等，均具有审美人类学方法的普遍性与特殊性统一的特征。

---

① 王杰、彭兆荣、覃德清：《审美人类学三人谈》，《广西民族学院学报》2002 年第 6 期。
② 傅其林：《审美意识形态的人类学阐释——二十世纪国外马克思主义审美人类学文艺理论研究》，巴蜀书社 2008 年版，第 7 页。
③ 王杰、覃德清、海力波：《审美人类学的学理基础与实践精神》，《文学评论》2002 年第 4 期。

学科形态及学科形成与学科构成所具备的对象、资源、知识结构与理论体系、研究方法及其他要素，对于学科建设至关重要，但更重要的是各要素之间相辅相成、互为作用的内在逻辑关系，即关键在于形成系统性、结构性、整体性的学科体系与学科构成。审美人类学学科正是在这一基础上不断形成和发展的，具备学科存在的合理性与现实性。

三、审美人类学学科的构建与建设

审美人类学研究走向学科构建，既是其发展的必然结果，也是其学科自觉与学术自觉的结果，更是其学科形态要素构成及其基础与条件逐渐成熟的结果。这不仅提供了学科构建的合理性和合法性，也构成了学科形成的必要性和必然性。构建审美人类学学科的条件已然成熟，主要表现在以下方面：一是从其命名来看，任何冠以"学"的命名都应该含有知识、学问、学术、学科等含义与内涵。尽管还需要在进一步加强学科基础建设及学科理论研究基础上构建审美人类学学科形态，但审美人类学作为知识、学问、学术应该毫无疑问，作为学科也理所当然。二是国内审美人类学发展至今20余年，从开创期进入发展成长期，并逐渐走向成熟，具备了学科形成的基础和条件，并且已作为学科分支或学科方向加以建设，学科研究与学科建设初见成效。三是审美人类学在国外的发展早已步入成熟阶段，在西方学界已成显学，将国外审美人类学研究成果逐渐引入国内，不仅有利于促进国内审美人类学研究发展，而且为审美人类学学科建构创造了有利条件。四是审美人类学研究无论是在理论研究还是在实践研究上都取得了一定的成果与成效，积累了丰富的理论资源与实践资源，尤其是在美学与人类学结合方面的资源整合、资源优化、资源综合开发与利用上形成优势和特色，为审美人类学学科形成创造了有利条件。五是审美人类学所依托的美学与人类学两大学科均为历史悠久、传统优良、基础雄厚、成效显著、处于学术主流状态的优势学科，其学科基础与学科资源为审美人类学学科构建提供了优良环境与条件。可见，审美人类学学科构建万事俱备、水到渠成。

审美人类学学科形态还处于雏形，研究成果初见成效，学科构建初见端倪，其性质定位、概念命题、知识结构、学术谱系、理论体系逐渐清晰但还有待进一步完善，学科形成正处于成长期，离成熟期还有一定的距离。这一方面说明必须进一步加强审美人类学研究，为其学科构建创造基础和条件；另一方面说明必须进一步提高审美人类学学科构建的自觉性，在加强理论与实践研究的同时，强化对审美人类学元理论及其学科理论的研究；再一方面说明审美人类学学科构建与建设的必要性与重要性。从最早展开审美人类学研究的广西师范大学学术群体的成长过程来看，立足于学科建设以构建审美人类学学科不失为一条行之有效的路径。广西师范大学文学院文艺学教研室具有优良的文艺学、美学等理论型学科学术传统与雄厚的研究基础，林焕平、黄海澄、林宝全、王杰、张利群等都曾是学科带头人，将文艺学建设成为广西重点学科。王杰是审美人类学研究倡导者和发起者，他坦言："近年来，笔者一直致力于美学与文化人类学两学科之间的学科整合，并在国内较早倡导审美人类学这一打通美学与文化人类学传统学科划分的新兴交叉学科。在已经发表的一系列文章中,笔者与相关同好对审美人类学的学理基础、理论框架、研究目的、方法与意义加以初步论述,也得到学术界同人的认可和支持。"① 广西师范大学文学院民间文学教研室拥有中国少数民族语言文学、人类学、民俗学等学科力量和多学科背景与资源,长期以来致力于广西民族文学文化研究,形成鲜明的学科特色与优势,欧阳若修、周作秋、黄绍清、覃德清、杨树喆相继成为学科带头人,将其建设成为广西优势特色学科。更为重要的是,在这些重点学科与优势特色学科基础上,依托广西重点科研基地审美人类学研究中心平台形成跨学科学术团队,不仅更有利于推动学科建设发展,而且有利于形成跨学科综合研究新的优势和特色。自 20 世纪 90 年代以来,以王杰为代表的广西师范大学审美人类学学术团队,包括覃德清、海力波、张利群、杨树喆、莫其逊、王朝元、廖国伟、聂春华、冯智明、陈雪军、刘世文等,是国内一直倡导和开展审美人类学研究的群体,在不断取得审美人类学研究成果的同时,也关注审美人类学学科建构与建设问题,取得了卓有成效的建设经验。张良丛指出:"学科建设意识比较强的是王杰教授为首的学科群体。他们立足于广西地区的少数民族的文化资源,一方面采取了田野调查的方法,考察了黑衣壮和南宁国际民歌节等艺术现象,建立了很好的审美人类学研究个案;另一方面也对美学史中的审美人类学资源进行了梳理,使学科建构的前史有了一定的形态。他们这个研究团队从各个方面探讨了审美人类学的建构问题,具有明确的学科建构意识。"② 这一学术群体的研究路径与学科建设措施主要为:一是在文艺学与人类学学科建设中各自确立审美人类学研究方向,作为学科优势和特色加以建设,分别从美学与人类学学科角度展开审美人类学研究。二是在中国语言文学一级学科中将审美人类学作为优势特色学科加以重点建设,跨学科组织团队和聚集力量,形成一级学科的优势特色方向。三是建立广西重点科研基地审美人类学研究中心,以中心作为跨学科研究与协同创新平台,建立中心管理机构与运行机制,改革创新科研制度体制,形成优势特色学科发展之势。四是通过学科教育途径,在硕士研究生招生中设置审美人类学研究方向,在教学中开设审美人类学研究课程,组织教师编写审美人类学教材,指导研究生撰写审美人类学研究硕士学位论文,带领学生进行审美人类学田野调查,建立校外审美人类学调研基地,等等,通过学科教育培养了一批审美人类学研究人才,从广西师范大学毕业的一批硕士研究生,如向丽、范秀娟、尹庆红、王培敏、杨丽芳、刘萍、陆颖等,均已成为学界审美人类学研究的骨干力量,不少人攻读博士学位,继续进行这方面的课题研究和博士学位论文写作,直接或间接参与上海交通大学、浙江大学、云南大学、广西民族大学等高校的审美人类学研究及其发展。五是加强审美人类学理论研究及其元理论研究,加强国内学界交流和联系,译介西方审美人类学论文论著,建立

---

① 王杰、海力波:《审美研究的人类学转向与人文学科的文化实践——〈寻找母亲的仪式〉代序》,载王杰主编:《寻找母亲的仪式——南宁国际民歌艺术节的审美人类学考察》,广西师范大学出版社 2004 年版,第 3 页。

② 张良丛:《论审美人类学的学科建构和价值诉求》,《东方论坛》2010 年第 4 期。

审美人类学研究资料库与数据库，为学科构建奠定基础和条件。冯宪光、傅其林指出："以王杰等为代表的广西师范大学学者形成的审美人类学研究群体在国内开创了另一种途径。这就是侧重于民族审美文化的审美人类学研究，这是一种侧重于人类学的美学研究。这就接近于目前国外人类学家的审美人类学研究，体现出审美人类学的跨国际整合的姿态，具有独特的价值。他们在一系列的论文与专著中，就审美人类学的跨学科性质、研究对象、主要任务、学理基础、研究方法、价值意义及其发展方向进行了较为全面地思考，也对具有中国民族特征的具体审美现象进行了阐发，为中国的审美人类学的建设与研究奠定了基础。"① 经过20多年的努力，广西师范大学审美人类学研究及其学科建设初见成效，在学界享有一定的声誉和地位，成为学界名副其实的审美人类学研究中心，与国内审美人类学研究相呼应，与文学人类学、艺术人类学形成三足鼎立之势。当然，审美人类学还需要进一步加强学科基础建设及其学科理论研究与元研究，还需要进一步拓展深化审美人类学研究领域，集聚学科研究人才与学科队伍，使其学科建设及其研究成果更为成熟。

第二节 审美人类学研究的生长点

　　侧重于理论性、思辨性、逻辑抽象性的传统美学学科与人类学固有的实例性、时空性在学理上存在着互补的必要。西方现代美学选择了与古典美学相反的学术路径，批判并放弃了从理性、概念出发演绎出庞大的抽象理论体系的经典学术模式，转而追寻对有关艺术和审美的具体问题的阐释，这为人类学介入艺术及审美领域提供了学术契机。人类学研究方法侧重分析文化的基本运作机制、制度与传统，并通过实证或实例研究加以归纳。从学理上看，美学和人类学之间本来就存在着天然的相互联系，人类学的学科开放性为美学的人类学转向提供足够的现实空间，美学的思辨性则为人类学的感性材料之升华提供宝贵的理性导引。因此，从学术发展潜在的必然趋势所产生的推动力量上看，由美学和人类学结合而成的审美人类学的诞生就成为一种历史必然。

　　受20世纪60年代及其后人类学中强大的阐释学倾向的影响，存在主义和阐释学以文学而非语言为社会与文化的模型。文学作为主体逐渐取代了传统的语言学（至少是）在哲学表达和阐释上的地位，而文学与美学中所展现的人的存在状态逐渐成为主体的一种存在方式。虽然阐释学和现象学源于不同的哲学传统，却在后现代人类学那里趋于一致。在阐释学与人类学中关于表征的争论之间存在明显的关联，它们都坚持应该葆有人

---

　　① 冯宪光、傅其林：《审美人类学的形成及其在中国的现状与出路》，《广西民族学院学报》2004年第5期。

类学知识的应有地位。与此相反的是，各种后现代思潮以碎片化和无序化的姿态采取了与上述倾向相反的立场，并赋予了个体行为逻辑上的首要地位。上述两种立场延续了传统的在整体与部分之间不合理的对立。在人类试图超越现代主义和后现代主义的时代氛围下，力求找到关键的个体的私人叙述进而讲述具有概括的故事，同时必须尊重人类学对集体事实一贯尊重的学科品性。任何从事过人类学田野工作的人都会认识到：个体既没有言说文化的真相，也没能完全游离于文化之外，也就是说个体的人与集体的类既没有直接的转述，也没有完全的分裂。因此，人类学家的这种学科意识和人类学的这种学科品格给文艺理论与美学理论提供的启示必然是：将注意力集中于思考集体性的感知与个体感觉之间的共有寓意，探索人类学和美学的理论魅力。

审美人类学作为一门在人类学和美学综合作用下形成的交叉学科，在很大程度上也正体现着人类学和美学新思维的发展。审美人类学在考据求实和田野调查的基础上展开理论思考，将微观现象描述与宏观规律把握融于一体，合乎情理地解读真切的现实状况，参悟人类文化和现实。例如，文学中的生态批评观与美学中的生态美学思想尽管在文学家的观念和作品、美学家的意识里早已存在，其真正浮出水面成为重要的文学批评理论和美学理论却是随着人对自身生存的现实环境、思想状态的反思而产生的。将人作为生态环境中普通的生命，静思反观其他生物的生存状态及其与人的相互关系，这种与人类学视角相通的思维是实现生态文学观与生态美学观最关键的一步。这有助于文学理论与美学理论贴近文学与美学中所叙述折射的现实，使理解和阐释能够真正从人的存在出发，以本质直观的方式看待文学、艺术与美，真正走进文学，走进美学，思考人的各种新的现实问题。

人类学的显著特征在于，它是作为人类理解最遥远偏僻的文化（被有意遮蔽或直接忽视的文化）的方法而形成发展起来的。在人类学的发展过程中，摩尔根做出了开创性的贡献。美国学者埃尔曼·R.瑟维斯在其《人类学百年争论：1860—1960》一书中对摩尔根的工作进行了高度的评价："摩尔根首次将民族学田野调查和未开化的原始民族的历史资料与有助于理解人类社会一切的智力训练和目标相结合起来——这是一种独特的民族学的智力混合。"① 在现代性乃至后现代弥漫全球的背景下，遥远偏僻的文化形态往往保存了更多更为纯粹的人类原初的精神状况，因此也越来越受到人们的关注。对文化与社会结构予以重点关注，这在人类学与美学的研究中是相通的。审美人类学是一种跨学科的研究，传统美学长于演绎分析，人类学长于实证材料，把这两者结合起来，可以实现一种学理上的互补。格罗塞指出："没有理论的事实是迷糊的，没有事实的理论是空洞的。"② 实际上，现在的人类学研究已经不再像其早期的研究那样，只是偏于物质性的考

---

① ［美］埃尔曼·R.瑟维斯：《人类学百年争论：1860—1960》，贺志雄等译，云南大学出版社1997年版，第20页。

② ［德］格罗塞：《艺术的起源》，蔡慕晖译，商务印书馆1984年版，第2页。

证,当代的人类学者已经充分意识到:"人类学并不等于盲目搜集奇风异俗,而是为了文化的自我反省,为了培养'文化的富饶性'。"① 即人类学要更为关注人类的精神现象和审美现象。审美人类学在田野调查的基础上,比较分析不同民族(种族)的审美传统、审美习惯和特点。在审美人类学的研究视域中,人类学的调查实证材料会变成研究的出发点,成为发现问题、解决问题和总结规律的线索。随着人类社会的不断进步所带来的便利交通和对先进的调查手段的有效利用,人类学所掌握或破译的材料会越来越多,审美人类学的研究在此基础上能发现更多的超出狭隘的地域界限和本民族视野的、为不同民族所共有的或者是为某一民族所特有的审美规律。在当代社会,"世界的差异性既不能再用探险时代的眼光去发现,也不能用殖民主义及发达资本主义时代的目光去拯救了……在一个明显均质化和充满怀疑的时代,文化的多样性必须受到尊重和肯定,并必须成为具有实践意义的价值"②。于是,人类学的材料就具有了丰富的美学内涵,美学研究的学术资源也随之拓宽,理论发展就具备了更为旺盛的活力。而且,在全球化的大背景下,审美人类学的研究立场可以为文明冲突中的民族审美经验的建立提供更多的佐证。

跨文化的比较观是人类学研究的重要方法论。在实证调查资料的基础上,对审美现象、审美文化活动进行跨文化的比较分析是非常有必要的。人类只有借助于"异文化""他者文化"才能反观自身文化的真实形态(优势与劣势、问题与不足),民族文化的个性也只有在比较中才能显现出来。理解不同区域、不同民族的审美文化,需要跳出自身所处的文化场域,通过不同审美文化之间的相互比照,才更容易获得较为全面、客观的认识,这也是避免产生文化偏见的有效方式。这就需要突破精英文化与大众文化、典籍文化与民间口传文化、主流文化与边缘文化、东方文化与西方文化、汉族文化与少数民族文化之间的分隔甚至对立,将不同文化作为彼此沟通且相互渗透的整体,在动态转换中比较分析,揭示审美文化特性及其产生差异性的规律。具体而言,我国是由56个民族共同构成的中华民族共同体,地域上的差异带来了不同民族的文化差异。研究者通过考察某一时期不同民族、不同社区内部的结构和生活、制度,比较分析他们在审美旨趣、审美制度及审美现象上的区别和联系,以及审美形式在各种文化中指代的相关意义,找出其审美文化的共同点和差异点。另外,时间和代际上的更替也会带来文化差异,从而带来人们的审美习俗、审美心理及审美制度的差异。因此,还需要对不同时期的审美文化进行历时比较研究,这样才有可能揭示涉及审美偏好与社会文化环境关联方式的跨文化规律。

---

① [美]马尔库斯、费彻尔:《作为文化批评的人类学:一个人文学科的实验时代》,王铭铭等译,生活·读书·新知三联书店1998年版,第11页。
② [美]马尔库斯、费彻尔:《作为文化批评的人类学:一个人文学科的实验时代》,王铭铭等译,生活·读书·新知三联书店1998年版,第228页。

第三节　审美人类学学科的发展及其前景

20世纪上半叶，我国人类学处在创立和发展的初期，与民族学没有严格的区分，也没有严格的学科界限。人类学往往指向民族学，局限在体质人类学维度，民族学被认为属于历史科学的一门学科。在当时具体的历史意识形态下，文化人类学和社会人类学在学科上难以获得认可，发展举步维艰。新中国成立后，人类学真正进入创立阶段，主要关注于学科建立和梳理学科之间的关系。新时期以来，我国人类学研究与学科建设进入发展期。1980年，中国民族学学会成立；1981年，中国人类学学会成立，一些高校恢复和建立了人类学系及专业学科。在民族学方面，继续开展少数民族调查研究，汉族社会和乡村（土）人类学研究逐渐成为主流，对确定人类学资源的重访和再研究是这一阶段的主要特征。[①] 20世纪50年代，我国实行院系调整，民族学被分为体质、考古、语言三个研究学科，各自独立发展，文化人类学研究在这种情况下不断推进，最终逐步确立自身的学科定位和发展方向。现在的文化人类学整合和开拓了与人类学相关的文化内容，其研究的内容有：（1）亲属制度；（2）宗教与仪式；（3）比较政治；（4）经济文化。[②]

文化人类学发展到20世纪90年代中期，呈现拓展研究内容和跨学科综合吸收新研究方法的发展趋势。在研究内容方面，我国人类学研究关注的主题除传统的四大研究内容以外，还涉及生态环境、开发计划、城市化、乡村政治、区域自治、经济全球化、传播媒介等多学科的问题。在研究方法上，法学家、历史学家、文学家、比较文化研究者、社会学家综合自身学科和人类学研究方法，对习惯法、制度史、文本分析、文化差异、社会构成等方面提出了有新意的看法。[③] 文化人类学在研究方法上的开拓以历史人类学、法律人类学及艺术人类学研究热潮的兴起为重要标志，人类学出现了新的发展局面和发展动力，具有良好的发展潜力。

与人类学作为传统基础学科及其在国家政策中的实用性作用不同，美学几乎是伴随"美育代宗教"的教育理念逐渐进入国人视野的，但由于其舶来品的身份和自身逻辑性的特征，一直未能够在我国的土壤上得到充分的发展，直到新时期有关美学的几次大讨论后才逐渐得到学人的重视并获得广泛而深入的发展。然而，在对美学传统命题的思辨逐渐清晰成熟，新的研究对象和研究方向尚未明朗的情况下，美学热也逐渐地消退，当代美学的发展面临着新的危机和挑战。同时，美学研究正是在对艺术和美的起源、本质

---

① 马玉华：《20世纪中国人类学研究述评》，《江苏大学学报》2007年第6期。
② 王铭铭：《二十五年来中国的人类学研究：成就与问题》，《江西社会科学》2005年第12期。
③ 王铭铭：《二十五年来中国的人类学研究：成就与问题》，《江西社会科学》2005年第12期。

及存在方式等问题的持续探讨上，逐渐发现自身与人类学之间有着密切联系，开始在人类学领域寻找新的研究路径。一方面，学者们继续进行美的起源与本质等传统命题的研究，认为艺术和审美是人类本体生命存在的活动方式之一，艺术和美的本质逐渐上升到人类存在的本质，从而将人的本质存在和艺术本质联系在一起。通过对人类学理论的吸收，美学逐渐趋近于哲学人类学的研究路数。另一方面，学者对美学的思考在抽象和思辨的基础上逐渐开始结合具体的文化人类学现象和命题，通过对人类学具体的文献资料和田野调查案例反思美学问题，在研究方法上通过对具体文化现象和审美经验的分析来反思人类群体和艺术样式的美学命题。由此，形成了诸如艺术人类学、文学人类学、审美人类学等新兴学科，美学对人类学理论资源和方法的吸收使美学研究突破传统范式，这亦是人类学自身发展中的一个重要现象。

人类学在对文化、艺术与审美等新发展领域的开拓与美学吸收人类学资源在研究范式上的突破有共同性追求。这种共同性追求使人类学在开拓研究领域的同时，更多地保持了对人类自身的反思性，尤其传承了文化人类学对以人本身作为文化载体的哲理式追问，延续了文化人类学在发展之初的思辨品格和启蒙性。对人类学资源的吸收，不仅是美学自身面对抽象美学命题和形而上研究方法枯竭时的自救，更是对美学自身存在方式的重新思考。美学作为一门学科，从来都不能在"人学"这一总体性研究背景下迷失具体的研究对象与方向，进而丧失边界，同样也不能滞留在其哲学母体中拒绝脱胎面世。因此，美学势必在面对人类学与哲学这两个具有无限扩展性外延的学科时确定自己独特的存在方式。美学的危机，在某种意义上说就是美学存在方式的危机，这种危机来自美学理论本身。美学理论能否一方面保持将美学现象从具体的时空条件中分离出来，落脚到对人自身存在方式的形而上的思辨上，另一方面结合人自身的生存境况进行创造性的探索，从而主动发现美学现象，甚至匡正和引领审美风尚？失去前者，美学在枯竭的资源面前举步维艰；失去后者，美学在面对新变的社会历史现实，诸如艺术消费、数字文化、大众媒介及文化产业等包含美学因素的命题时将无所适从。两相结合才是美学自身存在的充要条件。

人作为审美的主体，既要保持传统美学对先验问题的追问和反思，同时也要保持对经验现象中审美活动的具体把握。因此，美学新的发展范式是先验反思与经验现象的结合，是促进美学与人类学结合发展的动力。在这种美学和人类学学科互动的情形下，美学的本质与意义的阐释和人类学价值的实现都要立足于"人"这一关键节点。先验观念性与经验实在性存在的原因是康德哲学从一开始就存在着一种内在固有的矛盾①，这原因最终必然要落脚到现象和物自体的二元论上。康德的"批判"工作阐明了人类理性在

---

① 康德在1781年出版的《纯粹理性批判》第一版的序言中指出人类理性知识的一种特殊命运，为一些它无法摆脱的问题所困扰，即相关知识由理性自身的本性向自己提出，这些问题超越了人类理性的一切能力，理性不能进行回答。人类理性陷入了不可避免要从经验中提取自身原理，同时又要通过经验进行验证真确性的困境。这样的矛盾导致了问题永远停留在无法解决的状态中。

认识和道德行为两个方面的"先验原理","现象"和"物自体"的绝对区分在这两个领域之间划下绝对的界限,理性本身无法沟通这两个世界,"于是自由与自然在其完全的意义下,将按照人们把同一个行动与它的理智直观的原因或是感性的原因相比照,而无矛盾地在这个行动中同时被发现"①。借助对"人"的认识实现先验观念论和经验实在论的统一,康德将自然界和道德界的原则逐渐集中到"人"这一构建两界、在两界来往的主体身上。

面对在多元化语境下的当代艺术与审美活动,美学研究要立足文化现象和当代艺术实践,重新确立美学研究的对象,同时汲取人类学在文献资料和田野调查中丰富的美学资源。在研究方法上,美学要借鉴人类学中学科应用实践品格的特性,发挥美学在探究新问题、指导创作及引导时代美学风格上的独特作用。同样,人类学在告别"摇椅上"的人类学的同时,不能丧失人文学科自身的思辨性,从而走向另一种极端,沦为关于人及与人有关的文化、艺术、美学问题的材料库。因此,从学科融合的角度,将美学和人类学结合起来,尤其是利用美学与人类学在研究资源和研究方法上互通的学科优势,探索当代美学研究的新形态与新的研究范式,开拓人类学新的阐释空间,确立其学术应用价值,也就使得艺术人类学、审美人类学及文学人类学等学科作为综合学科、新兴学科的理论建设成为可能。

生长在美学与人类学结合点上的审美人类学,拥有开阔的学术视野和自身独特的研究方法,尤其是其丰富的理论与现实资源,对解决美学与人类学发展中面临的困境具有重要的意义。尽管在学科定位和发展方向上尚有一定的争论,但其学术理念和田野实践已在国内学术界得到了广泛的响应和支持。在新的理论资源和实践面前,审美人类学将展示其独特的学术魅力和发展前景。从学科发展的现实来看,中国当代美学在进行理论思考时表现出从本质主义的理论建构向艺术存在本身、文化内涵探寻转型的倾向;在学理上,人类学特有的学科功用和思维范式适应了美学和文艺学等自身学术转型的内在需要。这两个因素构成了当代中国美学和人类学相结合研究兴起的重要原因。

---

① [德]康德:《纯粹理性批判》,邓晓芒译,人民出版社 2004 年版,第 439 页。

第二章 现代美学与文化生态相关问题

第一节 美学面临的挑战及现代美学问题

在现代美学研究视野中,传统美学研究的范畴已然式微,现代美学纷纷转向对具体的文化艺术现象的研究,由原来的注重哲理思辨的哲学美学模式,转入宽泛、具体的文化美学模式,强调美学研究要走出书斋,走向无限丰富的人类文化,以鲜活的人类文化材料为依托来进行美学研究。也就是说,美学研究已经转向从文化的大视野来研究美学或从审美的角度来研究文化,这对传统的哲学美学来说无疑是一个巨大的冲击,同时也给美学新的研究注入新的活力。

在西方古典美学中,美学是以思辨的形式存在的,其源头可以追溯到柏拉图的《大希庇阿斯篇》中追问"美是什么",柏拉图提出了一个"美本身",也就是美学界所讨论的"美的本质"的问题:"这美本身把它的特质传给一件东西,才使那件东西成其为美",它是"真实的东西"。① 这是至今仍让美学界纠缠不清的"美的本质"之谜的源头所在。在追问美的本质问题上,黑格尔把西方思辨美学发展到了顶峰,他把美的本质概述为"美是理念的感性显现",他说:"真,就它是真来说,也存在着。当真在它的这种外在存在中是直接呈现于意识,而且它的概念是直接和它的外在现象处于统一体时,理念就不仅是真的,而且是美的了。美因此可以下这样的定义:美就是理念的感性显现。"② 20 世纪西方哲学美学发生了语言本体论的转向,分析美学代表维特根斯坦直言不讳地说"思想是有意义的命题,命题的总合就是语言"③,接受美学代表伽达默尔也指出,"能理解的存在就是语言""不仅世界之所以只是世界,是因为它要用语言表达出

---

① [古希腊] 柏拉图:《柏拉图对话集》,王太庆译,人民文学出版社 1983 年版,第 178—210 页。
② [德] 黑格尔:《美学》第一卷,朱光潜译,商务印书馆 2020 年版,第 138 页。
③ [德] 维特根斯坦:《逻辑哲学论》,郭亮译,商务印书馆 1985 年版,第 37 页。

来——语言具有其根本此在，也只是在于，世界语言中得到表述"①。在伽达默尔看来，"美"的实在性不过是语言游戏而已。如果说伽达默尔的"语言游戏说"还停留在说话人"在场"的"游戏"，那么德里达的"语言学游戏说"则已经颠覆和解构了美作为实体性存在的根基。在德里达的视野中，存在只是"出场"和等待"出场"的一堆语言碎片。美的实体性存在已经成为一场无始无终的语言游戏。他说："游戏总是不出场和出场的游戏，但如果要对他进行彻底的思考，就必须把游戏设想成出场与不出场的替代品，必须把存在设想成游戏的可能性，而不是周围的其他方面的基础上的出场和不出场。"② 至此，西方哲学思辨性美学被解构为零星的碎片。

马克思主义美学的张力在于其现实性与实践的品质。晚年的马克思对当时新兴的人类学抱有极大的兴趣和热情，试图从人类学的角度入手，探寻上层建筑、文化与审美之间的内在关系，遗憾的是他还没来得及对此进行深入的研究就与世长辞了。在马克思之后，西方马克思主义美学流派自觉地把人类学的材料和研究方法纳入美学研究的视野。如普列汉诺夫的《没有地址的信》、卢卡奇的《审美特性》等都大量地引用人类学的材料来说明和论证复杂的审美问题。

在国内美学界，当代的美学研究者不再为"美的本质"（美是什么）等问题争论不休，而是尽量避开"反映论""关系论""存在论"，把"美的本质"问题悬置起来，大胆地借用西方当代哲学、美学思想和人类学的研究方法，把美学研究融入更为宽泛、具体的文化语境中。大众化的审美文化的不断发展和少数民族艺术资源的不断挖掘与开发，则为中国美学研究提供了更为广阔的发展空间。特别是20世纪90年代后期，随着社会主义市场经济的发展和现实环境的巨大变化，各种具有中国特色的文化现象也开始进入中国当代美学研究的视野。叶朗、张法等主张把"文化大风格"作为美学研究的重要内容，胡经之于1999年发表《走向文化美学》一文。他从近20年来中国美学的发展历程和世界美学的发展走向出发，提出"文化美学"这一新命题，并对此进行了一系列的理论阐释。胡经之指出："对于我们生活于其中的文化世界，我们可以从不同的角度去对待，但我最感兴趣的还是如何从美学的角度来审视，我们需要各种各样的文化研究，我更希望走向文化美学。"③ 文化美学密切关注当代审美文化和审美现象，认为政治文化、道德文化、科技文化、教育文化等也应纳入文化美学加以审视和评析。此外，文化美学亦重视具体的文化现象，并从文化研究中吸收养料，站在美学的高度思考并做出理论概括。美学研究的文化转向，预示着中国当代美学研究方向将逐步走出传统哲学性的理论思辨的"囚笼"而走向阐释、分析复杂、具体、鲜活的现实文化现象与审美现象。

当前，"从现实的角度看，在全球化的语境中，在社会主义市场经济的条件下……全

---

① ［德］汉斯-格奥尔格·伽达默尔：《诠释学：真理与方法》，洪汉鼎译，商务印书馆2017年版，第12、第623—624页。
② 徐崇温：《用马克思主义评析西方思潮》，重庆出版社1990年版，第253页。
③ 胡经之：《走向文化美学》，《学术研究》2001年第1期。

球化的压力和市场经济的矛盾使民歌等民族艺术的内涵发生了实质性的变化……民族艺术事实上已经成为当代美学的重要范畴,它以艺术的形式体现了文明的冲突以及边缘化族群的审美抵抗,艺术的内容和意义方面的理论研究被推到了理论的前台,也正是在这个意义上,审美人类学成为可能。"① 在全球化语境下,各种文化正处于一种胶状的杂糅状态中,纯粹的民族文化或原生态已经不存在。中国当代文化是"大众文化、少数民族文化、民俗文化、民族-国家意识形态等多种元素在现代传播媒介所提供的交流平台上'多声部'地共鸣"②,而重视当代审美文化的杂糅特征并以翔实的田野调查和具体的个案研究来揭示出这种杂糅特征的审美价值,正是审美人类学所关注的重点。例如,南宁国际民歌艺术节作为一种特殊而又复杂的文化现象,它兼容了这些文化杂糅特征:"在艺术层面包容了各种形态的民歌、现代音乐艺术、流行通俗音乐以及主旋律歌曲等多个领域;在社会活动层面则包括了艺术表演、经贸活动、意识形态宣传与树立文化形象等多个目的;在参与者方面不仅有艺术家还有政府、知识分子、民间歌手、社会大众等;而在文化层面,意识形态主旋律文化、少数民族民俗小传统文化与知识分子精英大传统文化、大众消费文化等更是交织在一起。"③ 为此,南宁国际民歌艺术节走入了审美人类学研究的视野,成为审美人类学研究的一个经典文本。

审美人类学是一门美学与人类学相交叉的学科,它采用人类学的理论观念和田野调查的方法,把美学人类学化,努力"揭开特定区域族群中被遮蔽的审美感知方式,激扬符合美的规律的文化创造原则,建构充溢审美氛围的生存环境"④,"作为一种理论方法,审美人类学把民族艺术作为一种复杂的意识形态现象来研究,不仅研究民族艺术的形态、意义、审美价值,而且研究民族艺术的社会作用与社会发展的联系"⑤。也就是说,审美人类学试图穿透美学与人类学之间的边界,努力摆脱美学的纯粹哲学思辨性,真正触及鲜活的民族文化艺术,探讨隐藏在人类审美活动中支配人类审美行为的内在审美制度。民歌艺术是一种集中表征少数民族族群生存机制、审美经验和生存环境的主要艺术形式和传统民族艺术的重要形态,探讨其在全球化背景下的生存与发展,不仅是审美人类学学科研究的重要问题,也是时代赋予美学研究者的神圣职责。

诞生于20世纪90年代的中国审美人类学,是美学和人类学两门学科交叉、深层整合产生的新的理论系统。它以特定区域族群的审美实践和审美研究创造性成果为自己的核心研究对象,以揭开特定区域族群文化中被遮蔽的审美感知方式,激扬符合美的规律

---

① 王杰:《寻找母亲的仪式——南宁国际民歌艺术节的审美人类学考察》,广西师范大学出版社2004年版,第2页。
② 王杰:《美学研究的人类学转向与文学学科的文化实践——以南宁国际民歌艺术节的初步研究为例》,《广西民族学院学报》2004年第5期。
③ 王杰等:《审美人类学视野中的"南宁国际民歌节"》,《民族艺术》2002年第3期。
④ 王杰、覃德清、海力波:《审美人类学的学理基础与实践精神》,《文学评论》2002年第4期。
⑤ 范秀娟:《非遗、认同与审美表征》,上海人民出版社2022年版,"总序"第1页。

的文化创造原则，建构充溢审美氛围的生存环境为己任，将文化人类学的概念、方法应用于田野调查，旨在阐释现实生活中具体的审美现象，使美学的抽象思考与丰富的人类学田野调查资料并举，使美学和人类学获得新的理论活力和深度。在此目标下，审美人类学研究理论的主张是："一、将美置于具体的文化语境中考察审美现象与其他意识形态的联系和特殊之处；二、以文化人类学的田野调查、比较研究、整体研究、深入阐释文化细节的研究方法为主，广泛吸收其他社会科学的研究方法，将美学从传统的单纯抽象思辨的局限中解放出来；三、使美学在现实社会生活中找到新的观察视角和阐释基础，具有解决现实生活中复杂的，新生的审美问题的能力，其最终目的是为了让美学理论在当代中国独特的文化语境中获得突破与创新。"[①] 审美人类学扎根于中国丰富多样的少数民族审美文化之中，探究它们的生存环境、表现形式、表达机制、历史流变、发展走向和提升路径，探索民族艺术在现代社会的生存与发展问题，寻找整合民族文化中传统的与现代的、本土的与国际的因素的有效途径。因而，审美人类学特别关注本土（化）问题，深入挖掘民族艺术的文化内涵和现实意义，并将其用于民族民间艺术的保护和建设，具有积极的民族化倾向和实践精神。

南宁国际民歌艺术节（简称"南宁民歌节"或"民歌节"）是当代中国大众文化催生的产物——现代意义上的城市文化节庆。南宁民歌节从1999年举办至今，其影响力不仅涵盖广西，在全国和东盟也享有一定的知名度。作为广西一年一度的重要文化事件，民歌节受到了较多学者的关注。学者们分别从经济学、民俗学、美学、文化人类学、音乐学的角度对民歌节这一共同话题进行探讨，进行不同学科间的沟通与交流。在审美人类学的研究视野下，民歌节的根基是广西丰富的少数民族民间艺术传统——山歌及歌圩文化，在继承传统的同时又有所变革，具有鲜明的民族性、艺术性、现代性和国际性，是文化转型期内传统与现代、本土与国际元素的对立统一。民歌节是审美人类学研究长期关注的热点。自2000年11月开始，广西师范大学将民歌节研究作为审美人类学研究的子课题，每年组织部分老师和学生到南宁进行实地调查和跟踪研究。在师生们的共同努力下，积累了丰富的田野调查资料，也取得了较多阶段性成果，比较有代表性的是论文集《寻找母亲的仪式——南宁国际民歌艺术节的审美人类学考察》，其中收录了22篇学术论文和一篇座谈会纪要，是第一本研究南宁民歌节的著作。这些论文以审美人类学视角为出发点，聚焦南宁国际民歌艺术节的组织形式、演出效果、民歌与现代生活的关系、传统民歌与现代大众文化的关系等，沿着审美人类学的研究路径，在学习和继承前人研究成果的基础上，参考相关文献、结合课题组对民歌节进行的田野调查和研究人员的亲身体会，探讨民族艺术发展背后的民族文化转型的过程及其价值，认为南宁民歌节显现出全球化背景下少数民族地区经济发展与文化传统的展示，地方文化身份塑造、族群与社区认同、本土与外来观念冲撞等多种因素存在的复杂的多元共生互动的关系，是

---

① 王杰等：《审美人类学视野中的"南宁国际民歌艺术节"》，《民族艺术》2002年第3期。

一种多元差异性文化景观。

文化的多元性、传统文化的复兴、大众文化的繁荣、市民文化的崛起、媒介文化的兴起、意识形态的中心话语等多种当代社会文化因素共同促成了当代审美文化的杂糅特征。审美人类学研究的新颖之处就在于正视文化现象的复杂性,重视通过具体的个案研究来阐发这一特征所蕴含的文化价值。南宁民歌节由此走进了审美人类学研究的视野。2001年民歌节上黑衣壮的姑娘们唱的无伴奏多声部山歌《山歌年年唱春光》,让所有的观众陶醉于这"神圣而朴素"的美。审美人类学所关注的是这种美的成因及如何正确地理解和阐释它,发掘其审美意义和当代价值。这种美生长在大山的缝里——现实生活里的黑衣壮人民生活在人居条件极为艰苦,甚至不适宜人居住的地方,山歌往往仅保存于这样的地方。① 黑衣壮人之所以保有这种令现代人沉醉的美的形式是因为地域阻隔了其与现代文明的亲密接触。事实上,这首歌所传达的是黑衣壮人想走出深山、向外发展的真实情感。灯光下的美境与现实生活里的困境形成鲜明的对立,打破了那种对少数民族文化的审美乌托邦——面对未来的不确定,人们习惯于将早已远逝的过去当作人类最美好的时代。但美好的主观愿望无法代替民族文化向现代化迈进的步伐,社会现实并没有为浪漫的想象留下更多的余地。黑衣壮山歌现象是一个民族的缩影,求生存与发展的本能使黑衣壮在现实生活中以实际、实效为准则,有意识地运用了那些对自己生活能产生有益价值的文化因素。

据此,所要关注的是民族艺术的审美意识变迁所传达的民族文化的嬗变,从中透视民歌是如何生存和延续的,它生存在怎样的文化背景之中,它的审美特质和文化意义是什么,它从传统到现代经历了怎样一个过程,它未来的趋势和前景如何,等等。民歌并非单纯的民间艺术和孤立静止的文化现象,尤其是在全球一体化的影响下,民歌的内容、形式、功能等已发生了重要变化。停留在传统观念下的民歌已不能满足现实的需要。为了使人们对民歌的变化有清晰的认识,须立足于文化人类学的整体观、时空观,把民歌看作一种动态的文化现象,运用美学、文化人类学的方法对其进行立体的研究,以阐释民歌与民族及其文化互动发展中所体现的符号象征意义,使人们对此有较全面的认识。

从审美人类学的角度研究南宁国际民歌艺术节,是出于审美人类学实践自己的学术主张和丰富自身理论的需要,也是出于南宁民歌节自身持续发展的需要。南宁国际民歌艺术节以艺术的审美形态对民族文化及整个民族产生重要影响。"只有将艺术活动置放到社会生活的具体情境中,才能了解艺术的多侧面内涵,也只有将人们的审美需要、审美能力与审美交流方式置放到他们所拥有的精神世界的整体背景下,将审美观视为人们所拥有的'文化地图'的组成部分,考察审美观这一文化结构要素在文化整体结构形式中

---

① 尹庆红:《黑衣壮山歌文化的内涵与现代审美价值》,广西师范大学硕士学位论文,2005年,第39页。

所处的位置和所具有的意义,才能对人们的审美活动得到更深刻的体认。"① 对民歌的再阐释,丰富了民歌的文化内涵和审美表达方式。人类学把"再阐释"当作文化变迁的重要标志,所以民歌节是民族文化变迁过程的形象体现,不仅推动了传统民歌的现代转向,还架构了民族文化从传统到现代的桥梁。

第二节 民族文化生态与艺术生态问题

民歌是生长于民族文化土壤中的一朵花,因此,民歌的生存和发展必然涉及民族文化的保护和文化变迁问题。在全球一体化和科技理性主导的社会环境中,民族文化的多样化和民族文化生态是值得研究者们关注的重要问题。事实上,在现代社会,民族文化的生态平衡面临着严峻危机和挑战。

在全球化和人类对于生态问题和环境问题广泛关注的背景下,民族文化生态问题是一个学术界关注但还没有提上议事日程的问题。不可忽略的事实是:当代有些少数民族的文化日趋衰落和消亡,一些少数民族文化和风俗习惯要么被作为商业旅游的一种文化展演,要么作为让异域来访者(他者)猎奇的一种方式而展现,而这些少数民族其自身也不知道是否意识到自己真正的民族文化已经处于一种后继无人的状况。显而易见的是,很多少数民族的语言文字除了极少数的老人(个体)、村里的巫师能够认识之外,几乎无人感兴趣,更别说传承和继承。民歌也许还有人在唱,但是远远赶不上现代流行歌曲传播和被接受的广泛度和影响力,那些号称具有少数民族风格的改装的民歌其实也只是具有其中一些民族元素而基本上被改造成为现代流行歌曲,不再是原来的具有民族特点的原生态民歌。伴随着科技的进步和科技理性对社会的影响和控制,以及西方文化的强势入侵,一些原本具有鲜明特色的少数民族文化已经在西方的、时尚的或在规范要求的境况中成为某种被改造和变异并且难以为继的边缘文化,甚至是濒临灭绝的文化。除了在节日或某种特殊的场合之外,许多少数民族的年轻一代都不再穿自己的民族服装,不再认识自己民族的语言文字,不再热衷于自己民族的那些原生态的民歌,甚至极少保留着自己民族的习俗和生活习惯。原来具有浓郁民族特色的生产方式已在科技进步的社会里被淘汰而走向消亡了,独特的民族生活方式也随着所谓的社会进步和文明发展而改变,从保护和维持多样化民族文化生态的角度来看,这是一种令人担忧的现状。

当然,从文化发展的角度来看,包括少数民族文化在内的各种文化总是要随着社会的发展和文明的进步发生变迁的,但是这种变迁不应该是如今这种单一文化样式趋同的

---

① 王杰:《美学研究的人类学转向与文学学科的文化实践——以南宁国际民歌艺术节的初步研究为例》,《广西民族学院学报》2004年第5期。

变迁，也不应该是把某种民族文化仅仅作为谋取商业利益和让异域（他者）猎奇的东西，而是在保持民族特色（差异性）的同时把独特民族文化优势发挥出来，从而在全球化和文化趋同化的境况中成为独具特色的一种文化。美国人类学家威廉·A.哈维兰说："没有哪一种文化是静止的，并且不同的文化可以在不同的方面达到很高的发展水平。"[①]的确，每一种民族文化都有自己的特点和优势，并且在一定的社会条件下能够发展和成为一种具有自己的优势和独特价值的文化。

一、全球化语境下的文化变迁与民族文化生态危机问题

对于民族文化的进步和变迁问题，不应该用一种统一的模式和所谓现代化的先进文化来加以改革和要求，不能以所谓西方的先进文化来衡量一种文化的发展和进步，更不能认为西方的现代文化就是代表着未来文化发展方向的先进文化来取消多样化的民族文化，某种文化偏见常常会把西方的或现代的文化看作唯一具有先进性和富有价值的文化类型，而把其他的少数民族的文化看成野蛮的、愚昧的和落后的文化。这种西方中心主义文化观念是将少数民族文化边缘化（忽视或遮蔽）的重要原因之一，应引起警惕。

哈维兰指出："现代化（modernization）是人们最经常地用来描述今天正在发生的社会和文化变迁的术语之一。它被很清楚地界定为一个无所不包的、全球性的文化与社会经济变迁的过程，各个社会试图经由这一过程获得某些西方工业社会常见的特征。更加仔细地考察这个定义，我们发现，'变得现代'被想象成'变得和我们一样'（'我们'是指美国和其他工业社会），它明显带有这样的含义：与我们不同就是过时的和成旧的。这不仅是种族中心主义的，而且它还孕育出这样一种观念：其他那些社会必须变得和我们更相似，不顾其他考虑因素。很不幸，'现代化'这个词仍然如此广泛地被加以应用。"[②] 现代化给人类带来了众多好处，但恰恰是这些好处掩盖了许多弊端和问题。从保持文化多样性的角度和目前的状况来看，现代化的进程及由此带来的规范化和大一统模式无疑使许多非主流的文化样式和类型在有意无意间被边缘化和处于濒临灭绝的境况。人类学家清醒地看到了这一点："人类及其文化系统是千差万别的，这一点是其最令人兴奋的方面，但对多样性的破坏却反映在蓝色牛仔裤、可口可乐、摇滚乐、资本主义或任何其他东西在世界范围内的传播。"[③] 哈维兰指出："理解变迁的过程，是人类学最重要和最基本的目标之一。不幸的是，由于大多数现代北美人的文化偏见，这一任务变得困难了，这些文化偏见使他们倾向于把变迁看成一个进步的过程，这一进步过程以一种可

---

① [美] 威廉·A.哈维兰：《文化人类学》，瞿铁鹏、张钰译，上海社会科学院出版社2006年版，第452页。
② [美] 威廉·A.哈维兰：《文化人类学》，瞿铁鹏、张钰译，上海社会科学院出版社2006年版，第475页。
③ [美] 威廉·A.哈维兰：《文化人类学》，瞿铁鹏、张钰译，上海社会科学院出版社2006年版，第477页。

预测的和既定的方式把他们引领到他们现在所处的位置,并将继续引领他们进入未来,而他们又将领导其余人类走进这同一个未来……这一观念和其他的观念一起,常常使他们把与自己的文化不一样的文化看成是'落后的'和'不发达'。"① 应该说,哈维兰指出这种情况和观念不仅仅存在于北美,而是普遍存在于现代社会中,不仅异族人(他族人),就连一些少数民族自身也同样没有认识到自己民族文化的特点和优势。人们普遍认同和追求的是现代的、时尚的文化观念和生活方式,而把大多数的少数民族文化看成"落后的"和"不发达"的,甚至有意识地打上愚昧、迷信和非文明的标签。此类观念是导致包括民歌在内的民族文化被边缘化和走向衰落的重要原因之一。

关于文化的进步和变迁及文化的融合与保持文化多样化的问题,是一个充满复杂矛盾和悖论式的问题。从现代科技和文化的角度来看,一些少数民族的生产方式和生活方式与现代的生产方式和生活方式相比,的确显得落后和简陋,需要变革和改进。做出改变,跟上现代的先进生产方式,追求现代的生活方式,对于一些少数民族来说显得十分迫切,毕竟谁都有选择和追求优越生活的权利。但是,文化不是一个隔离于社会和生活方式的独立王国,一个民族的文化与一个民族的生产方式和生活方式是密切相连、不可分离的。旧有的生产方式和生活方式的变化必然会引起与原来的生产方式和生活方式相适应的文化的变迁,这种变迁常常会导致原来的民族文化的本质和特点慢慢地衰落、式微乃至消亡。正如人类学家哈维兰所说的那样:"变迁能力对人类文化而言总是很重要的。也许任何时候的变迁步伐都比不上今天,因为全世界传统民族都受到工业化国家直接或间接地'改变他们生活方式'的压力。"② 的确,在工业化和现代化的压力下,大部分少数民族的生产方式和生活方式或快或慢地被改变了,同时少数民族文化也随着这种改变发生了变迁,甚至消亡。

文化需要变迁,落后的生产方式和生活方式需要改变。但是,变迁的路径和改革的方向值得我们深思,是否当今的以科技理性为主导的文化就是唯一、正确的文化类型?人类学家和历史学家已经证明,许多少数民族的文化和生活方式是值得人类借鉴和继续发展的。哈维兰说:"现代化是一个种族中心主义的术语,它用来指一种全球性的变迁过程,在此过程中,传统的、非工业社会努力去获得'先进的'工业社会的诸种特质。尽管现代化一般被假设成是一件好事,也确有某些成功之处,但它往往导致一种新的'不满文化',希望水准远远超过个人当地的机会。有时,现代化还导致人们不愿抛弃的价值和习俗遭到摧毁。"③ 正如哈维兰所言,一些传统的、非工业的社会(如少数民族社会)

---

① [美]威廉·A.哈维兰:《文化人类学》,瞿铁鹏、张钰译,上海社会科学院出版社2006年版,第452页。

② [美]威廉·A.哈维兰:《文化人类学》,瞿铁鹏、张钰译,上海社会科学院出版社2006年版,第454页。

③ [美]威廉·A.哈维兰:《文化人类学》,瞿铁鹏、张钰译,上海社会科学院出版社2006年版,第455页。

基本上都是"努力去获得'先进的'工业社会的诸种特质",相反的是,一些少数民族具有的民族文化特性、价值观念和习俗的东西正在所谓现代化的进程中慢慢地消失和式微。毋庸置疑的是,民歌正是从艺术和语言上表征着少数民族自己的文化特性、价值观念和习俗的重要的艺术形式之一,一些少数民族原生态民歌的衰落和式微其实从一个侧面表征着一些民族文化的衰落与式微。

从一个更严重的角度来看,一个民族文化的衰落或消亡其实就是一个民族的衰落和消亡,因为一个民族的特点是与其民族的文化密不可分并且从其文化中体现出来的。当一个民族不再有自己独具特色的文化,以及语言文字、风俗习惯、生活方式、信仰和价值观念等,而被其他的文化所融化、改造和同化了的时候,这个民族实际上仅仅空有一个民族的名称而已,这其实可以说是一种"种族灭绝",这种灭绝不是肉体生命上的灭绝,而是一种文化上的"种族灭绝"。人类学家已经意识到这一点。哈维兰指出:"灭绝是这样一种现象:一种文化的大部分承担者都死了,而那些幸存者变成了难民,生活在有着其他文化的民族中间。"① 事实是,哈维兰所说的这种灭绝现象在现代社会的少数民族那里并不少见:一些少数民族的文化承担者老去,年轻一代不再对自己民族的文化感兴趣,也不愿意成为民族文化的后继者和承担者,而是向往和追求着现代文化。虽然他们还有着自己民族的称号和姓氏(不是外来者),也居住在民族村落里,但是被现代文化所融化、同化,成为生活在现代文化或其他民族文化中的"少数民族",本民族的文化式微乃至出现断裂。这是十分令人担忧的。生态学家和人类学家都已经意识到,对于地球和人类的未来而言,社会和文化的多样性至关重要。

二、文化冲突与融合中的原生态矛盾问题

在全球化和文化大一统社会背景中,"原生态"成为一个时尚名词。无论是饮食、旅游景观还是文物古迹等,尤其是民歌、民俗等少数民族艺术,只要打上"原生态"的旗号,就会成为人们追逐的对象。这种对于原生态的热衷和追逐恰恰说明了原生态的珍贵、稀少和独特价值。

其实,全球化和文化大一统的社会的规范及文化的融合与原生态是相互矛盾和冲突的。由于交通、通信和资讯的发达,电视、网络、广告等媒介无处不在地发挥着其影响力,与世隔绝的民族和村落几乎灭迹。现代文化的传播对于少数民族文化的影响非常深刻且广泛,在当代社会环境中,原生态其实已成为珍稀品种。在现代化进程中,许多少数民族为了追求和跟上现代化步伐,不得不放弃一些具有原生态宝贵价值的东西。哈维兰清醒地指出:"很少有北美人意识到在'进步'的名义下加在原住民头上的破坏,也很少有人意识到这种破坏今天正以前所未有的规模继续着,即很少有人意识到他们自己

---

① [美]威廉·A.哈维兰:《文化人类学》,瞿铁鹏、张钰译,上海社会科学院出版社2006年版,第464页。

的社会制度促进了这一进程的程度。"① 从文化的多样性来说，原生态之所以宝贵，是因为它原汁原味地保留了一种文化的本来面貌，从而让人们能够真实地了解一种文化的原貌及其特征。在现代社会，由于交通、通信和资讯的发达所带来的文化交流和交融越来越频繁，文化之间的交往越来越密切，文化之间的影响越来越广泛，这对于文明的进步和文化的变迁而言是好事，但对于保持文化的原生态而言，是一场灾难。就目前的状况而言，能够相对地保持所谓的原生态的地区和民族，大多是和文化的隔离、文明进步的滞后甚至生产方式和生活方式的落后状态相联系的。这是一个悖论式难题：一方面，不应该也无法阻挡文明进化、文化变迁和文化交融的脚步；另一方面，又向往文化的原生态，希望文化能保持其本真状态。对于少数民族文化而言，文化发展的好处和不好之处虽与文化的进步、变迁及融合密切相关，但显然不可能为了保持一种文化的原生态而放弃文化的进步和交融。现实的基本情况是，许多少数民族的文化及生活方式和习俗在现代文化的冲击和文化大一统的趋势下，要维持所谓的原生态文化基本上不可能。

如何在文化的融合与交流的前提下保持少数民族文化的原生态，是摆在学者们面前的一道难题。保持少数民族文化的原生态及其文化的稳定性，是保持文化多样性的一个重要前提，一种文化如被其他文化同化或者相互渗透之后，此种文化必然产生变异，即不再是原生态文化。美国人类学家弗朗兹·博厄斯对此有清醒的认识："随着人们接近有文字记载的历史时期，文化稳定性的程度已大大降低。而且现代变化的进化速度急剧加大，不仅包括我们文明的物质产品，同时也包括精神产品……原始文化在欧洲文明的影响下发生了异常迅速的变化。因为当他们的传统文化还未完全消失时，一种全新的欧洲文明便以极快的速度到来。墨西哥和秘鲁印第安人的现代文化证明了这一点。""美国黑人文化的速变提供了更有说服力的例子，自从他们被当作奴隶进入美国以来，他们的语言、传统习俗和信仰都已经在接受美国经济生活的过程中很快消失了。"② 在博厄斯看来，一种强势的或主流的文化对于少数的或弱势的文化的影响和改变是很大的，其实这种情况不仅在欧洲和美国，在当代中国及全世界都普遍存在，一种文化的稳定性和原生态往往与文化的隔离相联系，文化的冲突、交流和交融必然影响少数民族文化的稳定性，并使得文化的原生态成为一种理想化的存在。这是在现代化进程中必须面对和思考的难题。

三、文化统一与融合中的艺术生态与审美趣味的多样化问题

在全球化背景和现代化进程中，文化同化现象已十分严重，作为弱势的少数民族文化想要保持自己文化的稳定性和原生态非常困难。文化的趋同化趋势带来的艺术生态平

---

① [美]威廉·A.哈维兰：《文化人类学》，瞿铁鹏、张钰译，上海社会科学院出版社2006年版，第488页。

② [美]弗朗兹·博厄斯：《人类学与现代生活》，刘莎、谭晓勤、张卓宏译，华夏出版社1999年版，第85—86页。

衡和审美趣味的单一化问题同样值得高度重视。在现代生活中，一方面，从表面上看，人们对于审美趣味的自由选择越来越多，艺术风格、流派、样式也越来越多样化，但呈现出某种同质化或同一性特征。少数民族艺术的发展面临着难以保持自身特点的尴尬境地。少数民族艺术真正原生态的样式在现代社会语境中难以普及并受到大众的喜爱。现代人的审美趣味，尤其是年轻人的审美趣味基本上被现代文化所改造和同化，基本见不到少数民族原生态艺术在社会上的普遍流行。目前所见的大多数少数民族艺术，其实多半被现代人改造得面目全非而美其名曰"民族风"。比如流行于大街小巷的"×××民族风"，已基本上没有少数民族歌曲那种民族风情特点，更多体现的是现代摇滚的趣味。另一方面，就少数民族艺术的发展而言，能原汁原味地创作出具有原生态意味的少数民族艺术的后继者十分缺乏，即便是出身或来自少数民族地区的创作者，也基本上是在现代文化较为集中和较为发达的地方接受艺术熏陶和艺术教育。受现代文化和现代教育模式教育的创作者大多被批量生产，即使是原本具有的少数民族文化观念和习惯也已被现代文化所同化和改造，其创作出来的艺术不再纯粹，与原本的民族艺术相去甚远。

每个民族都有自己的历史、文化、趣味和习俗，正是这些本民族特有的历史、文化、趣味和习俗造就了民族的艺术及审美趣味。当一个民族的文化被另一种文化所渗透、改造和同化之后，相应地，其文化和民族特点、趣味习俗及相伴而生的艺术必然发生变化。现代化的强势文化对各个民族的文化施加影响、渗透、改造乃至同化，已成为无法阻挡的潮流和事实。而少数民族艺术是在特定的地理环境、生产方式和生活方式条件下孕育出来的，它与少数民族的风俗习惯、信仰、文化特征紧密相连。简言之，产生那种原生态的少数民族艺术的土壤已不再存在，被称为具有民族风的少数民族艺术与原生态的少数民族艺术大相径庭。尽管新疆、西藏、内蒙古等地区仍有一些民族特色鲜明的少数民族艺术，但从艺术生态平衡的角度来看，多样化的艺术样式基本上是处于趋向于越来越少的境地。从现存的大量少数民族艺术中，难以了解到这个民族的生产方式、生活方式和文化的本真状况。我们为什么需要少数民族艺术？少数民族艺术不仅仅给人带来愉悦感，更重要的是，它们还是了解少数民族的生产方式、生活方式、风俗习惯和文化心理的重要途径，正如哈维兰所言："因为艺术和文化的任何其他方面一样，与人们所做的其他每一件事都不可避免地缠绕在一起，它使我们得以窥探人们生活的其他方面，包括他们的价值和世界观。"[①]

少数民族的艺术，其实是少数民族人民宗教信仰、文化心理特征、风俗习惯、审美趣味、价值观和世界观及民族认同感的一种表征。当一个民族的艺术不再具有这些特点和功能的时候，这种艺术也就失去了它的独特价值。令人遗憾的是，这种情况在现代社会普遍存在。"在20世纪最后的几年，人类学家已不再外出，去描述那些住在穷乡僻壤，

---

① [美] 威廉·A.哈维兰：《文化人类学》，瞿铁鹏、张钰译，上海社会科学院出版社2006年版，第423页。

（据说）从没被西方人的接触'污染'过的小队群和部落群体了。今天，不仅这种群体在世界上几乎已经绝迹，而且即使那些幸存下来的族群，也面临以'进步'名义抛弃其传统生活方式的巨大压力。经常发生的情况是：队群和部落民族被迫失去他们的本土认同，而被挤进一种固定的模式之中，使他们既没有机会也没有动力从社会底层升上来。"① 在人类学家R.N.勒纳的描述中，在现代化和"进步"的压力下，不被现代文化等主流文化影响而处于文化隔绝状态的少数民族几乎不存在了。在文化的交融互渗的情境中，一些少数民族无法保有自己独特的生活方式和独特的文化，他们不再有民族自豪感乃至民族认同感，而走向一种文化趋同和文化统一的模式。

从艺术的功能上看，少数民族民歌等艺术形式也是记录一个民族的生活、文化心理、文化特征和审美趣味的方式。事实上，人们对于许多少数民族的了解和理解，除了人类学家的考察描述、研究及文献记载等途径之外，很大程度上通过少数民族的艺术来实现，否则，对一些少数民族传统社会的了解将会是不完整的，因为"一旦一个传统社会消失了，如果没有关于这个社会的详尽记录，整个人类也就失去了它。当一种文化没有留下任何记录就消失的话，全部人性都会因这个损失而变得更加贫瘠"②。因此，为了保持我们人类文化艺术的生态平衡和审美趣味的多样化，保护少数民族艺术的生存和发展，保持少数民族艺术的原生态，将是一项十分困难而又非常重要和迫切的任务。

第三节 人类的审美活动及审美文化现象问题

人类审美活动的产生与发展过程，本质上是各种艺术审美形式不断产生和创造的过程。人类审美活动的产生与发展问题研究，包括审美意识的产生、美学思想的形成和美学学科的建立等方面。美学的产生和发展，经历了一个漫长的历史过程。首先是审美意识的产生，然后上升概括为美学思想，最后是美学学科意识的萌发及其建立与发展。

从审美形式的角度来分析和研究审美活动和审美现象，是西方美学发展史上的一个悠久传统。形式美主要是指自然、生活和艺术中各种形式因素的排列组合、感性地显现而形成的特定形状、轮廓及其色彩、线条、形体和声音之美。形式美具有相对独立的审美意义。深入理解和掌握形式美的特点和规律，对于学习美学理论及其他的相关理论知识具有重要意义。

"美"的现象的出现是在社会实践中自然事物或社会事物具有了社会属性或社会价

---

① ［美］威廉·A.哈维兰：《文化人类学》，瞿铁鹏、张钰译，上海社会科学院出版社2006年版，第424页。
② ［美］威廉·A.哈维兰：《文化人类学》，瞿铁鹏、张钰译，上海社会科学院出版社2006年版，第424页。

值之后才发生的,也就是说,美是以对象本身所引发的情感为媒介,在社会实践中形成一定的意识形态形式或价值关系。因此,要探讨形式美的产生,就需要去了解它与社会实践之间的关系。审美对象的美(包括形式美)都离不开人类自身的社会实践,即人类的生产劳动的各种形态。形式美的产生与这种以生产劳动为中心的社会实践有着直接的关系。原始初民为了更好地生存,必须从事一定的物质生产劳动以获取必要的生存资料。正是在这样的生产劳动中,自然界的事物由最初的满足人们物质所需,即形成人与对象的实用关系,逐渐转化为能使人产生审美愉悦的对象,从而与人产生了一种特殊的审美关系。在这种审美关系中,事物的性质、状态、形状等形式因素就成为人们审美欣赏的对象,产生了形式美。人的劳动既是感性的物质活动,又是人与自然之间的物质转变过程;既是改造自然的活动,又是改造人自身的活动。劳动既是一种合乎自然规律的活动,又是符合人类生存目的的活动;既是一种体力的活动,又是一种需要智力的活动。正是在这样的生产劳动中,不仅自然的形式得到了改变,而且形式美本身也出现了。人类对生产工具、生活用具和劳动收获物的加工成为形式美得以出现的重要途径。

第一,加工生产工具是形式美产生最主要的途径之一。会有意识地制造并运用工具,是人类劳动的根本前提。时至今日,人们仍然以生产的工具的不同形式来划分人类社会的各种形态,如旧石器时代、新石器时代、铜器时代、铁器时代、蒸汽机时代,甚至计算机时代,等等。人类最初加工石器的方法和技术非常简单和粗糙。早期的原始人在山边河滩拣一些自然形状的石块,然后互相敲击使其产生出相对尖削的刃缘后便作为劳动时的工具来使用。这些打制的石器主要有砍斫器、尖削器、刮削器、石球、石斧等。后来,人类制作石器的技术发生重大变革:在打击石器的基础上,进一步加工打磨甚至是按照需求生产工具。这种经过打磨的石器被称作磨制石器。它是在打制石器的基础上,经过进一步的磨光加工,使器表光滑,器形规整,用途明确的新型工具。考古学家和历史学家根据石器加工技术的这一次变革,把石器时代划分成两个大的历史阶段,把打制石器阶段称作旧石器时代,把磨制石器阶段称作新石器时代。在我国的考古发现中,曾发掘出旧石器时代早期的蓝田人石器,这类石器加工方法简单,器形多不规整,显示出较多的原始状态。可以看出,这时的生产力水平十分低下。到了旧石器时代中期,如在我国的许家窑文化和丁村文化中,发现早期人类对石器的加工方法较多地采用间接打击法,二次加工和修理的印迹比较明显,工艺也较细致,器物的种类、形制等复杂多样,器形也比较规整,各种器具的用途分工比较明确,并形成了一定的特色。这说明,石器的加工在人们的劳动实践中不断得到改进,其目的是使人类得到更多的劳动收获。石器的形制上越来越成型、规整,石器在外形上的对称、均衡等规则就渐渐显示出来,并开始把这些规则运用在其他器物的装饰上,为形式美提供了物质基础。

第二,加工劳动收获品体现了形式美的产生过程。考古学家发现,原始人在分工协作的集体劳动后,比较公平地分享劳动的收获物,如野兽、鱼类或鸟类等,把它们的肉吃掉以后,就用兽皮做御寒之物,用一些大的兽骨来做骨器,而那些既不能吃也不能穿、又不能用的东西，如动物的牙齿、角、尾、小块骨头、鸟的羽毛等物，也许在原始社会早期会被全部丢弃。但随着社会生产力的提高，狩猎的收获越来越多，人们狩猎以外的时间也越来越多了，有些人就在这些原先被丢弃的东西上面做些加工，以显示自身的某种独特的力量、体力或智力。这种现象大约在旧石器时代晚期就开始出现了。它的出现与此时石器加工方面的精细工艺和磨制技术的成熟有关。原始人把这些技能运用在对这些劳动收获品的加工上，使得这种加工活动的目的开始发生转变，由直接的功利性目的转化为间接的实用目的或装饰的目的。因此，在这一过程中生成了形式美，同时在人类的头脑中也形成了早期的审美意识。考古研究发现，山顶洞文化中有不少这类对劳动收获物的加工而形成的具有形式美特征的器物和装饰品。在所发掘的骨器中，最精美的是骨针，虽然针孔有残缺，但刮磨得十分精细光滑，是我国目前发现的旧石器时代的最早的缝纫器具之一。装饰品主要有穿孔的兽牙、小石珠、小石坠和刻沟的骨管等。这是用虎、鹿、豹等各种兽的牙磨制而成的，大概用作装饰之物。早期的人类在满足了生存所需之后，开始有了一种原始的审美需求，产生了最初的美感并形成了明确的、有目的的形式美的创造。形式美就产生在早期的人类对劳动收获物的原始加工中，并进一步成为具有独立意义的审美对象。

第三，早期人类加工生活用具的过程也孕育了形式美。早期原始人类的生活用具较为简单，且多数直接取材于自然，然后进行一定的加工。自然界中的树枝、树叶、藤萝、野果等都有可能被加工成简单的生活用具。随着生产力的提高和人类生活用品需求的增长，再加上旧石器时代早期火的发明和运用，陶器的制作技术逐步形成，人类的生活得到了很大的改观。正是在这样一个对生活用具的生产、加工和制作的过程中，人类在形式美方面的审美感知能力大大提高。自然事物本身的一些形式因素，如对称、均衡、角率、圆形、曲线性及它们的多种多样的颜色，对原始人类形式感的形成具有一种感性的启示作用。当原始人类为了某种生活目的，如盛食物、装水、捆绑物品等去运用这些自然物的时候，乃至以后在仿制或制作陶器的过程中，就逐渐意识到了对象的形式及其规律和特征与实现某种实用目的之间的联系。为了更好地实现某种实用目的，原始人类就注重器皿的造型、色彩、外形特征等，因此，在社会分工逐渐扩大和细致化的过程中，制陶中的形式追求就成为陶器形式美形成的根源。人类艺术的起源不是凭空幻想出来的，而是源自人类对自然物及生活用具的加工和不断的改造，一些物品最终超越了实用价值，而成为具有艺术价值的艺术品。从我国原始社会的陶器考古发现来看，陶器制作过程中的造型、纹饰、色彩等的不断丰富也证明形式美与陶器制作之间的密切联系。如仰韶文化中的陶器，多数是红陶，色彩鲜艳、明快，器物较规整，质好而精美，并绘有很多彩色花纹，纹饰种类多样，有人面纹、动物纹、植物纹及多种几何形花纹。这些陶器形形色色的造型，器物形态的对称、均衡、和谐，以及色彩的鲜亮多变，都是形式美生成和发展的印证。

人类审美意识的产生使艺术形式不断丰富并获得建构。人类审美意识产生的历史，与人类的历史一样古老。当人从自然人发展到社会人,当人类社会进入原始社会时,人类的审美意识就产生了。人类历史的标志,就是制造工具和使用工具。人类早期对自然状态下的骨头和石头进行加工和磨制,采取砍、削、磨和凿等方法,使其变得更尖利、光滑,更便于利用且变得更为顺眼和好看。人类从这个制作过程和对结果的观赏上获得了某种心理上、生理上和情感上的喜悦与满足,因而产生初期的审美意识。原始人类在制造工具的同时,还创造了很多美的装饰品。精美的工具主要出于实用目的,而各种精美的装饰品则无疑主要是为了审美的需要,如彩陶及其装饰纹、动植物形象等。这些都证明人类并不只是满足于获取自然的东西,而是要根据自己的需要有所制作、创造和提升。这种需要就是人类超越于动物而独具的审美意识。人类审美意识的产生,根源于人与现实的关系,根源于人类与现实的各种生活劳动实践关系。

人与动物的根本区别,或者说人类发展史上的根本性革命,在于人能超越于动物而根据自身的需要制造和使用工具。制造工具和使用工具的标志是人类从森林猿人过渡到直立猿人(直立行走)。在这个发展过程中,猿人的直立行走,使双手从四肢中独立和解放出来,可以利用自然木棍和石块作为工具,有意识、有目的地制造更为符合主观意愿,更便于使用和更具有效果的劳动工具。从这时起,人从自然人进化为自为的原始人。人不再将自己和自然混同,而是将自己从自然中分离出来,将外在自然作为自己的劳动对象,自然成了人类劳动的客体,人则成为劳动的主体。人这个主体与自然客体建立起主客体关系,从而开始形成主动认识外在自然世界的意识。这就是说,人类在劳动实践中,在制造劳动工具的过程中,逐步将自己和自然区分开来,从而产生对客观世界和主观世界的认识,为审美意识的产生打下主观认识基础。

马克思指出:"动物只是按照它所属的那个种的尺度和需要来建造,而人却懂得按照任何一个种的尺度来进行生产,并且懂得怎样处处都把内在的尺度运用到对象上去;因此,人也按照美的规律来建造。"① 换言之,当人类从纯动物世界走出来时,是有意识地把自然万物作为对象进行劳动生产的。作为有目的、有意识来进行的劳动生产与创造,是客观规律性与主观目的性的有机结合。人类的创造既要遵循和符合客观事物、自然本身的规律性,又要与主观的目的性和需要相一致,按主观的尺度来衡量和改变客观对象。正是在人与自然界的劳动实践关系发展过程中,自然对象才成为人的对象,才表现为他的创造物和他的现实性,劳动的对象于是构成了"人的类生活的对象化;人不仅象在意识中那样理智地复现自己,而且能动地、现实地复现自己,从而在他所创造的世界中直观自身"②。由此说明,人类的社会生活和实践活动,特别是人的劳动生产实践活动,既要符合主观的目的性,又要遵循客观的规律性,是主观目的性与客观规律性的有机统一。

---

① 马克思:《1844 年经济学哲学手稿》,《马克思恩格斯全集》第 42 卷,人民出版社 1979 年版,第 97 页。

② 马克思:《1844 年经济学哲学手稿》,《马克思恩格斯全集》第 42 卷,人民出版社 1979 年版,第 97 页。

这个过程，就是人依照自身的主观目的需求，同时按照客观事物的特质和规律性，将客观对象改造成为自己的对象，成为"创造物"的过程。作为对象的"创造物"符合主观目的性，既是"按照美的规律来塑造"的结果，又是人的本质力量的对象化结果。人类通过这个对象性的"创造物"来"直观自身"（反观自身），正是在这个既符合主观目的性，又符合美的规律性的直观自身实践活动中，人的主观意识、人的审美意识才获得了发展。

人类审美意识的产生是和人类意识的产生和发展同步的，两者具有历史共同性。人类的思维活动的产生有一个逻辑过程，即从具体的形象思维过渡发展到抽象思维，从表象造型、形象思维再向抽象的概念思维发展。换句话说，人类意识的产生和发展与人脑中的表象、图形、造型等具象思维方式密不可分。而具象思维就是审美活动的最根本性特点，是审美意识的基本内容。绘画、舞蹈、音乐等艺术形式早于文学产生，很好地说明了这个问题。

从人的本质特征来看，人的意识、人的审美意识的产生和发展，在于人的活动、人的劳动是具有主观合目的性的。人的生产是有目的性、符合自己主观需要的生产。恩格斯曾指出："但是人离开动物愈远，他们对自然界的作用就愈带有经过思考的、有计划的、向着一定的和事先知道的目标前进的特征。"[①] 人类的劳动，作为一种有目的、有意识性的生产，使人类在利用自然的基础上，又需要超越自然，甚至超越人自身的自然。人改造世界万事万物，因为他不满足于自然，希望将自然改造为符合自己目的需要的对象性世界。在这个活动中，既有实用性的、生理性的需要，又包括了心理上、精神上的需要。当人的这种生理、心理，特别是精神需要获得满足时，就会产生一种愉快的情感，产生一种美感。这种审美性的情感积淀下来，就是审美意识。因此，正是人的劳动实践活动，孕育了人类要改造世界，审美式地创造世界，诗意性地栖居等各种审美意识。随着审美意识的积淀、发展，人类希望生存得更美好，就得不断创造，不断超越自然界，不断提升自己。其结果就是审美意识的产生和发展，使人类最终与动物和自然具有一定程度的分隔性。

美学思想最终产生的同时，各种艺术形式也随之形成和不断发展。审美意识的产生、形成，是美学思想得以产生、发展的基础。正是审美意识的不断积累、提升和概括，特别是语言、文字的产生，美学思想才真正、系统性地建构起来。意识有可能只是一些孤立的、临时性的点滴想法，而思想则是较系统、集中的观念体系。美学意识和美学思想的关系也是如此。

语言文字的产生使审美意识有了一种表现的形式，有了依托和流传下来的保障。另外，文字上所反映的审美意识，既保留了形象性的特点，具有直观的感性形式，又不断地集中、概括、提炼成为一些观点和概念，从形象的形式到语言形式，进而提升为理论形式，最终成为意识形态形式。当审美意识形成审美观点，借助语言文字，产生一定的

---

① 恩格斯：《自然辩证法》，《马克思恩格斯选集》第三卷，人民出版社1972年版，第516页。

名词、术语、概念来表达时，美学思想、美学理论就形成和产生了。随着时间的推移，审美意识、美学思想会不断地积累、丰富、发展，代代相传，积淀为宝贵的文化遗产。

从社会发展过程来看，无论是东方还是西方，美学思想都历史悠久、源远流长和丰富多样。从中华民族从最早的文字作品《诗经》、诸子散文、历史散文、汉赋，到唐诗宋词、明清小说、戏剧等，无不充满审美事物的描写与塑造，众多的美学、文艺理论著作记录了中华民族先哲对客观万物的审美特性和人类主体审美心理活动的表达和思考。无论是《乐论》《乐记》、画论、书论等，还是刘勰《文心雕龙》这一文学理论、美学专著，无不蕴含着丰厚深刻的美学思想、美学理论，这些都成为我们今天不可多得的珍贵遗产。

西方的美学思想遗产更为丰富，影响更为广大深远。相比东方美学思想，西方美学思想流派众多、体系完备。既有早期荷马史诗中零散的美学观点，又有毕达哥拉斯学派较为系统的美学思想，更有拥有完整美学思想体系的柏拉图、亚里士多德的美学思想，从中世纪文艺复兴到18世纪，西方美学思想获得了空前发展，最终经过十多个世纪的思考积淀，美学思想真正从哲学、史学、文艺理论中独立出来，成为一门独立的学科。

美学学科的建立伴随着艺术形式种类的不断形成过程。审美意识的集中概括成为美学思想，美学思想成为独立的体系，则必然会成为一门独立的学科。由此可见，美学作为一门独立的学科的建立，经历了漫长的历史过程。一门学科的建立，有两个最基本的条件：一是有专门的、系统性的理论著，二是有不同于其他学科的研究对象和范围。美学作为一门独立的学科的建立，当然也不例外。审美意识的产生，美学思想的形成、发展，几乎与人类历史一样古老。美学学科的建立，始于18世纪，可以说是相对年轻的一门学科。目前学界公认的美学学科的建立者是德国的鲍姆嘉通。他被称为"美学之父"。1735年，鲍姆嘉通在其博士论文《关于诗的哲学沉思录》中提出要建立一门专门研究感性认识的新学科，这门学科要从哲学中分离出来，作为哲学的一个分支，名曰"美学"（Aesthetica）。1750年，鲍姆嘉通出版了 *Aesthetica* 一书，通译为《美学》。

在鲍姆嘉通创建美学学科之后，对美学发展产生重大影响的是以康德、黑格尔为代表的德国古典美学。在德国古典美学家们的努力探索下，美学研究的范围不断扩大，体系也变得更为完整，学科的独立性越来越强。从18世纪中叶到19世纪中叶，美学同其他各门社会科学一样获得了迅猛的发展。20世纪以来，美学发展更为迅速，更为专门化，美学研究方向日趋分化，美学分支众多，流派林立。物质世界是一个有机统一体。科学研究要细分，也需要整合。故此，20世纪末，现代美学经大分化之后，各分支又相互交叉、融合，走向融合化、一体化研究。如何将各种流派研究的成果、各分支美学综合起来，取长补短，融汇吸收，建构一个完整的美学新体系，将是美学研究者们在21世纪努力奋斗的理想目标。随着人类审美活动的产生和发展，艺术形式不断丰富和发展。文学、音乐、舞蹈、绘画、书法、戏曲等，已发展成为当今世界最重要的艺术审美形式。对这些艺术审美形式进行文化观照和审美阐释，是21世纪人类审美活动不断丰富发展、不可或缺的前提和基础。

第三章　审美人类学资源的发掘与利用

第一节　西方审美人类学思想资源

西方审美人类学思想资源、理论资源、批评理论和方法资源非常丰富。这里所选择的康德实用人类学思想、弗洛伊德美学思想、本雅明的机械复制时代艺术转型理论、巴什拉的梦想诗学、范丹姆审美人类学理论等，只是西方审美人类学研究领域的一个缩影，当然远远不能涵盖西方审美人类学研究的全部内容，但我们的选择也有一个学理上的考量，具体来说，所选思想资源与西方文论中国化及"洋为中用"的基本思路吻合，能为我国的审美人类学研究及其发展提供理论指导和批评实践启示。

一、康德的实用人类学思想资源

康德的实用人类学思想，代表着经典美学不为人们熟知的人类学内涵。这种人类学的视野使得康德在把他的眼光放到以人类学为主题的美学中的时候，具有远远超出就事论事的经验派美学家和脱离人的现实存在而冥思的唯理派美学家的敏锐性和深刻性。康德不但使美学开始成为一门真正独立的学科，而且他在这门学科中提出的问题也成为推动这门年轻的学科不断向前发展的内部动力。《实用人类学》作为康德出版的最后一部著作，实际上是康德整个哲学体系及其原理在日常实用维度上的体现和运用，其主要部分（第一部分，占全书四分之三篇幅）"人类学教授法"包括了康德整个哲学的三大领域，分为"论认识能力""论愉快或不愉快的感情""论欲望能力"。这正是他三大批判中的先天原理在具体人类现实生活中的印证，是从实用性角度对这些原理进行的系统阐述。可见，从人类学的意义上来探讨康德的美学思想，无论是对理解他的先验哲学，还是对理解他的美学思想都是极其重要的。康德的三大批判合起来构成与实用人类学相对应的先验的人类学，而实用人类学则可以看作这一先验人类学的导论或入门。由此，可以从这种角度来理解并找到康德整个哲学内部结构的有机联系。这是理解康德人本主义思想的基础，也是真正深入理解其美学思想的关键。先验人类学的研究立场在研究康德相关著作时具有积极的推动作用，将著作首先置于先验人类学体系中进行把握，不仅有利于理解康德的某一观点，而且对把握康德的整体思想也有积极的意义。"立足于哲学人类学立场来剖析康德《判断力批判》的各种关联（内部或外部的），这是我们在读这部著作之前首先应当明确的主要之点。"① 当我们面对康德哲学这样一个结构性极强的对象时，任何一种片面性都容易导致全盘的误解。康德通过形而上学的"建筑术"使三大批判相互契合成一个整体，而且三大批判各自的思维结构基本相同，康德可以说是哲学史上把"异质同构"原理运用于建立哲学体系的第一人。因此，对康德哲学的分析不能脱离他的结构方法，而是必须从他那庞杂、似乎相互脱节的思想中，找出其中所隐藏着的内在联系，看出"先验人类学"这一从未被他正式提出、但实际上处处都在遵循的根本立场。换言之，康德的先验人类学是在整体结构中才表现出来的，而康德哲学的整体性又是建立在先验人类学观点对各部分的统一作用之上的。

康德的《实用人类学》从"人类学教授法"和"人类学的特性"两个部分论述了认识人的外表和内心的方式。在实用观念下，对"人作为自由行动的生物由自身作出的东西，或能够和应该作出的东西"② 的实用人类学内容中的认识能力、愉快或不愉快的情感及欲望能力进行了人类学方式的考察。在"人是理性自由存在物"观念的基础上，人的"类特性"在"大自然的智慧"中不断地显现和进化，在类的理性和道德的推动下逐步走向一个系统的世界公民组织。《实用人类学》作为批判哲学的归宿，在展现康德走向社会历史理性批判特征的同时，也表现了康德自先验哲学中由于现象和物自体的二元分立所导致的不彻底性。康德的《实用人类学》所具有的内在思辨性与实证性品格对美学与人类学的各自发展具有重要的理论和实践作用，对审美人类学这一生长在美学与人类学两个学科结合点上的新兴学科的发展具有启发意义。

二、弗洛伊德的精神分析学理论资源

现代心理学中最具影响力和开拓性的当属弗洛伊德的精神分析学。弗洛伊德，这位奥地利医学博士，虽然在打开人类心理一扇窗（无意识）的同时又不自觉地关上了另一扇窗（意识），但我们更应看重的是他打开那扇人们不愿窥视其中风景的窗子的勇气。精神分析美学与人类学有着密切的关系，弗洛伊德继承了达尔文的衣钵，将对人性的思考深入潜意识的层次，在人类学的边缘寻找人性的存在。弗洛伊德的深层心理学不仅描述心理现象，而且探究心理动机；不仅揭示心理规律，而且探究潜意识的心理机制。弗洛伊德的美学与人类学思想的核心范畴是俄狄浦斯情结，俄狄浦斯情结是美学与人类学阐释的有效工具。弗洛伊德从图腾与禁忌的独特视角来探寻艺术的起源与审美的发生，审美渗透在弗洛伊德的精神分析学说之中。弗洛伊德的美学思想以欲望（力比多）为对

---

① 邓晓芒：《冥河的摆渡者——康德的〈判断力批判〉》，云南人民出版社1997年版，第6页。
② [德]伊曼努尔·康德：《实用人类学》，邓晓芒译，上海人民出版社2005年版，"前言"第1页。

象，在幻象与现实的两重世界之间寻求艺术与美的救赎，达成艺术与美的心理医疗效果。幻象的世界与对欲望的矛盾心理构成了文化心理的起点，弗洛伊德在人类学的扉页上添加了亦真亦幻的一笔，揭开了固结在文化中的人类童年的创伤性经验。弗洛伊德的神话隐喻着人类更大的罪过：弑父恋母，一部文化史就是一部赎罪史。艺术与审美不是特权化的领域。审美幻象是俄狄浦斯欲望机制的有效表达，俄狄浦斯情结成为人类背负的永恒的十字架。

在对人类文化的研究中，弗洛伊德以俄狄浦斯情结为中心画了一个圈，俄狄浦斯实际上是弗洛伊德的自我镜像。他在日耳曼文化的沃土中创造了一个现代的俄狄浦斯神话。图腾文化构成了弗洛伊德精神分析学说的核心神话——俄狄浦斯神话的原始建构。神话、传说、艺术等成为俄狄浦斯的暴力献祭的残存，成为幻想返回现实的有效途径，它们是俄狄浦斯欲望与幻想的仪式。弗洛伊德认为悲剧令观众感动的原因在于其本身的隐意和内容，命运的悲剧在于原罪的存在。俄狄浦斯情结是一个涉及悲剧范式的问题。与生俱来的俄狄浦斯情结将罪恶的诅咒加给无辜的人类，悲剧的真正意义是对于原罪的认识，它是人类自我生存本身的罪。在精神分析的王国里，审美被赋予了更多感性的因素。弗洛伊德的美学思想批判了传统美学的核心信条与骗人谎言，批判了传统理性与自发性的审美理想，解构了文化与市民社会的对立，走向了感性的美学原点。弗洛伊德的精神分析学并不仅仅是一种理论假说，更是一种技术操作。弗洛伊德以"记忆痕迹"作为个体心理学与群体心理学之间的桥梁，讨论了古代遗产的继承问题。这对人类学、民俗学、审美人类学等有着方法论上的价值和启示意义。

文明陷入困境乃是人们反叛文明、追寻远古踪迹的土壤。精神分析美学的文化人类学取向，是对混沌性与弥散性的欲望存在状态的现代观望，也是对缺失的人文精神的重建。弗洛伊德对文化起源的诠释犯下了一个错误，但那绝不是他的可卡因嗜好带来的一种幻想，而是一个美丽的错误，他依然是当代文化不断忆起的父像。当然，弗洛伊德思想的局限性也是明显的。在他的悲观主义论调中，尽管保持着微弱的乐观，禁忌也只是沉重禁令下的暂时喘息，在他眼里看不到人类能力实现的快乐目的。

三、本雅明的机械复制时代艺术转型思想资源

本雅明艺术和美学理论中的人类学资源非常丰富。始于20世纪80年代末的人类学视域中的本雅明研究是富于创意的，研究者不是简单地对本雅明理论做出是否为马克思主义的判断，而是从艺术人类学理论中汲取营养，探求马克思主义学者本雅明的理论。本雅明在拱廊街研究计划中表现出的对人类生存状况的忧虑明晰而独特，他以蒙太奇式的跳跃画面呈示出颓败的资本主义现实，以物的形象喻示对人的关切。他还在自然与历史的交合中引入寓言的表达方式，赋予这一概念指向真理内容的意图，并视其为一种表明人对自然的屈服，提出人类生存本质，指出个人生物历史性的表达方式。这何尝不是人类学研究的理论资源？在研究歌德《亲和力》的文章中，神话则是本雅明据以探究命

运的中心。而本雅明在历史哲学中传达的对技术进步与人类发展的反思无疑与人类学研究者的关注点相合，其中的启示意义不言而喻。本雅明从语言论开始即提出的从现实世界向太初整一世界的回复，或许会为人类学研究者所倡导的"原始复归"提供有意义的启迪。

在本雅明的论述中，作为个体的人与人类是不同的概念，而淹没了个体的大众也完全不同于人类这一概念。在本雅明看来，"驾驭自然"体现出全部技术的目的，也体现出帝国主义的贪欲，正是基于"人类"（而不是作为个体的"人"的聚集）这一社会基础，源于统治阶级对利益的无度追逐，人与自然之间的关系呈现出了与太初状态的背离。在这里，很容易理解本雅明区分"人"与"人类"概念的政治内涵与批判意图，"人类"概念更多表征出阶级社会的生存状态，其批判矛头直指资本主义社会。大众是在机器轰鸣声与都市的过往者中被造就的群类，它与现代社会紧密相连，大众的构成者是个人，但个人一旦汇入大众就不复为其自身。在本雅明的理论中，"大众"完全是一个富有现代意味的文化概念，它的政治意义与批判意图也显而易见，它一方面指向资本主义社会中被物质与商品异化了的人，另一方面又指向与统治阶级相对立的人。大众是机器主义的对等物，而大众的革命力量则在《机械复制时代的艺术作品》中伴随着对古典艺术作品中灵韵消散的欢歌得以释放，大众欢呼的正是以电影为代表的机械复制艺术对等级的颠覆。

审美人类学从诞生以来始终都与现实社会发展、与现实的文化建设密切相关。审美人类学这种介入现实的优势也正是它的特色，即从审美的角度来思考文化建设的问题，从而达到人与自然、人与社会、人与人之间的和谐。审美人类学研究的重要任务就是构建充溢审美氛围的生存环境。① 本雅明的灵韵是人类存在的一种特定方式，它表征了人类一种诗意的生活，它的内在本质是人的非异化状态与合理性的存在，这实质上是灵韵的人类学意义之所在，也是人类学一直倡导要构建的一种充溢审美氛围的生存环境。这种审美化的生存环境，让人类在技术渗透到社会现实生活的各个角度导致灵韵的衰亡从而造成当下生活的全面异化状态中，依然可以感受到灵韵曾经给予我们的温馨记忆，可以领悟艺术中所蕴含的那种人与自然、人与社会、人与人天人合一、其乐融融的和谐状态，这是人类永恒的美好梦想。

四、巴什拉的梦想诗学思想资源

如果说弗洛伊德的精神分析研究注重于人最坏的本能，那么，巴什拉的梦想思考则注重于人最好的本能。法国著名学者弗朗索瓦·达高涅曾评价说，巴什拉是"20世纪的狄德罗，他既是理性主义的创新者、现代科学家，又是诗人。他集发达的理性和丰富的

---

① 王杰、覃德清、海力波：《审美人类学的学理基础与实践精神》，《文学评论》2002年第4期。

情感于一身。这位天才堪称是嬉戏于两个暗礁之间的大胆的弄潮儿"①。巴什拉的梦想理论在现当代美学中具有丰富的理论内涵和精神价值。科学认识论和想象哲学共同构成其梦想理论的哲学背景。在科学认识论中,"非连续性"和"瞬间直觉"思想直接影响着他对梦想理论的研究。在想象哲学中,巴什拉通过诗歌意象本体论重建起想象与感知的关系,即想象先于感知而存在,并提出了梦想的形而上学:我梦想,故世界像我梦想的那样存在。巴什拉的梦想理论被誉为一场"想象的哥白尼革命"。

巴什拉最初从主客两分的认识论角度切入讨论梦想问题,其宗旨是探索客观知识的非理性化倾向,以摒弃主观性梦想对客观思维的诱惑。他借鉴荣格的集体无意识理论对火、水、气和土四种原始意象进行精神分析,同时,他探索四种原始意象与梦想无意识之间的关系,以及梦想的客观趋向性问题。随着意象本体论的发现,巴什拉渐渐发现了研究方法的问题,于是,他便从对梦想的客观理性分析转向主观直觉性分析,并开始运用胡塞尔和索科拉夫斯基的现象学方法来探讨文学意象与梦想意识之间的关系问题,以及梦想的纯粹内在性特征。

巴什拉研究梦想的宗旨,不仅是要确立梦想的形而上学地位,而且要通过梦想来探讨人类的自由本体论环境。巴什拉提供了一条非常有价值的线索,即通过诗歌阅读在"安尼玛"的梦想中感受自由的本体存在。"安尼玛"的梦想不仅是一个现象学阅读心理原则,而且对于现象学阅读有特殊的启示意义:其一,它是一种平静的、模糊的和幸福的参与式梦想阅读;其二,它是以意象本体为核心进行的现象学阅读;其三,它强调意识的意向性并关注作者的经验模式。虽然这种现象学阅读思想仍带有一定程度的先验色彩,让人感到一丝遗憾,但巴什拉的梦想是一种主客交融、天人合一的本体存在,它体现了一种自由的审美意识。这种自由的审美意识跳出传统本质主义的桎梏,飞离永恒在场的理念,走向一个更开放、更澄明的"梦想"的本体世界。巴什拉的梦想理论不仅为人们探索科学与诗歌之间的精神世界关系提供了一种崭新的思考维度,而且超越了传统理性主义的思维模式,建立了一种新的美学标准,对诗学研究具有丰富的方法论启示意义。

五、范丹姆的审美人类学资源

从学理上说,审美人类学作为美学与人类学交叉而衍生的一门综合性学科,固然要努力依托美学研究高屋建瓴的宏观视野及强大的理论思辨穿透力,但人类学在100多年的发展过程中形成的一系列规范且行之有效的方法,对于审美人类学的理论建构,也同样具有重要的意义。荷兰人范丹姆是国外较早在美学人类学领域进行系统调查研究的学者,他充分肯定人类学的田野调查与实证精神、跨文化比较的开阔视野和文化整体语境

---

① [法]弗朗索瓦·达高涅:《理性与激情——加斯东·巴什拉传》,尚衡译,北京大学出版社1997年版,第43页。

对于审美人类学的研究的学术价值，显示出他对传统的人类学研究理念和方法的真切把握。

范丹姆的审美人类学研究强调结合广阔的时空背景和文化现象所在的语境来考察特定的审美现象。中国当代美学面临的危机表现之一，在于对大量现实生活中的审美现象不能做出合理的解释。这与中国现代美学专注于理论思辨而忽视与现实生活的联系、割裂具体事物现象与整体文化背景的关联有内在的联系。研究者应站在整个人类文化的宏观角度，对某一特定文化审美现象，联系其牢牢扎根于当地人思想的当时语境对之进行全方位、深入细致的实证调查研究。切不能以自我文化为中心，以自我价值为唯一价值尺度，带着某种偏见或臆测去看待和判断田野资料并得出武断的结论。研究者用整体语境法考察、研究审美文化、审美现象及审美活动，常常会透过某些美、艺术文化的表面现象窥探到某些深层并有价值的东西。也正是在这个意义上，有意识地选择范丹姆的研究作为一块他山之石以启发中国当代的审美人类学研究。

范丹姆通过对审美文化现象进行跨文化的比较讨论，发现人们在各自的语境里提炼出一些标准，并在此基础上形成了一些审美原则，如对称、光滑及光滑所产生的鲜明性、平衡等。这些审美原则似乎普遍地或至少在多种文化中受到遵循。因此，应该始终关注这些标准采用的实际文化形式，在特定的文化背景中进一步审视它们的具体表现。唯有运用整体语境法，把这些原则充分置于它们的社会文化背景下进行描述，才能全面审视这些原则应用的实际形式，才能说明形成这些审美原则吸引力的一系列复杂动机。范丹姆探究了美学术语在语源学上的起源，指出"美学"这一术语，在18世纪中叶由德国哲学家鲍姆嘉通提出，源自希腊美学，意思是感官、感知。人的感官、感知，包括视觉、听觉、触觉、味觉及嗅觉，既受人类先天遗传因素的深刻影响，也受到后天文化熏陶的外在制约。为真正保持美学的"感性之学"的性质，相关研究应考虑所有的感官、感知体验，甚至运动的体验和感知里不同知觉的混合体验。对不同感官、感知体验的研究有别于对视觉体验的传统研究，它要求研究者必须对其进行深入细致的具体研究。坚持美学中对不同媒体、不同感官的体验研究，可以减少调查者的视觉偏见，必将引导美学研究朝着更全面、合理的方向发展。

第二节　民族审美人类学的理论资源

21世纪人类学发展主要呈现两种趋向：一方面朝着学科整合和综合研究的方向发展，跨学科、多学科、交叉学科及因此而形成的边缘学科、新兴学科、综合学科的研究越来越引起关注；另一方面是朝着学科分支及应用性学科的研究方向发展，因而人类学又分化为名目繁多的学科分支，诸如文学人类学、审美人类学、艺术人类学、生态人类学、民族人类学、教育人类学等。同时，还出现多元化发展的人类学思潮与流派，诸如马克思主义人类学、西方马克思主义审美人类学、社会学人类学、认识人类学、结构主义人类学、象征人类学、文化与心理人类学、解释人类学等。① 在20世纪末与21世纪初兴起的审美人类学越来越引起学界的重视，它不仅是美学与人类学的学科交融和跨学科综合研究的结果，而且以新的理论和方法、新的研究领域崭露头角。审美人类学以人类及其区域、本土、民族的审美现象作为研究对象，尤其将过去以原始人类、原始民族、原始族群的审美活动和审美意识的发生、生成、发展作为对艺术起源与审美起源的认识与研究，逐渐发展和扩大为从审美角度对人类不同地域、不同族群及其文化多样性、差异性、丰富性的各种不同发展形态的研究，这无疑扩大了审美研究与人类学研究的领域，拓宽了审美研究与人类学研究的视野。

在审美人类学的研究和发展中，民族审美人类学将成为一个重要的研究领域和学科。所谓民族审美人类学，既可视为民族的审美人类学，亦可视为民族审美的人类学。其关注点及范围在于：一是民族的，二是审美的，三是人类的，从而将审美人类学研究推向新的高度。

一、民族审美人类学的定位

民族审美人类学研究应该是综合研究，它综合了民族学、美学、人类学等不同学科及其理论和方法，因而有必要对民族审美人类学进行准确定位。但这些学科并非各自封闭式独立，而是早有交叉、交融和结合。它们都可以确定一个共同的对象，从而对其进行不同角度和专业领域的研究。如广西铜鼓，既可进行民族学、社会学、文化学、历史学等学科研究，亦可进行艺术学、美学、民族文化及民间文化、民俗文化等研究。同时，这些不同角度、不同理论、不同方法、不同学科的研究可相互借鉴和补充，促进对研究对象的综合研究。因此，将民族审美人类学放在学科关系中来定位其性质是应有之义。

其一，民族学与人类学的关系。民族学与人类学有着十分密切的联系。早期的人类学研究与民族学研究交织为一体。黄淑娉、龚佩华《文化人类学理论方法研究》指出："作为学科的名称，最早使用的是民族学，后来才用人类学。两者曾经互相兼容并包，有时民族学包括人类学，有时人类学包括民族学，有时相提并论，有的地区民族学学科名称逐渐为人类学所取代。"② 现在还有一些国家和地区将人类学附属于民族学，或民族学附属于人类学，但更多的则将民族学与人类学分属为两个学科。无论进行哪一种学科分类，都充分说明两者的研究各有特点，从而建立各自学科的理论和方法。在中国高校学科专业设置中有人类学、民族学学科专业，在各研究机构中也有人类学或者民族学研究院所。这说明这两个专业学科、两种研究途径既有密切联系和交叉，又相对独立。从现

---

① 庄锡昌、孙志民：《文化人类学的理论构架》，浙江人民出版社1988年版，第1页。
② 黄淑娉、龚佩华：《文化人类学理论方法研究》，广东高等教育出版社1996年版，第5页。

代科学发展来看，一方面，强调学科分类的精密化有利于定性、定量的准确、客观、科学的研究指向；另一方面，强调学科的综合研究，以强调整体、综合、系统的研究指向。将两个学科的关系厘清，在其区别和联系中找到不仅有利于学科发展而且有利于研究发展的契合点和生长点至关重要。

进行民族学与人类学的综合研究，是当代世界学术潮流的发展趋势。由英国皇家人类学研究所提议召集的、从1934年开始每隔4—5年召开一次的"国际人类学和民族学大会"，从名称和会议内容上看，既说明这两个学科关系很密切，又明确提出它们是两个不同的学科。① 国外有关人类学的界定虽然观点众多，但基本观点是一致的，普遍认为人类学是关于人类起源和演变、人类种族的形成和人类体质结构的正常变异的科学。民族学则是指研究民族或族体的社会、文化的研究科学。《苏联大百科全书》"民族学"词条解释为："民族学是研究民族的一门社会科学，研究民族的起源、风俗习惯、文化与历史的关系，基本对象是形成该民族面貌的民族日常文化的传统特征。"② 也就是说，人类学一是确定对象为人类，二是确定为对人类的文化与体质两方面进行研究，从而构成人类学的两大分支：文化人类学和体质人类学，亦即对人类的社会本质和自然本质的研究。民族学一是确定研究对象为民族，二是确定研究内容为对民族文化的综合研究。因此，人类学与民族学的交叉点就在于文化人类学与民族学都是文化研究。无论是人类文化还是民族文化，都是人类的物质和精神创造的结晶，都是人的本质和本质力量的对象化及其体现。值得注意的是，早期的人类学和民族学都侧重于对少数民族，尤其是处于弱势和边缘地位的少数民族及其民族文化的研究，从而使人类学与民族学研究得以结合。审美人类学就是从文化最集中的表征形式之一的审美对象来定位的。当然其中也包含着对人类的自然属性、人类体质及身体发展中的审美积淀因素的研究。从这一角度而言，人类体质及其生物性、生理性的自然属性其实也是人类在社会实践中不断进化与发展的结果，人类实践活动不仅改造自然，也改造人类自身。因此，人的体质及其身体是人类实践活动创造的产物，其中也积淀与包含文化因素，可称为体质文化、身体文化、自然生理文化。人类的体质及其身体发展与人类的实践活动，包括物质活动、精神活动及文化活动紧密相关，劳动创造人的同时也促进人的体质及其身体发展，这既有间接因素又有直接因素。由此可见，民族审美人类学内容既包括民族学与人类学所共有的民族内容，又具有两者所共同拥有的民族文化内容及其审美内容，同时也将体质人类学所关注的，被以往民族学、美学研究所忽略的有关人类体质、身体、基因等生理自然要素考虑在内。民族审美人类学不仅是人类学与美学的结合，而且也是民族学和人类学的结合，是对这三大学科研究的开拓和发展。

---

① 张猛、顾昕、张继宗：《人的创世纪——文化人类学的源流》，四川人民出版社1987年版，第16页。

② 转引自黄淑娉、龚佩华：《文化人类学理论方法研究》，广东高等教育出版社1996年版，第6页。

其二，民族学与审美人类学的关系。民族审美人类学可以视为对民族现象进行审美人类学的研究，或对民族审美现象进行人类学的研究。如果将审美人类学视为人类学下属的一个分支学科的话，就必须围绕人类学与美学的关系来讨论，将人类学作为中心词，审美作为其修饰语，表示对其对象及视角的限定。如果将审美人类学定位于美学学科，隶属于美学学科的一个分支的话，那么美学作为中心词，人类学是对其视域及观念方法的拓展。基于学科取长补短、相互作用的借鉴和吸收，更应主张跨学科融合。基于学科结合的交叉点、契合口上的新的生长点、增长点、创新点提出审美人类学研究，不仅在于学科理论方法的互补及其优势与特色的强化，而且在于观念、思维、学术范式的现代转型和创新发展。当然，对于作为基础学科和传统学科的美学而言，着眼于美学与人类学跨学科理论方法的结合意义更为重大和深刻，推动了美学研究的学术转向与范式转型。从这一角度而言，审美人类学侧重于从人类学角度，用人类学的理论和方法对审美现象进行研究，是综合了美学与人类学两个学科的理论和方法对人类审美现象进行的综合研究，或者说运用人类学的理论方法进行的美学研究。例如，人类学注重实证的方法——田野作业法，可引导美学研究向审美实践、审美应用、审美文化的研究方向发展。因此，审美人类学就其研究对象、范围而言理所当然地包括民族的内容。但人类学不仅关注民族现象，还关注整个人类现象，因而民族审美人类学就在审美人类学名称前以"民族"作为限定，使审美人类学的研究范围和对象确定为民族现象，从而将民族学与审美人类学结合起来。事实上，正如前文所论及的民族学与人类学的密切关系一样，民族学与审美人类学关系密切。首先，两者都可以从审美角度、审美视域中切入并结合起来。民族学内容中可进行民族审美研究，人类学内容中也可以进行民族审美研究。其次，两者都包括民族文化和审美内容，民族学中包含民族文化、审美研究内容和资源，人类学中也包含民族文化、审美研究内容和资源。最后，两者的理论和方法与美学理论和方法虽有不同，但也有许多可借鉴和沟通之处。这样，民族审美人类学不仅可用民族来限定审美人类学的对象和范围，而且扩大了审美人类学的视域，从而形成民族审美人类学这一新的学科方向。

二、民族审美人类学研究视域及其内容

民族审美人类学的研究对象为民族审美活动和审美现象，因此其研究视域就必须立足于各民族的各种审美活动和现象，运用人类学理论和方法对民族审美活动和审美现象进行研究，同时对与民族审美现象相关联的各民族文化现象进行审美观照及审美视角的研究。从总体上看，民族审美人类学研究视域及其内容主要有三个方面，从而构成民族审美人类学资源渠道。

其一，民族文学艺术活动及其现象。人类的审美活动主要体现在四大方面：社会美、自然美、人体美和艺术美。黑格尔认为："（不过）我们可以肯定地说，艺术美高于自然美。因为艺术美是由心灵产生和再生的美，心灵和它的产品比自然和它的现象高多少，

艺术美也就比自然美高多少。"① 也就是说，艺术是美的最高表现形态，因而从艺术中去发现美，以艺术美作为美学研究主要对象，无论是对艺术学还是美学而言，都是首选。民族美学研究也将视域主要放在对民族艺术的研究上。民族美学有两层含义：如果放在世界范围内，相对于其他国家的美学而言，民族美学指向中华民族美学；如果放在国内范围内，相对于汉族而言，民族美学指向少数民族美学。民族美学由于所处的相对边缘及被忽略的环境，有可能保留更多的文化传统和原生态痕迹，同时因其往往处于弱势与边缘状态从而使其更具有地方性、本土性、多样性与原生态，更远离现代化与全球化带来的趋同性、同一性、同质性，能更清楚地表现出民族特点和个性。选取民族艺术作为民族美学的研究视角，不仅是因为少数民族艺术更具有特点和个性，还因为大多数少数民族没有本民族文字，须借助于口头文学和其他艺术形式来表达其审美需求，民族文学的弱化和弱势就必然造成民族艺术和口头文学的强化和优势。一般而言，少数民族往往依赖艺术形式来表达审美感情和审美需要，甚至以此进行文化、教育、政治、宗教、伦理及交往交流等活动，"以歌代言"的艺术和口头文学活动成为少数民族的主要活动方式之一，也成为其主要的精神、文化、娱乐活动，甚至成为其存在、生存、生活的一种方式。此外，少数民族文学艺术确实因其经济、政治、文化、教育、交通、信息、习俗等，较好地保留了千百年来祖辈流传下来的古老艺术形式，甚至还带有一定的原始性、原生性和原生态特征，这对于"他者""异质文化"及研究者而言，除具有认知、观赏和审美等价值外，还具有非常重要的学术研究价值，可将这些民族艺术视为千百年积累传承下来的"活化石"，是其民族精神、心灵和文化最集中的表现，充分体现了民族个性、性格和特点，也是民族凝聚力、向心力和创造力的表现形式，构成民族生存方式、生活方式和生命存在方式。民族艺术所表现的民族审美特征、审美个性和审美趣味，也体现在民族文化和民族精神上，因而民族审美人类学研究既可从民族艺术的审美角度发掘民族文化的特征和个性，又可在跨文化交流与异质文化比较中进行民族审美人类学研究，从而保护、传承和传播民族文化，推动民族文化在交往交流中更好发展。

民族艺术形式丰富多彩，如果不拘泥于纯艺术的定义，而将民族艺术视为一种文化现象的话，艺术就不仅作为一种独立的精神文化形式存在，还渗透于物质文化、行为文化活动及物态化的生产活动中，甚至在日常生活中。就少数民族艺术而论，其文化综合性显而易见，与日常社会生活紧密联系在一起，成为生活中不可或缺的组成部分，从而使艺术生活化、生活艺术化。如果仅从艺术所表现的内容来看，这种特征就更明显了。如少数民族的舞蹈内容与生活内容密切相关，春耕时跳起春耕舞，插田时跳起插秧舞，耘田时跳起耘田舞，收割时跳起收割舞，打谷时跳起打谷舞，舂米时跳起舂米舞，等等，舞蹈与劳动、生活不可分割，成为劳动前的操练和预习，成为日常生活经验总结和教育传承的形式。但无论艺术怎样生活化，其形式都有别于生活，并逐渐形成固定的、稳定

---

① [德]黑格尔：《美学》第一卷，朱光潜译，商务印书馆1979年版，第4页。

的、简化的、抽象化的舞蹈形式。从这一角度而言，内容转化为形式，形式中积淀着内容，形式一旦独立就具有了一定的形式美和审美特征，由此形成民间文学艺术。民族舞蹈除其社会文化功用外，更为重要的是审美功用，而且在内容淡化、形式强化的发展中，审美功用越来越突出，其文化、教育、宗教、道德等功能就潜藏在审美功能之中。因此，透过民族舞蹈的审美性就不难看出其中的文化内涵，也不难从中发现民族意识、民族精神、民族文化所体现的民族精神历程、心灵历程，更不难窥见民族的历史发展。同时，透过民族舞蹈，诸如壮族的扁担舞、苗族的芦笙舞、侗族的踩堂舞、土家族的摆手舞、白族的霸王鞭舞等，可发现各民族的审美特征和各民族的性格、精神、文化特征。从这个意义来说，民族舞蹈成为民族识别的重要标志之一。

其二，民族的审美文化。民族审美现象更多地表现在民族审美文化中，也就是说表现在民族的具有审美特征的精神生活和物质生活中。民族审美文化现象既是对民族文化精神传统的继承和发展，又是其当代意识与现实生活的审美文化形态表征。民族审美文化资源一方面表现在精神生活中，其范围和内容除前文所述的民族艺术、口头文学外，还有民族的物质与精神创造活动。少数民族热衷于公益事业，兴建公共场所，参与公共活动，遵守乡规民约，恪守民间风俗。侗族鼓楼就是民族聚会、议事、休闲、娱乐的公共场所，风雨桥既是民族集资兴建的公共交通设施，又是休憩、娱乐的公共场所，这些公共设施的集资兴建及其多功能用途显示出民族精神创造与物质创造融合的特点。此外，少数民族的民族建筑、服饰、装饰、食物、器具、工具等生产生活物品，物态化工艺、装饰、图案、雕刻、刺绣等手工艺技术更具有审美与文化结合特征，也更具有物质与精神结合特征，是审美文化的物态化表征方式与物质文化的精神表征方式的统一。民族体育、游戏、娱乐、休闲、养生等活动方式，以及民族特有的节庆活动、民俗活动、民间宗教活动等，均是民族物质活动与精神活动结合的表征，是民族物质创造与精神创造的共同结果。这些物质与精神生活及其物质与精神创造中无疑都蕴含了审美因素，都是作为一种审美文化形式而存在。一方面，在这些物质与精神生活和物质与精神创造中存在着美，体现真善美的价值；另一方面，无论是民族本身拥有的还是作为异质文化的"他者"所感受、体验到的美，都能达到审美文化认同与共识效果，从而在特殊性中体现出普遍性的价值意义。这很大程度上是因为民族文化不仅表现出特殊性与普遍性统一的特性与特征，而且表现出物质文化与精神文化统一的特性与特征。本民族民众能从中加深和强化对其民族文化的热爱和尊敬，增强民族凝聚力与向心力；"他者"能从民族文化与异质文化的比较中感受、体验民族优势与特色，增强对民族文化的理解、尊重和关注。因此，基于民族精神与物质创造的审美文化正是民族审美人类学研究的重要对象、内容和资源，探索其特殊性与普遍性统一的规律与特点正是民族审美人类学研究的宗旨与价值取向。

民族审美文化因其物质性与精神性结合而表现出审美与实用性融合的突出特征。审美文化实用性不仅表现在因精神文化的物态化而呈现出的审美实用性上，而且直接表现在物质文化的审美实用性上。少数民族在其物质生活中带有鲜明、浓厚的文化色彩和民族特色，无论是饮食、建筑、服饰、器物文化，还是物质生产和日常生活的行为文化，都不仅凝聚着物质劳动与精神劳动结合的创造性，而且体现出审美与实用结合的审美实用性，不仅体现出物质实用价值，而且体现出精神实用价值。一方面，可以通过物质生产活动的物质产品上凝聚的艺术和美的因素中看出，如民族服饰上的刺绣艺术、图案艺术、工艺的审美实用性，民族建筑上的绘画、雕刻、设计、工艺的审美实用性，等等，突出和集中地体现了民族美，表现了民族审美意识和审美趣味，更表现了审美实用性的价值和意义。另一方面，从这些物质生活用品的民族性来看，它集中和突出地展示了民族特征和个性，从而也体现了民族美，因为在这些物质产品和物质生产活动中不仅彰显出民族特征，而且体现了民族传统、民族精神及其审美文化应用的审美实用性意义。从审美文化视角研究民族物质文化，无疑大大拓展了民族学、美学视域与领域，尤其对专注于精神层面的审美与哲学研究层面的美学而言，意义更为显著。因此，民族审美人类学研究将关注点放在物质与精神结合的民族生活、行为、创造的审美文化上，无疑有助于学术空间与研究领域的拓展。

其三，民族文化中的间接审美因素。少数民族文化综合体现象是一种普遍现象，民族文化还未能进行科学的学科分类，或在某种形式中不仅具有独立功能而且还具有综合系统功能，因而存在着生活艺术化、艺术生活化、生活与艺术一体化现象，并使其行为活动带有综合性的文化特征。也就是说，既是精神活动又是物质活动，既是艺术活动、审美活动又是带有一定功利色彩的文化活动、道德活动、宗教活动、教育活动。大量未曾独立出来、隐藏在文化中的审美因素也就成为民族审美人类学研究的重要资源。有些少数民族缺乏自身的文字，有些少数民族精神信仰体系中还保留着原始宗教、民间宗教及其巫术、宗法、魔法，有些少数民族地处偏远，自然环境恶劣，交通不便，经济欠发达，文化教育相对落后，但这些少数民族思维方式和行为方式都保留有较多的"原始思维""野性思维""表象思维"，以及维柯所说的"诗性"特征。维柯将"诗性"推广到原始民族或自然民族的一切活动中，诸如"诗性的智慧""诗性的美学""诗性的逻辑""诗性的理论""诗性的政治""诗性的物理""诗性的宇宙""诗性的天文""诗性的地理"① 等，从而使其活动和活动方式带有一定的诗性特征。如少男少女谈情说爱往往采取对歌方式进行交流，在民歌及其情歌中大量使用比兴、象征、夸张、排比、隐喻、反讽等手法，从而使其更形象、生动、具体、丰富，由此更有利于表达和沟通。广西少数民族能歌善舞，以歌代言，以歌交友，形成歌节、歌圩、歌堂、歌会及对歌传统。过去历代统治者所谓"禁歌"，斥之为"风流山歌""风流歌圩"，一方面说明对歌是青年人谈情说爱的一种言说方式，另一方面证明民歌也是表达思想感情及不满与反抗情绪的一种方式，歌圩遂成为民众交流与聚合的形式，歌节成为民众受压抑情绪宣泄与情感心理

---

① ［意］维柯：《新科学》上册，朱光潜译，商务印书馆1989年版，第1—4页。

调节的形式。这足可以见民歌的价值功用：不仅仅是娱乐、游戏，也不仅仅是民间艺术和审美，而且是情感表达、交流及谈情说爱的一种方式。这种情感表达、交流及谈情说爱的方式中不仅含有大量的审美、艺术因素，而且也含有思想、道德、理想、追求的因素。同时，即便是非艺术、审美活动或对象，也可以通过审美学观照和美学理论、方法的研究，发现和还原蕴藏其中的审美艺术因素。少数民族的许多风俗、习惯、风土人情及其精神、物质产品、用品，都蕴含着丰富的艺术和审美价值，但作为本土的人们往往用生活的眼光去看待和对待，因此通过观者和研究者的"他者"眼光和文化交流就会发现其建筑、服饰、装饰、器具及行为活动的仪式、风俗习惯、节日庆典、乡规民约等日常生活中的审美性和审美价值。不少旅游者在少数民族地区花钱购买被当地人视为生活用品的草鞋、斗笠、蓑衣、服饰、刺绣等，并非仅仅因为猎奇和别异，而是他们在其中发现了美，发现了个性特征，发现了艺术价值，将其带回家挂在墙上或保留作为纪念，作为民族艺术品、审美品来看待。这样的"他者"眼光，就有可能将非审美、非艺术因素转换为审美、艺术因素，也就有可能发现和发掘蕴藏其中的审美、艺术元素。因此，民族审美人类学应将这些日常生活化的非审美和非艺术对象纳入研究视域，通过审美、艺术观照与研究，使其中的审美、艺术因素显现或转换为审美品、艺术品。

三、民族审美人类学研究思路的开拓

创建民族审美人类学学科或学科研究方向，必须首先确立基本理念、目标、宗旨与思路，从研究思路的开拓而言主要有四种路径。

其一，民族审美人类学的理论和方法。民族审美人类学的理论和方法，应是综合了各学科的理论和方法，即吸收哲学、文化学、历史学、心理学、宗教学、伦理学等学科的理论和方法。但这不是将其"杂放"在一起，而是必须在各学科之间寻找一个契合点、逻辑起点、落脚点。一方面，民族审美人类学应以文化人类学的理论和方法作基础，以文化人类学来贯穿和综合其他学科，即主要运用文化人类学的理论和方法对民族审美现象进行研究，同时须兼顾民族学和美学的理论和方法。另一方面，民族审美人类学必须立足于自身的理论和方法的建立和建设。民族审美人类学并非简单综合各学科理论和方法，也并非在原来的民族学、美学、人类学领域和视域中进行研究，而是开辟了新的领域和新的视域，因而民族审美人类学并非仅仅是一个方法转换和更新的问题，还应该建立和建设自身的理论体系。这就需要有一套自身的理论话语系统，有自身的范畴和命题，有自身的研究视域和问题。诸如民族审美意识起源发展与民族起源发展关系研究、民族审美特征与美的普遍性关系研究、民族人类学与审美人类学关系研究、民族美学中的人类学思想及其人类学资源研究、民族审美文化遗产保护与传承研究、民族审美制度研究、民族审美文化交流机制研究、民族审美经验研究、民族审美文化传统的现代发展研究、民族审美文化创新体系研究等，均应视为民族审美人类学关注和研究的基本问题。

其二，民族审美人类学必须对民族文化特征、民族审美特征、民族人类学特征进行

研究，从而在特征中认识民族性、民族文化性、民族审美性和民族人类性。对民族性的认识和强化应是民族审美人类学研究的基本思路之一。民族和民族文化、民族审美意识也在不断发展和更新，其发展的原则和条件是必须保持优秀民族文化传统，保持民族的特征和优势，保持民族精神，保持民族性。尤其在全球化与现代化的浪潮中，保持民族性、民族特点、民族精神具有重要现实意义。因而，民族性与全球化、现代性的关系问题是民族审美人类学应关注和研究的重大现实问题。如何使其在现代化和全球化潮流中适应时代发展，从而在推动民族、民族文化、民族审美、民族审美意识更新和发展的同时保持民族性、民族传统、民族精神，这既是理论问题，也是实践问题。对这些问题的研究，既可以使民族文化在现代传承与创新发展中保持本色，又可以推动民族文化更好地融入现代社会及全球化思潮中，既可以拓展学科研究视野与学术空间，又可为制定民族政策、调控民族意识、增强民族团结做出贡献。

其三，在比较视域中强化民族文化交往、交流和交融。民族的发展，一方面依赖于民族自身的努力和内部因素的发展，另一方面依赖于民族文化交往、交流和交融。任何交流必须具备两个基本条件：一是交流双方必须平等对话。尽管在经济、文化、教育等精神文化和物质文化上客观存在着强势和弱势、现代和传统、大和小之别，但在交流中必须处于平等地位才会有益于双方。二是交流双方必须都具有自身特点和优势，同时也具有某些相同点和认同性，这样才具备可比性和交流的可能性。中西民族的异质文化既具有差异性又具有共同性，从人类整体发展来看，更具有殊途同归的相同性、相似性和认同性。因而，用人类学的眼光来透视民族和民族性，就会有一个更广阔的视域和领域，也就为文化交流奠定了基础，创造了条件。同时，从审美角度看，尽管各民族的异质文化千差万别，但爱美之心，人皆有之。诚如《孟子·告子上》所言："口之于味也，有同嗜焉；耳之于声也，有同听焉；目之于色也，有同美焉。"这既说明不同的人、不同的民族在人性上有相同的一面，在审美上也有相同的一面，而且说明人的自然属性的共同性也会影响人的社会属性的共同性和精神、文化的共同性。《孟子·告子上》还指出："至于心，独无所同然乎？心之所同然者何也？谓理也，义也。圣人先得我心之所同然耳。"当然，孟子未能论及人的差异性、民族的差异性，这不仅因为文化的差异性、精神属性的差异性，还因为在自然属性上也存在差异性，从而就构成种族、民族、群类和个体的差异性。从人类学角度看，人类的发展实质是文化发展的结果，也是不同文化发展的结果，因而构成了人类的相同性和差异性。人类和民族因异质文化而千差万别，审美则是最具有共同性、最能体现和实现交流的形式之一。事实上，审美本身就是交流和沟通的一种形式。即便是带有民族特征的民族美，也会有利于交流和沟通，因为个性和特征正是民族美之所在，是吸引人之审美的原因所在，也是交流中相互吸收、相互补充的缘由所在。因此，民族审美人类学研究应有利于文化交流和文化认同。

其四，民族审美人类学应立足于对人类自身、民族自身精神价值的研究。人类学对民族审美现象的研究，实质是为了立足于人类通过民族审美来达到认识自身精神价值的目的。这不仅是为了解决人与现实的关系，从而使人类在改造现实的同时也改造自身和发展自身，改造客观世界的同时改造主观世界，实现人类的进化和发展，而且也是为了使人类在认识自身的基础上充分发挥人的精神作用、主体作用和文化创造作用，从而使人类在生存和发展中既解决人与现实的矛盾，又解决人自身的矛盾、人与自我的矛盾、个体与民族及人类的矛盾、物质需要和精神需要的矛盾。各个民族作为人类的不同个体，作为人类学研究的对象，有利于探究人类发展的多元起源、人类精神文化的多元创造、人类文明既多元化又殊途同归的现象，尤其是通过审美意识表征的民族精神呈现多样性与认同性的发展趋向，从而确定民族在人类发展和创造中的位置和地位。人类和民族及个体的审美活动，不仅实现其精神创造价值，而且促进人类精神活动的发展，并反作用于和推动物质活动的发展，实现审美教育及使人的素质能力不断提升的目的。席勒在《审美教育书简》中极力推崇"审美教育"①的目的，实质是通过审美来实现人类自我教育、自我提升的目标，在将人的本质和本质力量的充分对象化的审美活动中发展人的全面素质和实现人的全面价值，使人的生命活动发展得更充分、更完满、更自由。因而，无论是审美还是美的创造，无论是审美教育还是审美革命，都立足于对人自身的认识，对人自身的精神创造和精神价值的实现，从而达到提升人的全面素质的目的。明确了民族审美人类学研究的思路，目标才能更明确，意图和动机才能更清晰，才能更有利于确定研究对象和范围，选取和发掘研究资源，确定研究课题，建立和建设研究所需的学科理论和方法。无论是理论研究还是实证研究，无论是典籍文献研究还是田野调查研究，无论是学科建设还是解决实践问题，都能更有自觉性和主动性，也更能取得预期的效果，使民族审美人类学这一新兴学科或学科研究方向获得更大的发展。

第三节 民间文艺审美人类学资源

制度的起源和缘起，是人类社会性和群体性行为活动的需要。任何个体在面临孤独、无助和自然界的威胁时都会本能地产生这种社会和群体归属感的需要。制度的起源和缘起，也是为了有效调节人类各种关系、处理各种矛盾从而构成和谐整体的需要，是保障和规范人们的行为和活动的基础和条件。高丙中指出："制度和法律出自德范。一种制度包含一种意识（思想、观念、教义、欲念）和一个结构。其结构是一个框架、一件容器，或者说，可能只是被置于某种局面中按指定方式进行合作的一定数量的职员。结构容纳意识，并提供媒介把意识导入事件和行为的世界，为社会中的人的利益服务。制度

---

① ［德］席勒：《审美教育书简》，蒋孔阳译，载伍蠡甫主编《西方文论选》上卷，上海译文出版社1979年版，第485页。

或者是生成的，或者是制定的。如果制度在德范中初具雏形，产生德范的本能性努力使它们渐趋成熟，那么，这些制度就是生成的。经过长期的表现，本能性的努力变得明确、固定。所有权，婚姻和宗教是最基本的制度。它们发轫于民俗。它们是风俗。只是因为加入了某种关于福利的哲学思想，它们才发展成了德范。它们从而在规则、预设的行动和使用的设施等方面变得更加明确和固定。这产生出一个结构，制度也终于完备起来。"① 可见，制度起源于约定俗成的民俗惯例。人类进入文明社会后，社会规范通过制度形式呈现，主要有五个呈现渠道：一是法律制度，包括政治制度，是由外向内的规定和约束；二是道德制度，主要表现在社会伦理关系调节及道德自律上，是由内向外的规定和约束；三是民俗制度，主要表现在日常生活的习俗惯例上，是潜移默化的规定和约束；四是宗教制度，主要表现在精神信仰训诫和心理敬畏上；五是文艺制度及审美制度，主要表现在心灵净化和人性提升上。因而，人类社会制度是一个立体多面的整体结构，也是一个多层面、多方面、多渠道的社会总体规范，以此将每一个体召唤为群体，从而形成社会形态和社会结构。

  作为社会制度结构构成要素之一的文艺制度也是一个整体，它不仅具有作为社会统治意识形态下主流、正统、正宗的官方文艺制度的构成要素，而且具有作为社会下层的边缘、隐性、非正统正宗的民间文艺制度的构成要素。文艺构成形态大体上可划分为文人文艺、官方文艺、主流文艺和民间文艺四种，而保障和规范这些文艺形态传承和发展的恰恰是文艺制度及文艺机制。从制度本身着眼，其构成的多面性和统一性也说明了文艺制度的复杂性和矛盾性。作为文艺基本形态的民间文艺的传承和发展，除遵循文艺发展的一般规律，受制于一般文艺制度之外，还必须遵循民间文艺自身发展规律，并受制于民间文艺制度的特殊性。同时，民间文艺制度也会以对立、制衡、调节、补充的形式与文人、官方、主流构成的文艺制度形成相互关系，从而潜在、隐匿、无形地影响文艺制度的整体建设和发展。由此可见，民间文艺制度具有存在的合理性、合法性和必然性，也具有重要的功用价值和意义。但长期以来，正如重视文人文艺而忽略民间文艺一样，人们只注意到文艺制度构成的文人化、官方化、主流意识形态化的一面，忽略了文艺制度构成的民间约定俗成化、习俗惯例化、潜移默化的一面，由此使民间文艺制度被盲视和忽视。一些民间文艺制度已逐渐走向解体或消亡，从而导致在其保障下的一些民间文艺形式走向解体或消亡。从发展和保护民间文艺角度而言，发掘和保护民间文艺制度更为重要。民间文艺制度不仅是为了更好地传承、保护、发展民间文艺，而且也是为了更好地建构和完善作为社会整体的文艺制度，保障和保护文艺的健康、顺利发展。如果民间文艺制度及其运行机制遭到破坏和削弱，那么不仅民间文艺得不到保护和发展，而且文艺的整体繁荣和发展也会受影响。因而对民间文艺制度的研究及建立起保护和传承的机制势在必行。

---

  ① 高丙中：《民俗文化与民俗生活》，中国社会科学出版社1994年版，第193—194页。

在社会制度的构成中，文艺制度形式相对于其他的制度构成形式诸如政治制度、法律制度、经济制度、教育制度、宗教制度等而言，具有相对的隐性、无形、边缘、弱势的特征和特性。因而，探讨民间文艺制度的表现形式和表达方式具有一定难度，更重要的是民间文艺制度的表现形式亦有其特殊性。不可否认，尽管面临着现代社会和大工业生产及全球化思潮的冲击，民间文艺发展陷入了困境，一些形式逐渐走向衰落甚至消亡。但正如"野火烧不尽，春风吹又生"一般，民间文艺具有强劲的生命力和活力，在不断地传承和发展，它的存在和发展无疑暗示出它还保存着促进其发展的文化机制及保障制度，民间文艺机制和制度充满生命力和活力。那么，民间文艺制度有何表现形式？有何构成内容？其价值何在？这些问题需要进一步梳理和研究。

一、从原始文艺制度发展而来的民间文艺制度构件

原始社会向文明社会的发展，一方面以破坏和牺牲原始社会野蛮文化作为代价，完成从原始社会文化向文明社会制度所带来的新的文化的转换；另一方面则是在保存和继承原始文化的基础上，逐步发展为文明社会，因而在文明社会的构成中还遗留着原始文化的痕迹。中国古代社会发展，无论是原始社会，还是奴隶社会，或是封建社会，都呈现出在亚细亚生产方式和农耕文明方式基础上建立起来的氏族宗法制社会的特征。由原始社会图腾制所表现的祖先崇拜、自然崇拜、神灵崇拜的文化传统及原始文艺形态，并没有在进入文明社会后断裂。相反，在夏商周奴隶社会及春秋战国之后的封建社会中一直以宗法制为核心传承传统文化，弘扬传统。如周代的礼乐制度，其礼制以等级制的内涵及宗法制制度内容维系原始社会遗留下来的祖宗崇拜、自然崇拜、神灵崇拜的意识，尽管逐步由神事转向人事，但顺天应事及君权神授的惯性思维犹在，从而形成礼制的制度形式。其乐制则以调节和理顺人际关系，包括家庭、家族、氏族及社会各阶层关系，维系族群的统一、稳定、安宁而保留了原始文化的祖宗崇拜、自然崇拜、神灵崇拜的意识，其目的虽是维护等级制，但"乐者为同，礼者为异"的分工及"同"的功能无疑含有原始文化遗迹，从而形成乐制的文艺制度形式。这些原始社会文化的传承及其遗留在文明社会的痕迹，一方面通过制度转换的形式和机制，将原始社会文化转换为文明社会文化，从而使其融入文明社会的制度文化；另一方面通过文化传统和习俗惯例潜移默化地、约定俗成地保留下来。因而原始文艺制度的痕迹可从四个渠道隐约见出：一是从文明社会的文艺制度中呈现其保留的痕迹，由周代礼乐制度可略见一斑；二是从民间文艺传承和发展的机制和制度形式中呈现其保留的痕迹，如从民歌传承发展至今的原始形态和原生态的生命力和活力，就可见民间文艺制度还保存着推动民间文艺有效运行和发展的原始文艺机制和制度；三是现代社会遗存的"活化石"，一些处于边缘、边远地域，文化相对落后的民族、地区还保存着原生态文艺中可窥见的原始文艺制度的踪影；四是文献典籍的记载，不仅可发掘原始文化记忆和民族历史记忆，而且作为意识形态和文化传统渗透在社会意识和人们的精神文化中，成为文艺运行和发展的潜在、隐性的推动力

量。因此，原始文艺制度通过种种渠道传承和保留，其中最为主要的渠道就是民间文艺制度。通过考察不难发现，民间文艺的传承和发展中遗留有许多原始文艺的痕迹，如民间歌谣的原发性、朴实性、简单性、口语化、生活化等特征与原始歌谣相近，民间歌舞的节奏、韵律、拍手、踏脚及简单朴素的舞蹈动作元素与原始歌舞相似，戴着面具的傩舞、傩戏，甚至戏剧的脸谱，与原始社会的图腾、纹面、文身都具有紧密的关系。这些原始文艺要素被保留在民间文艺中，也正说明有一个将原始文艺保留于民间文艺的机制和制度的存在。

其一，模仿机制推动民间文艺不断发展。艺术起源的"模仿"说、"巫术"说、"游戏"说、"原始宗教"说，都离不开模仿。模仿不仅是人的本能，更是人的自内而外的需要和自觉行为；模仿不仅是人类个体学习和成长的机制，而且也是人类群体"对象化"和"自我确证"的必要途径。原始文艺的发生，既是模仿自然、模仿劳动、模仿生活、模仿人的结果，又是人通过想象、虚构、创造模仿神、模仿心灵、模仿理想的结果。因而，民间传说故事的传承和传播，是通过模仿代代相传；民间歌舞的传承和传播，也是通过模仿世代相袭。更为重要的是，模仿成为民间文艺创作、制作和生产机制，其生活化、对象化、简朴化、感性化等特征正是模仿的必然结果。

其二，娱乐机制推动民间文艺持续发展。原始艺术的发生最初与人的存在和生存环境密切相关，人与自然的矛盾和冲突，以及人类生存、存在的困境，迫使人类以巫术、原始宗教、原始信仰、祭祀仪式等方式表达对自然、神灵、祖宗的崇拜和敬仰，由此产生以歌舞娱神、敬神、祈神的活动。这固然有着十分严肃、庄重和神圣的态度和内容，但其娱乐化的载歌载舞形式，自然带有赏心悦目的愉悦特征。使神灵愉悦，自然会促使人与神沟通，从而使人的心灵平静、安宁、和谐，进而使人能够愉悦。因此，娱神最终达到娱人的效果，同时也达到娱己的效果。由娱神到娱人再到娱己的愉悦过程，正是民间文艺的突出特征，这也恰恰说明民间文艺制度中保留了原始艺术的娱乐化机制及原始仪式的制度化因子。

其三，休闲机制推动民间文艺不断发展。庄子曾描绘过原始社会人与自然融为一体的生存状态，其间也透露出原始先民自由、闲适、无拘无束的纯朴自然天性。《庄子·马蹄》："故至德之世，其行填填，其视颠颠。当是时也，山无蹊隧，泽无舟梁；万物群生，连属其乡；禽兽成群，草木遂长。是故禽兽可系羁而游，鸟鹊之巢可攀援而窥。"陶渊明《桃花源记》中亦描绘了一幅田园牧歌式的世外桃源景象。原始先民尽管面临生存困境和大自然的威胁，但在大自然馈赠下的享受与劳作之余的休闲、休养生息是必要的生理、心理及精神上的调节。因而，休闲、游戏也会成为一种自然习性和惯例，是对劳动制度的补充和调节。原始艺术不仅是在劳动及人类社会实践活动中发生的，而且也是在人类生活及休闲、游戏活动中发生的。这不仅是因为文艺除具有劳动化、生活化、对象化的模仿特征外，还具有非劳动化、非生活化的自我表现的模仿特征。尤其是当精神生产与物质生产分离，文艺由此独立出来之后，文艺活动及其创作表演就更具有休闲和游戏的特征与功能。文艺在某种意义上成为人类劳动及其他活动后的剩余时间、剩余精力、剩余产品的产物。因而,人们才会通过休闲时间进行文艺的活动,以此调节劳动和活动节律,缓解劳动的紧张心理和情绪,减轻疲劳,恢复体力和精力。民间文艺活动正是在空闲时间开展,歌圩、歌节、歌会、歌堂正是利用农闲时间而采取的一种休闲娱乐方式,是劳动和活动节律的调节,也是休闲娱乐的一种文艺活动方式。

其四,交流机制促使民间文艺有序发展。原始艺术的群体性固然是巫术、祭祀、原始宗教等公共活动、群体活动造成的结果,也是在人与自然的矛盾中因人处于劣势从而促使人聚合为群体的结果,因而原始艺术活动往往是群体活动。文艺促使人与自然、人与人、人与社会之间交流沟通,从而产生向心力、凝聚力、统一性,组合成人类群体和人类社会。民间文艺在民间广为传播和传承。民间一般指称乡间,农村人口分散,小农经济和自给自足的生产方式和独门独户的生活方式使宗法制及家族制传统得以传承,需要有交流沟通机制,使其相对集中统一,凝聚为群体。民间文艺因交流机制和制度而带有群体性、公共性、社交性特征,民间舞蹈大多为群舞、广场舞,民歌多为对歌、赛歌、合唱等形式,民间传说故事虽多为个体之间的口耳相传,但也是群体创作、群体传播的结果。因而,民间文艺是依赖于公共群体空间、依赖于交流机制和保障制度、依赖于人际交往而传承、传播和发展的。

二、依附于民间社会其他制度形式而形成的民间文艺制度

民间文艺的最大特点是民间性、群众性、生活化,以及与物质生活、精神生活融为一体的整体性。一方面,民间文艺制度具有与社会其他制度形式紧密结合的相关性,从而使民间文艺制度依附于社会其他制度基础上而建立和发展;另一方面,民间文艺制度作为民间制度的一个构成部分,除具有自身相对的独立性和特殊性外,还具有制度所发挥的社会功用的整体性,其相对独立性和特殊性往往在整体性中发挥社会综合功用和审美娱乐功用。理解民间文艺制度的相对独立性和特殊性,需厘清其民间性。钟敬文主编的《民俗学概论》认为:"民间,顾名思义,是指民众中间。它对应官方而言。概而言之,除统治集团机构以外,都可称作民间。它的主要组成部分,是直接创造物质财富和精神财富的广大中、下层民众。"[①] 可见,从民俗学角度解释的"民间"是指非官方的民间社会形态和民间社会群体,因而存在和延伸出民间立场、民间文化身份、民间价值取向、民间话语、民间语境等概念,从而使这一相对于官方而言的民间因长期被忽略、排斥、边缘化后终于浮出水面,引起学界和全社会的关注。尽管民间也是社会的一个构成部分,它与社会构成统一整体,但事实是人们常将官方等同于社会。正如马克思、恩格斯指出的那样:"统治阶级的思想在每一时代都是占统治地位的思想。这就是说,一个阶级是社会上占统治地位的物质力量,同时也是社会上占统治地位的精神力量。支配着物

---

① 钟敬文:《民俗学概论》,上海文艺出版社1998年版,第2页。

质生产资料的阶级,同时也支配着精神生产的资料,因此,那些没有精神生产资料的人的思想,一般地是受统治阶级支配的。"① 如果仅仅认为占统治地位的统治者思想往往成为社会主流思想的话,是远远不够的。因为在社会中除占统治地位的思想外,还存在着处于非统治地位或被统治的思想,即存在着官方思想与民间思想的对立和互补现象。因此,相对于官方的显性、主流、中心、占统治地位的制度和体制而言,民间作为一种社会形态和社会群体,也存在着隐性的、无形的、边缘化的制度形式。这种制度形式往往通过约定俗成的乡规民约、民俗惯例表现出来,是一种无制度化或非制度化的制度形式。相对于官方的法律制度和道德制度而言,民间存在着乡规民约式的族规、家规、村规及自然法、习惯法等制度形式;相对于官方的宗教制度而言,民间存在着民间宗教及巫术等制度形式;相对于官方的工作日和休闲日制度而言,民间存在着农闲和农忙的制度形式;相对于官方的行政礼仪制度而言,民间存在着待客迎宾和尊老爱幼的民俗礼仪制度。可见,官方有一套制度规定,民间也有一套制度规定,只不过官方更依赖于法律、制度、体制而由外向内进行着规范和约束,民间则更依赖于约定俗成的习俗惯例而由内向外地进行着自觉要求和服从。略举一例以说明之:广西金秀大瑶山地区盛行着石牌制的民间制度形式。"所谓石牌制,即是瑶族人民(以金秀瑶族为主)在历史上为求得生存发展和社会安定而建立的具有自卫自治性质的法律制度和社会组织。它是一种民族习惯法,瑶民为了维护当地的生产和社会治安秩序,共同订立规约,并将之镌刻在石碑上或抄写在木板上,以便'有法可依',共同遵守。""石牌是一种社会组织制度,包括石牌会议、石牌头人、石牌组织机构、石牌法、石牌兵、石牌丁等等。"② 新中国成立后,这种石牌制的制度化、体制化形式已不复存在,但作为自然法、习惯法的民俗惯例仍有影响和作用,并作为对法律制度的一种补充和辅助形式。由此可见,民间制度正是通过文化传承、文化积淀、文化传统而逐渐形成的,它以约定俗成的乡规民约和民俗惯例形式表现,相对于官方的法律制度而言是一种自然法、习惯法,是一种民间百姓在自觉自愿基础上潜移默化地形成和建构的。它不像官方制度,具有象征统治者权力的政治体制、上层建筑和意识形态的支撑,也不像官方制度那样根据类别被细分为政治制度、法律制度、宗教制度、文化制度、教育制度等制度类型,而是带有综合性和整体性。同时,受民间的地域、民族、群体的差异性影响,制度的形式和内容也具有差异性、具体性和局限性。民间制度形式通过民俗惯例渗透于民间社会、民间生活、民间群体的方方面面。因而,民间文艺制度依附于民俗惯例而设置和确立,具体表现在以下方面。

其一,依附于民间礼仪的文艺制度。中国是一个礼仪之邦,中国人不仅讲究礼节、礼数,而且讲究礼仪。郭于华指出:"仪式,通常被界定为象征性的、表演性的、由文化

---

① 马克思、恩格斯:《德意志意识形态》,《马克思恩格斯选集》第一卷,人民出版社1972年版,第52页。

② 莫金山:《瑶族石牌制》,广西民族出版社2000年版,第4、第5页。

传统所规定的一整套行为方式。它可以是神圣的也可以是凡俗的活动,这类活动经常被功能性地解释为在特定群体或文化中沟通(人与神之间,人与人之间)、过渡(社会类别的、地域的、生命周期的)、强化秩序及整合社会的方式。"① 就此而言,仪式是一种象征秩序,是一种制度形式,它不仅规范和约定人们的行为和活动,而且也起着整合社会的功用。在仪式制度中最重要的就是礼仪制度,为使礼数和礼节以仪式化的过程和程序来表现秩序,礼仪往往借助于文艺形式和活动等来表现。礼仪中往往包含诗、乐、舞的内容。民间文艺往往附着于民间礼仪,礼仪制度制约和规定着文艺制度,民间文艺通过礼仪制度及其文艺制度渗透至社会生活的各个层面。如广西那坡黑衣壮仅就人生礼仪而言,就保存有出生礼、满月礼、成人礼、婚礼、寿礼、葬礼等仪式,这些仪式伴有规定的不同形式的歌舞表演与行为活动内容,从而形成礼仪表演制度和风俗习惯。再如黑衣壮待客迎宾的礼仪,是先敬上一杯迎客酒,唱一支迎宾歌,才将客人迎进家门。这一礼仪习俗已制度化地将民间文艺形式和内容引入礼仪中,从而形成民间文艺制度形式,它不仅保障礼仪仪式的进行和完成,而且保障了民间山歌(文艺)的展示、传承和传播。

其二,依附于民间宗教的文艺制度。南方民间宗教的形式主要是带有巫风的道教及道教化了的巫色彩,这是由原始巫术及道教传承和发展衍化的结果。流传于民间的道教或巫的活动并不仅仅依赖于寺庙道观的物态化形式存在,更重要的是通过世俗活动和民俗仪式的形式予以表达、传播和传承。比如广西黑衣壮的师公、道公,他们并不是专司其职,他们脱下道袍就是村寨的小学老师、医生、长老,甚至有的还是村干部,这些人是村里有文化、有威望、有权力的人。这些民间宗教活动一般指在村寨的一些重大活动,如节庆庆典、生老病死、婚姻嫁娶等场合中进行并伴随一系列宗教仪式的活动。仪式必然伴有颇具民间宗教色彩的歌舞表演。这些师公、道公不仅是村寨中的能人,而且是能歌善舞之人,是村寨文艺队的歌师、舞师和教师。他们的表演和传授,不仅将宗教歌舞改造为民间歌舞形式,而且也将民间歌舞渗透于宗教仪式活动中,使民俗歌舞衍化为宗教歌舞,宗教歌舞又回归民俗歌舞。因此,民间宗教制度建立并在一定程度上保存了民间文艺制度。

其三,依附于民间文化教育的文艺制度。在古代社会,民间文化传承主要靠口口相传,民间文化教育也主要依靠口头传授。如此一来,通过顺口易记的民歌民谣、传说故事及载歌载舞的歌舞形式来传承历史文化,教育培养后代就成为自然之事。其实,每个人早在咿呀学语(甚至未出生前)时起就聆听儿歌、民歌,并在童话、传说、故事、歌谣的家庭文化和村落文化教育氛围中逐步成长。这种教育形式及文化传承形式虽与学校教育制度、体制有较大差别,但这种学前的家庭教育、民间社会教育是一种无形的制度形式,既起着启蒙教育的作用,又起着传承、传播和发展民间文艺的作用。即便在学成之后,这种教育及文化传承可以作为成人的继续教育任务,通过民间文化、民间文艺的

---

① 郭于华:《仪式与社会变迁》,社会科学文献出版社2000年版,第1页。

行为活动而潜移默化地完成，使民间文艺的教育和文化传承功用贯穿于人的一生，从而形成民间文化教育形式的文艺制度。

其四，依着于民俗事项建立的文艺制度。民俗是民间形成的习俗和惯例，也是因地因人因时而异而形成的地域风尚和风土人情。钟敬文主编的《民俗学概论》从民俗学角度归纳概括了民歌的基本特征：集体性、传承性和扩布性、稳定性和变异性、类型性、规范性和服务性。这些特征彰显着民俗作为一种民间无形的制度形式，倡导与禁忌成为正反两方面的习惯法规范和约定，保障和制约人们的行为和活动，也保障和规范了社会秩序。因此，"民俗规范永远是民众心理与价值观念整合的结果"①，同时，民俗也是一种约定俗成的制度形式，是一种自觉遵循和遵守的规则、规范和规矩，"入乡随俗"的民俗即最好的证明。各地风俗虽有所不同，但个体必须自觉遵守其风俗规定和限制，不能破坏和违反风俗规定。少数民族多有不同于汉族的风俗习惯，这一地区亦有不同于那一地区的风俗习惯，这一时代也有不同于那一时代的风俗习惯。风俗中既有倡导的内容，也有禁忌的内容。倡导与禁忌本质上就是一种制度形式，它包含法律、道德、宗教、文化、民族、民俗、教育等综合性内容。尊重风俗，就是尊重这一民族、这一地区的文化，就是尊重这一方水土和这一方人。民俗既是通过日常生活行为和活动的普遍性来表现，又是通过与其他日常生活不同的特殊性来表现，所以每一民俗都具有其特性和特征。民间文艺往往是民俗特性和特征的主要表现形式之一。每一民族、每一地域的民间文艺表达形式和内容有所差异，从而说明其民俗有所不同。一方面，民俗可通过民间文艺形式表现出来，从而使民间文艺更集中反映出民俗内容；另一方面，民俗制度规定和规范民间文艺的表现形式和内容，从而使民间文艺制度依着于民俗制度而确立。从这一角度而言，民间文艺的实质就是民俗的一种构成内容，也是民俗的一种表达方式。民间文艺中含有许多民俗内容，民间文艺在受制于民俗的规定和规范的同时也得到民俗制度的保障和保护。

三、民间文艺的自我保护和传承机制的民间文艺制度

民间文艺的传承和发展不仅受到社会大环境中各种因素的影响，以及民族文化、民间文化、民俗文化及其制度的保护和保障，更重要的是民间文艺在自我发展的历史过程中建立起了自我保护和传承的机制及制度。也就是说，不仅建立起民间文艺的外部制度，而且建立起民间文艺的内部制度。民间文艺自身的保护传承和发展机制及制度包括：民间文艺的生产、传播、接受、流传和再生产制度，民间文艺的保护、保存、展示、开发、利用制度，民间文艺的传承、发展、创新机制与制度，民间文艺的教育、调查、收集、整理、出版、研究机制与制度，民间文艺的学科建设、理论体系、知识谱系、学术体制所构建的制度，等等。就中国当前的民间文艺发展现状而言，从著名作家冯骥才大声呼

---

① 钟敬文：《民俗学概论》，上海文艺出版社1998年版，第24页。

吁保护民间文化遗产，保护民间文艺生存环境以来，已引起党和政府及社会各界的关注。一方面，加大非物质文化遗产保护立法的力度，从法治建设角度建立起民间文艺的保护和保障的法律制度、体制、机制；另一方面，加强非物质文化遗产及其民间文艺发展的方针、战略、政策、规划、措施的贯彻落实，加强人力、财力、物力的投入，建立和建设非物质文化遗产及其民间文艺保护区和保护工程，建立申报联合国非物质文化遗产保护项目及相应从国家到地方的项目申报制度，普查和广泛收集民间文化遗产和民间文艺资料，加强民间文艺活动的引导和管理，加强民间文艺的创作与研究工作，等等，旨在建立起民间文艺正常有效的运行机制和管理体制。更为重要的是，必须建构和建设民间文艺制度及民间文艺体系，力图改变民间文艺的自生自灭、无序、自发的生存状态及面临的现实困境与危机。近年来，随着中国崛起及经济大国崛起后文化意识、生态意识、非物质文化遗产保护意识的不断加强，全国各地都兴起过不同程度的民间文艺热。如广西举办一年一度的南宁国际民歌艺术节，试图通过举办现代节庆庆典及让时尚与传统接轨的方式实现民歌的现代转换以解决民歌的保护、传承、传播和发展问题，注入现代气息和凸显时代特征。广西民歌文化及"三月三"歌节、歌圩、歌会、歌堂、刘三姐传说故事等文化资源发掘、开发与利用取得突出成效，一举成为举世闻名的"民歌之乡""世界民歌眷恋的地方""歌仙刘三姐的故乡"。这些制度化建设措施和保障制度固然行之有效，也确实引起民间文艺热，引起社会对民间文艺的广泛关注，让人们在观念和思维上有了很大转变。但毕竟是从外部推动和拉动，或者说是从外部制度建设上着眼，将民间文艺纳入社会综合发展轨道中来建立机制和制度的思路。更为重要的是，要建立民间文艺发展长效机制和民间文艺制度，必须从其内部入手考虑民间文艺内部制度的建立和建设问题。

其一，应遵循民间文艺自身发展规律，建立民间文艺传承制度。民间文艺确实具有自发性、原发性、自主性的特征，表面上的无序发展实质是有规律可循，也就是说在无序中蕴含有序。民间文艺在发展中受阻，原因有多种，充满复杂性：一是民间文艺在民间传播中也有选择和淘汰，一些不合时宜的民间文艺形态也有被自然淘汰。二是被历代统治者压抑、否定、禁止，如民歌中的情歌，从先秦时期始就被儒家斥为"淫诗""邪声"，历代统治者都曾禁歌，认为山歌是"风流山歌"，有伤风化。这会导致民间文艺受损。三是在社会发展和时代变迁的文化转型过程中民间文艺生存发展面临困境与危机，大众文化、视觉文化、现代多元化等文化景观大大挤压了民间文艺的生存空间，缩小其受众队伍与传播范围。四是民间文艺在传承中需要创新发展。新替代旧是历史必然，但并非一刀切，一律要求民间文艺"与时俱进"。保护传统与创新发展同样重要，民间文艺应首先纳入非物质文化遗产保护范围，在保护传统的基础上才谈得上创新发展。五是工业文明、科技发展及机器复制时代与新媒介时代的到来。受到市场经济竞争机制与丛林法则，以及形形色色的现代文化思潮的冲击，民间文艺存在、生存环境受到严重破坏，文化生态失衡，民间文艺濒临消亡，出现艺者衰老、技艺失传、后继乏人、青黄不接的危机。一方面，要尊重与遵循民间文艺自身发展规律，强化自我保护机制与内在保障制度；另一方面，必须强化全社会的民间文艺保护意识，加强保护、传承和发展的机制建设与保障制度建设。民间文艺长期在艰难困苦的环境和条件下生存，这说明它有旺盛和顽强的生命力和活力。首先，民间文艺具有群众性、民间性、生活化的基础和特征，并以此作为民间文艺发展的基础与条件。也就是说，只要有群众、有民间、有生活，就会有民间文艺。因此，使民间文艺回归群众、民间、生活，民间文艺发展才有动力。其次，民间文艺形态及形式具有相对稳定性与持久性，形成内容转化为形式、形式中积淀了内容的"有意味的形式"与形式美，其手工制作及以身体作为媒介的创作表演特征，使其更具个性化与独特性，亦具有区别于其他方式和形式的优势和特征，更能体现文艺作为"人学"的"人"的重要意义，所以保护非物质文化遗产关键在于保护传承人。再次，民间文艺具有丰富多彩的形态、极其贴近生活的内容及老百姓喜闻乐见的形式，其题材、主题、故事、情节、人物、价值取向具有鲜明的人民性、民主性、进步性，以及先进文化性质与特征。最后，民间文艺具有特定的话语形式及语言表达方式。口语化、通俗化、形象化、生活化的话语特征与民间立场、民间价值取向、民间文化的结合方式，使其建立起创作与接受相互交流和沟通的有效机制，形成保护和保障民间文艺发展的机制和制度，形成民间文艺有序发展的秩序。

其二，利用民间节庆庆典，建立文艺传播与交流活动的平台。民间文艺发展需要以活动空间、时间、场所、环境、条件作为载体和平台，找到一种合适的表达方式和表现形式。原始文艺往往是在原始巫术、原始宗教、原始祭祀及仪式上找到符合自身发展的表达形式和物质载体。此后民间文艺发展也寻找到礼仪、民俗、宗教、文化、教育等表现形式和展示平台。任何民间文艺应有属于自己的独立表达形式和平台载体，如民歌的传承、保护、传播和发展，往往就在闲暇时间和民间节庆中寻找到载体和平台。广西少数民族地区之所以被称为"民歌之乡"，就是因为千百年传承下来的歌节、歌圩、歌堂、歌会等形式，使民歌传承、传播、发展有保障机制和制度，如壮族有"三月三"歌节，回族有"花儿会"歌节，京族有"哈节"，苗族有"坡会"，侗族有"赶歌场"，仫佬族有"走坡会"，瑶族有"耍歌堂"，等等，它们专门用于表现民歌的歌节及活动机制。广西歌圩不仅具有歌节的特征，而且具有赶圩的特征，将民间经贸活动与民歌节庆活动结合起来，赶歌圩比节庆更频繁，但又不失节庆的热闹和红火，既成为一种民间社会的综合活动，也成为民间文化交流沟通的一种形式。广西壮族及其他少数民族能歌善舞，民歌就依托歌圩、歌节、歌会、歌堂等形式而保存、传承、传播和发展。以节庆形式唱山歌、对山歌、赛山歌成为一种习俗惯例，形成一种唱山歌的制度形式，山歌制度保护和保障了山歌的发展。当然，除歌节这种节庆形式外，其他节庆形式，如春节、清明节、元宵节、中秋节及少数民族的一些特定节庆，也是载歌载舞的民间文艺表现的最佳时机。这些传统节庆是表现、传播与传承传统文化的天然平台，传统礼仪、服饰、饮食、游戏、表演、民俗、工艺等民间文艺皆在节庆中大显身手。民歌节庆制度，实际上就是一种文化制度形式,也是一种文艺制度形式。但这些民间机制和制度面临困境与危机,也需要保障和保护,因此构建机制、体制、制度的社会保障体系迫在眉睫,具有重要的现实意义。

其三,"以歌代言",建立起民间文艺话语制度。民间文艺的最大特点是生活化,它与生活的零距离使其具有鲜明而直接的生活功用和意义。在广西少数民族一些偏远山区村落,保持着朴素和纯洁的风俗民情。在他们的生活中离不开山歌,劳动时有劳动歌,恋爱时有情歌,饮食时有酒歌,迎宾客时有敬酒歌,等等。因此,民间广泛流传着"以歌代言"之说,从而也就立下了"以歌代言"的规矩和制度。民歌通过"代言"这一途径广泛地传承和传播,也通过"代言"这一形式具有更为丰富的生活内容和情感内容,也更具形象性、直观性、具体性和感染力,更易于接受、沟通和交流。"以歌代言"表现出一种特定的、特殊的文化内涵和文化形式,亦表现出一种独特的风俗习性和文化惯例。这种民俗惯例成为民歌传承发展的一种重要机制和制度,保障和保护了民歌的生活化和日常化存在和发展,使民歌表达成为生活的必不可少的组成部分,成为日常语言表达的不可缺少的组成部分,成为文化及话语系统中不可缺少的组成部分。难以找到像说话那样自然自在、自如自由地唱山歌,或者说像唱山歌那样的说话更能建立起长效永久的民歌制度形式了。不仅民歌,而且其他民间文艺形式如舞蹈、绘画、戏曲、剪纸等,均因其与生活、群众、民间的密不可分的联系而具有像民歌"以歌代言"那样的习俗惯例。如民间舞蹈中最为流行的广场舞,不仅有群体手舞足蹈和整齐划一的动作表演,更重要的是有纵横排列变化且规范整齐的队列活动表演,以其肢体语言代替说话,诉说着历史、生活、情感,表达团结、统一、友爱的倾向性,是民族凝聚力、向心力、生命力表现的一种方式。

其四,确立民间文艺经典的文艺评价制度。文艺经典的确立主要是通过文艺评价和社会综合评价的双重机制,优选出具有代表性、典型性、示范性的经典。中国文艺从源头上树立起《诗经》和《离骚》经典,从而形成"风骚"传统,一直影响中国古代文艺的发展。符合"风骚"经典和传统,不仅成为文艺评论的一种评价方式和评价标准模式,而且也形成文艺评价的机制和文艺制度形式,成为文艺的规范、规则、法则和秩序。民间文艺发展同样需要树立经典,需要榜样和旗帜,更需要通过评价机制建立文艺创新和文艺导向的制度平台。诸如民间传说故事经典就有梁祝故事、白蛇传故事,少数民族传说故事有阿凡提的故事、刘三姐传说故事、阿诗玛传说故事等。民歌需要更好地流传和传播,也需要有其经典及其传说故事作为载体和平台。如广西少数民族能歌善舞,一个重要原因是"歌仙"刘三姐传说故事的广泛流传。一方面,在传说故事中,刘三姐被塑造成为歌祖、歌圣、歌仙,似乎是民歌祖先崇拜、神灵崇拜、英雄崇拜的产物;另一方面,刘三姐的故事不仅通过民间文艺渠道广为传播,而且通过现代艺术形式,尤其是大众文化和大众传播形式广为传播。电影《刘三姐》几乎家喻户晓,甚至传到海外,享有盛誉。因此,广西民歌也随《刘三姐》传遍海内外,使这一区域节庆形式如南宁国际民歌艺术节成为国际性的民歌节庆平台。从这一角度而言，广西民歌树立起刘三姐这一品牌形象，不仅使广西民歌得到更好的传承和传播，而且也使广西民歌建立起刘三姐文化品牌效应。当然，刘三姐是广西歌圩文化的产物，也是依赖于广西民歌这一平台和载体而成为经典。广西民歌发展的制度化形式，如歌节、歌圩、歌会、歌堂、歌台都为推出刘三姐文化品牌奠定了基础和条件，同时也形成了民歌制度和机制。诚如钟敬文所说，"刘三姐为歌圩风俗的女儿"①。一方面，刘三姐是民间文艺集体创作的结果，是文化传统、民俗习性的结果；另一方面，刘三姐是广西歌圩制度的产物，是广西民歌发展的产物。可见，民间文艺经典是民间文艺发展自然而然选择的产物，也是民间文艺制度的产物。经典形成后又进一步强化了文艺制度，甚至成为一种标准和准则，一种模式和范式，由此构成文艺制度和文艺评价机制的必要组成部分。所以，民间文艺树立起经典，也就树立起样板，树立起标准，确立了方向，它对文艺制度和机制的建设至关重要。

其五，以不同形式的多样化载体，建立起民间文艺的传播制度。一方面，民间文艺的传播主要依赖于民间口耳相传的形式传播，但因地域、民族、语言及传播方式的局限，带有时间和空间的限制。另一方面，民间文艺借助文字、音像及大众传媒等多样化形式传播，扩大时间和空间的传播范围。民间文艺的生命力和活力的一个重要表现特征就是开放性、灵活性和交流性，交流是其发展和传播的重要机制。金泽指出："上层文化尽管与下层文化有所区别，但它们在本质上是同构的，它们都是以宗法制度为中心的。这一点类似于民间信仰与各大宗教的关系。所以，在传统文化中，民间信仰与民间文化的关系较为密切。然而在民间信仰与上层文化之间，并没有一道不可逾越的鸿沟。社会阶层之间的文化屏障在社会动乱的冲击下会被打得粉碎。在这样的历史时期里，很多士大夫或出于自择（如陶渊明），或出于被迫，'沉'入民间文化的氛围之中，从而对民间信仰有所了解和体察。当他们把自己的见闻录之于笔墨，见之于史载时，某些民间信仰就以经传的形式浮现于上层文化之中。"② 民间文艺与文人文艺的交流沟通自古亦然，许多有远见卓识的文人作家，如屈原、白居易、刘禹锡、冯梦龙、蒲松龄等都十分重视民间文艺，不仅在其作品中大量吸取民间文艺的资源和民间创作经验，而且亲自参加民间文艺创作，从而使作品在民间广泛流传。甚至像孔子这样的圣贤在其礼乐文化中也进行诗教、乐教。据传，孔子删诗而编撰《诗经》，其中的"风"诗就是民歌。民间文艺经文人的搜集、整理、编辑、印制，从而具有了物态化的文本形式，故而流传和传播的时间和空间就大大扩展。加之文人身体力行地改编和创作民间文艺，也在一定程度上扩大了民间文艺的影响力。在现代社会中，民间文艺更需要借助大众传媒及现代科技手段和现代艺术形式广泛传播。借助电影艺术形式传播民间文艺作品的《刘三姐》《阿诗玛》等就是成功的范例。因此，民间文艺在长期发展中已建立起交流、转换机制，从而也建立起民

---

① 钟敬文：《刘三姐传说试论》，载《钟敬文民俗学论集》，上海文艺出版社1998年版，第118页。
② 金泽：《中国民间信仰》，浙江教育出版社1995年版，第232页。

间文艺的传承、传播制度。民间文艺不再仅仅依赖于口耳相传的形式，而是具有了较为稳定和灵活的物态化文本形式，可借助印刷文字、音像视频、音频、电脑网络和手机信息传播。民间文艺的传播机制和制度，不仅保障民间文艺更具活力和生命力，而且也保障民间文艺增添不少新的形式和内容，从而促进民间文艺的创新和发展。

其六，扩展民间文艺功能作用与价值的制度保障。在民间文艺功能与作用的实施与实现中，依托其与民间社会生活的密切关系建立民间文艺功用制度。恩格斯曾指出："在社会发展某个很早的阶段，产生了这样的一种需要：把每天重复着的生产、分配和交换产品的行为用一个共同规则概括起来，设法使个人服从生产和交换的一般条件。这个规则首先表现为习惯，后来便成了法律。"① 民间千百年来养成的风俗习惯，不仅是一种自然法、习惯法形式，而且也是一种民间制度形式，其隐性、潜在的法律、制度作用在一定程度上规范和保障了人们的行为和活动，保障了社会秩序和社会稳定。民间文艺制度也是民间制度的一个构成部分，在一定程度上规范和保障了人们的行为和活动，起着调节人际关系、稳定社会秩序和社会安定的作用。甚至一些民间文艺还起着习惯法、自然法的功能与作用，以文艺形式来表达约定俗成的一些规矩和法则。吴超指出："在一些少数民族地区，民歌还有一种维护社会道德和社会秩序的特殊功能。人们常用民歌形式或史诗中的道理来解决人民内部矛盾。……在一些少数民族中，古朴的道德规范、社会生活的基本原则，常用歌谣形式固定下来。如瑶族的《石牌话》，苗族的《理词》，侗族的《款词》，就是这类具有特殊功能的歌谣形式的作品。上面的条文都是祖先根据群众的意愿制定的，具有法律作用，约束着人们的行为，是排解纠纷、处理事端的依据。"② 可见，民间文艺制度既是在文艺功用及文艺与社会关系中建立起来的，又是文艺功用实施的保障，是规范的机制和制度形式。

民间文艺在其长期的发展中建立起的传承、传播、生产、流通、消费及评价制度，应是一个相互作用、相互补充的整体综合制度和机制。同时，民间文艺制度与社会文艺制度构成统一整体。尽管民间文艺制度有其独立性、自主性和特殊性，但它一方面对立和对应于官方文艺制度、文人文艺制度、大众时尚文艺制度，因而和它们具有相互制衡、相互制约、相互监控的作用，另一方面具有相互协调、相互促进、和谐发展的综合整体作用。不言而喻，民间文艺制度不仅对民间文艺有保障、规范和促进作用，而且对官方文艺、主流文艺、正宗文艺及文人文艺、大众文艺具有重要的影响和作用。民间文艺制度作为文艺制度的潜规则、隐性机制、无形秩序、内在力量及约定俗成的文艺惯例会更深层、更广泛地影响艺术家的人格和审美趣味的发展，从而影响文艺的创作、传承、传播和发展。

---

① 恩格斯：《论住宅问题》，《马克思恩格斯选集》第一卷，人民出版社1972年版，第538—539页。
② 吴超：《中国民歌》，浙江教育出版社1995年版，第111页。

第四节　文化习俗审美人类学资源

审美习俗是人类社会在特定的生产方式、生活方式、地理环境、文化传统、宗教信仰等多种因素的制约和影响下产生和形成的审美现象。审美习俗是在人类社会的各个种族、各个时代、各个地域都存在的一种具有普遍性又有差异性的审美现象。说其具有普遍性，是指无论哪个民族、哪个地域或哪个时代都存在具有自身特色的审美风俗习惯；说其具有差异性，是指每个民族、每个时代、每个地域都有自己独特的、不同于其他民族、其他时代、其他地域的审美风俗习惯。因为审美习俗是受民族、地域、信仰、生产方式、生活方式的影响而形成的一种习惯，故而生活于不同地域、具有不同宗教信仰和文化传统的民族，几乎都有自己独特的风俗习惯，这种风俗习惯会影响人们的审美趣味和审美经验。人们的审美趣味和审美经验又会强化一种审美习俗，它们之间形成一种互动的关系。一般而言，审美习俗在具有相对稳定性的同时也具有迁延性和变异性。

一、审美习俗受生产方式和生活方式的制约和影响

审美习俗的形成不是偶然的，而是一个民族在长期的生产方式和生活方式积累和浸染下形成的，是受某种审美制度影响和制约的产物，一种审美习俗的产生和形成，是某个民族在长期的生产和生活实践中形成的审美经验积淀的产物。因而，审美习俗不是一种孤立的存在，它与一个民族的生活方式、生产方式密切相连，人类学家和美学家都为此提供过大量的理论和实证材料。比如，澳洲的一些原住民族有文身和劙痕的习俗。他们把文身和劙痕作为一种美的装饰，这种以文身和劙痕为美的习俗就是在这些原住民族的生产方式和生活方式的影响下产生的，这种审美习俗在原始时代及现代一些还保留着原始时代的生产方式和心理遗留的原住民族中普遍存在。格罗塞在《艺术的起源》中对劙痕和文身做过考察："几乎在全世界的低级文化阶段上，都可以找到两种方法，就是劙痕和刺纹。"① "劙痕的风习，在各个部落间都很普遍流行……"② "一个欧洲人初次看见用劙痕作装饰的澳洲人或明科彼人，一定很难相信劙痕的目的果真是为了装饰，因为在他看来，劙痕实是不可爱而可憎的。"③ 在格罗塞看来，劙痕对于澳洲的原住民族具有审美意义，因为在澳洲的原住民族那里，劙痕的施行表示进入成年。在原始时代或原住民族所生活的社会条件下，被劙痕者要在生理上忍受很大的痛苦，但是原住民为什么要忍

---

① ［德］格罗塞：《艺术的起源》，蔡慕晖译，商务印书馆1984年版，第52页。
② ［德］格罗塞：《艺术的起源》，蔡慕晖译，商务印书馆1984年版，第53页。
③ ［德］格罗塞：《艺术的起源》，蔡慕晖译，商务印书馆1984年版，第54页。

着痛苦接受这种劖痕并且将其看成美的装饰呢？因为在以狩猎为主要生产方式和部落之间战争频繁的社会条件下，忍受痛苦的耐力和能力是原住民最重要的生存基本能力之一。格罗塞指出，"就是说一个能忍耐劖痕的痛苦的人是不必再惧怕敌人的。事实上，明科彼人也是拿劖痕来作为'试验对付肉体痛苦的勇气和耐性的'手段的"，而"一个欧洲人很难理解澳洲和明科彼人对于他们的瘢痕所有的快感"。①

那么为什么现代人或欧洲人不再把文身和劖痕作为普遍的装饰或者觉得文身不美，原始民族却把这种令人不舒服的文身作为一种美的装饰？可以看到，在以能够忍受痛苦的耐力和能力作为人的生存的基本能力的社会条件下，原住民从劖痕和文身上看到了他们自己的勇气、耐力等本质力量，因而把劖痕和文身作为美的装饰。而在现代文明条件下，文明社会的现代人不把那种匹夫之勇作为生存的基本手段，获得知识、智慧、技巧、智力等并非身体的勇气和耐力也能在现代社会中生存，故而现代人从劖痕和文身上感受不到美的快感。从澳洲原住民族和现代人对于劖痕和文身的不同理解及格罗塞对劖痕的考察中可以看出，在不同的生产方式影响下形成的文化传统中，对于同样一种现象，美与不美的看法是截然相反的。在欧洲人看来不美的劖痕和文身，在原住民族看来却是一种美的装饰，是因为在原住民那种生产方式下，劖痕和文身标志着他们生存所必需的勇气和耐力，这是他们对于自身的本质力量的确证，因而对于原住民族而言，劖痕和文身才具有装饰身体的审美意义。生产方式和生活方式对于审美习俗的影响和制约可见一斑。在不同的生产方式所形成的历史条件中，人们的审美习惯和审美观念是不同的，一个民族的审美习俗、审美观念和审美趣味，会随着生产方式和生活方式的改变而产生变化。

为什么劖痕和文身不再作为现代人普遍的审美对象？因为在现代社会，知识、智慧、技巧、智力等并非身体勇气和耐力的匹夫之勇更能体现出现代人的本质力量。对象性的现实成为人的本质力量的现实，成为人的现实，因而成为人自己的本质力量的现实。一切对象对他来说，也就成为他自身的对象化，成为确证和实现他的个性的对象，成为他的对象。这就是说，对象成了他自身。对象如何成为他的对象，这取决于对象的性质及与之相适应的本质力量的性质；正是这种关系形成了一种特殊的、现实的肯定方式。澳洲原住民和现代人对于劖痕和文身这同一种现象的不同看法，恰恰是一个对象身上是否有与之相适应的本质力量的表现，这正是由不同的生产方式和生活方式所制约和影响的结果。

一、审美习俗是环境的产物

审美习俗不是由个人决定的，而是由人与人之间、人与自然之间、人与社会之间所形成的一整套审美制度，以及生产方式、生活方式、地理环境、时代环境、文化传统等综合因素决定的。其中地理环境、文化传统和社会历史环境对于审美习俗的产生和形成

---

① ［德］格罗塞：《艺术的起源》，蔡慕晖译，商务印书馆1984年版，第55、第58页。

具有不可忽略的作用。这可从不同地域的人们对于人的肤色的不同看法予以考察。比如，黄皮肤和白皮肤的人种与黑皮肤人种，对于皮肤黑白的美丑有着截然不同的看法：生活在非洲等热带地区的黑人和生活在亚洲、欧洲等亚热带或温带地区的民族对于人的肤色美丑的看法截然相反。所谓"黑人以黑为美，白人以白为美"，这是生活于不同地域的地理环境形成的审美习俗。中国、日本、韩国等生活在亚洲的民族对于女性美的评价的一个重要标准就是白皙，所谓"一白遮百丑"。生活在亚洲地区作为黄皮肤的多数中国人以白为美，而生活在非洲及赤道附近地区的大洋洲黑人以黑为美。

格罗塞《艺术的起源》指出："澳洲人和明科彼人去赴宴会时都用白土在身上画线，是很有理由的；因为再没有其他的颜色能够使形象显露得如此清楚如此截然了，同时也没有一种其他的颜色能够跟他们的黑色肌肤成功（为）那样明显的对照了。黑人喜爱自己的黑色是和白人喜爱自己的白色一样的。澳洲人和明科彼人的白土画的线条，也是和罗可可时代的妇女们在她们粉白脂红的颊上贴上黑色颜饰的原始形式相同。"① "昆斯兰德人常常用炭粉拌油涂在身上，'他们好像还不够黑似的！'真的，黑的总觉得他们自己不够黑，正像白色的妇女常觉得不够白一样；也正像那些肌肤白净的人要用粉或白垩来增加白的美趣一样，黑的则用炭和油质来增加他们黑的魅力。"② 人类学家林惠祥强调："黑色的民族似乎还不满意其肤色的程度，如白种的美女不满于其白皮肤一样，白人用白粉增加其白，黑人也用炭末和油增加其黑。"③ "以黑为美"，就是黑人在地理环境等特定历史条件和生产方式基础上形成的关于美的认识的一整套审美制度、审美习惯和审美经验的表征。在这种特定的地理环境和社会环境下形成了一种什么是美、什么是不美的审美观念和审美趣味，并经过长期的侵染和积淀，成为一种较为稳定的审美习俗。

审美习俗的形成与环境密不可分，是环境的产物。这里所说的环境，包括历史人文环境、社会环境和地理环境等种种环境因素在内，各种环境因素综合而形成一种合力，影响和制约着审美习俗的产生、形成和变化。毋庸置疑，环境的变化变迁必然导致审美习俗的变化变迁。这就是为什么不同的环境会有不同的审美习俗的一个重要因素。

二、审美习俗受文化传统的制约和影响

每个民族都有自己独特的文化及由此而形成的文化传统，审美习俗是一个民族独特的文化传统的产物，并且关联着人们的审美观念和审美趣味。美国文化人类学家马文·哈里斯说："文化是指特定数量的人被模式化了的思维方式、感觉方式和行为方式。"④ 依照哈里斯对于文化的理解，可视文化传统为一种相对定型的思维方式、感觉方式和行为方式，而人们的审美趣味、审美观念则被这种文化传统所塑造，进而形成某种与文化传

---

① ［德］格罗塞：《艺术的起源》，蔡慕晖译，商务印书馆1984年版，第49页。
② ［德］格罗塞：《艺术的起源》，蔡慕晖译，商务印书馆1984年版，第51页。
③ 林惠祥：《文化人类学》，商务印书馆1991年版，第306页。
④ ［美］马文·哈里斯：《文化人类学》，李培茱、高地译，东方出版社1988年版，第373页。

统相适应的审美习俗。

在中国传统文化中,贴对联是中国人在春节及一些重大重要节日时的一种习俗。这种习俗从农耕时代一直延续到现代,用大红的纸张写上吉祥的、祝福的对仗、押韵的诗句或语句贴在大门边框上,以象征喜庆并寄托着人们对吉祥与美好愿望的追求和向往。红色的对联作为一种民间欢度节日的形式,不仅具有喜庆的意义,而且具有装饰门廊的审美意义。首先,在中国文化传统中,红色具有喜庆、吉祥和美好的象征意义,所以在节日和喜庆的时刻,中国人都喜欢用红色的物品,如婚礼上新娘和新郎穿的衣服、新娘和新郎胸前佩戴的大红花,以及床单、被套,等等。红色的对联体现了中国人的色彩趣味。其次,对联上写的对仗、押韵的诗句,是中国文学传统中的诗词歌赋在日常生活中的一种运用,是对中国文学传统的一种传承方式。再次,对联是对中国文化传统中的中国书法艺术的运用和传承。对联融合了中国的文学、艺术、审美趣味和民间习俗,这种形式经千年的沿袭已成为中国文化传统中的审美习俗:凡是重大的节日或喜庆的时刻,尤其是在春节,几乎家家都会在门上贴上红对联,即使是在现代工业社会仍兴盛不衰。红色对联作为一种审美形式或审美符号,融合了中国人的感觉方式和审美趣味,经过上千年的传承、沿袭,已成为渗透中国文化传统意蕴的审美习俗和自觉的行为方式。

审美习俗作为文化习俗的重要组成部分,与文化传统具有双向的互动关系。一方面,审美习俗是文化传统因子,通过审美习俗可窥探一个民族文化传统中的审美趣味、审美经验、审美理想;另一方面,文化传统又影响和制约着审美习俗的产生、发展和传承。任何一种审美习俗都是在特定文化传统的语境中产生的,审美习俗不可避免地会受到文化传统的影响和制约。任何一种审美习俗都融合与渗透着文化传统的理念和元素,在某种意义上,审美习俗是一个民族文化传统的浓缩或显现。一个民族的文化传统会塑造人们的感觉模式、思维方式和行为方式,在某种既定的感觉模式、思维方式和行为方式的影响下,会形成相应的审美趣味、审美经验和审美理想,而一种相对稳定的审美趣味、审美经验的积淀和沿袭就会形成相应的审美习俗。也就是说,一种审美习俗常常是一个民族的审美经验、审美趣味的表达,其中蕴含着丰富而复杂的文化内涵。

人类学家列维-斯特劳斯在其《忧郁的热带》一书的"一个土著社会及其生活风格"中曾描述姆巴雅-该库鲁印第安人——居住在巴西的卡都卫欧族的文化和身体装饰行为。在姆巴雅人的文化中,有严格的社会等级的观念。斯特劳斯指出,姆巴雅人组织成不同的世袭阶级,即三个世袭阶级,包括贵族、武士和奴隶。每个阶级最关心的问题都是礼节。对贵族而言,最主要的问题是声誉与地位。贵族展示阶级地位的方法是在身体上绘图,或者刺青,后者类似贵族的家徽。他们(卡都卫欧人)的脸,有时候是全身都覆盖一层不对称的蔓藤图案,中间穿插着精细的几何图形。现在的卡都卫欧人在身体上画画只是为了高兴,但在以前这种习俗有其深刻的意义。照传教士拉布拉多的描述,贵族阶级只画前额、普通人则整张脸。拉布拉多惊异于卡都卫欧人的这种行为,奇怪为什么土著人要用那些图案来毁坏人的脸孔。他谴责那些印第安男人,他们对打猎、捕鱼和家庭都漫不经心，却花整天竟日的时间让别人在他们身上画图案。印第安人认为要做一个男人就需要画身体，任身体处于自然状态就是与野兽无异。① 对于印第安的卡都卫欧人的这种习俗及拉布拉多对这种习俗的反感，列维-斯特劳斯的理解是："首先，脸部绘画使个人具有人的尊严；他们保证了由自然向文化的过渡，由愚蠢的野兽变成文明的人类。其次，由于图案依阶级而有风格与设计的差异，便表达一个复杂的社会里面地位的区别。这就是说这些图案具有社会学的功能。"② 列维-斯特劳斯还强调说："在他们的艺术里面。如果我的分析无误的话，卡都卫欧妇女的图画艺术其最后的解释，以及其神秘的感染力量，还有那看起来没有必要的复杂性，都得解释为是一个社会的幻觉，一个社会热烈贪心地要找一种象征的手法来表达出那个社会可能或许可以拥有的制度……"③ 从列维-斯特劳斯对卡都卫欧人的身体绘画行为的描述和评论中，可以看到卡都卫欧人身体绘画的审美习俗，蕴含着等级森严的社会观念、与野兽区分的文明要求，以及由狩猎文化所带来的种种感觉模式和行为方式等丰富的印第安人文化传统的内涵。审美活动和身体的装饰，对于一些民族尤其是土著民族来说，并不是可有可无的娱乐活动，而是承载着重要的文化意义甚至是与他们的生存和生命密切相关的活动。"艺术的活动在蛮族中实在比文明人较盛，它影响了较多的个人，并构成了较大部分的文化内容。在野蛮生活中，每个人其实便是一个艺术家。"④ 可以说，审美习俗是一个民族文化传统在审美活动中的展现，而文化传统是一种审美习俗形成的历史语境。

三、审美习俗的相对稳定性和变迁性

每个民族都有自己独特的历史环境和文化传统，因此而形成了自己独特的风俗习惯及相应的审美习俗。文化传统的相对稳定性也决定了审美习俗具有相对的稳定性，因为一种历史文化环境和文化传统是人们在长期的历史发展中积累和积淀的结果，因而在这种相对稳定的文化传统环境下形成的审美习俗也具有相对的稳定性。同时，文化传统也有一个不断变化的过程，任何一种文化传统都会随着历史环境的变化和文明的进步而产生相应的变迁，因此，依赖于文化传统的审美习俗或迟或早会不可避免地随着文化传统的变迁而变化。

审美习俗具有相对的稳定性和变迁性。审美习俗没有相对的稳定就不会成为一种习俗。同时，审美习俗又不会是一成不变的，它总是处于或快或慢的变化当中，因为审美

---

① ［法］列维-斯特劳斯：《忧郁的热带》，王志明译，生活·读书·新知三联书店2000年版，第216—236页。
② ［法］列维-斯特劳斯：《忧郁的热带》，王志明译，生活·读书·新知三联书店2000年版，第235页。
③ ［法］列维-斯特劳斯：《忧郁的热带》，王志明译，生活·读书·新知三联书店2000年版，第238页。
④ 林惠祥：《文化人类学》，商务印书馆1991年版，第299页。

习俗对文化传统具有一种依赖性。"传统是不可或缺的;同时它们也很少是完美的。传统的存在本身就决定了人们要改变它们。继承一项传统并依赖它的人,同时也被迫去修正它,因为对他来说,传统还不够理想,即使他还从来没有实现传统使他得以完成的东西。当一项传统处于一种新的境况时,人们便可感觉到原先隐藏着的新的可能性。"① 可见,文化传统的变迁不仅受外部环境变化的影响,文化传统的内部也有变革的需求,文化传统的变革必然会影响和改变人们的审美习俗。

首先,任何一种审美习俗都是在特定的文化传统语境中形成的,审美习俗的形成经历了一个长期的过程。审美习俗的形成,依赖于文化传统的稳定性,而一种文化传统的形成亦是一个漫长的过程。爱德华·希尔斯说:"传统意味着许多事物。就其最明显、最基本的意义来看,它的涵义仅只是世代相传的东西,即任何从过去延传至今或相传至今的东西……决定性的标准是,它是人类行为、思想和想象的产物,并且被代代相传。"②他还强调:"传统的规范性是惯性力量,在其支配下,社会长期保持着特定形式。""正是这种规范性的延传,将逝去的一代与活着的一代联结在社会的根本结构之中。"③ 审美习俗作为文化传统的产物,也是社会结构和文化传统的一个重要组成部分。文化传统的规范性和惯性力量,使得审美习俗在文化传统的加持下,成为一种稳定而代代相传的东西。故而,许多审美习俗会随着一种社会结构和文化传统的稳定性和延续性而成为一直延续和稳定的习俗。比如产生于农耕社会的许多审美习俗,会在农耕社会的历史环境中代代相传,成为农耕文化和农耕文明的一个有机组成部分。

其次,文化传统又不是一成不变的,它总是在相对稳定的前提下,随着社会文化的变革和人们思想观念的变化而产生变迁。这不仅仅是受历史环境等外部条件因素的影响,重要的是传统本身亦具有变革的因素。希尔斯说:"传统之中包含着某种东西,它会唤起人们改进传统的愿望。"④ "传统发生变迁是因为它们所属的环境起了变化……当人们从乡村移居城镇,离开灌木、树林、鸟类和动物,来到混凝土构成的、见不到自然环境的空间中进行生活时,他们原来的那些传统也就可能被调整或抛弃了。这些传统只剩下了一些零零碎碎的片段,它们在乡村中可能还保存着,但是它们同样面临着发生变化的状况……"⑤ 因此,文化传统总是或迟或早、或多或少地发生着一些变化。

再次,文化传统的变化必然会导致审美习俗的变迁。从原始时代到现代社会,人们的审美习惯和审美习俗不断发生变化,究其原因,是包括地理环境的变化、文明的进步、科学技术的发展所导致工具的改进、思维方式的改变、思想观念的进步、宗教信仰的变化(由原始时代和农耕时代的图腾崇拜和自然崇拜到对人格神的崇拜)等在内的因素导

---

① [美] E.希尔斯:《论传统》,傅铿、吕乐译,上海人民出版社1991年版,第285页。
② [美] E.希尔斯:《论传统》,傅铿、吕乐译,上海人民出版社1991年版,第15页。
③ [美] E.希尔斯:《论传统》,傅铿、吕乐译,上海人民出版社1991年版,第32页。
④ [美] E.希尔斯:《论传统》,傅铿、吕乐译,上海人民出版社1991年版,第286页。
⑤ [美] E.希尔斯:《论传统》,傅铿、吕乐译,上海人民出版社1991年版,第276页。

致了文化传统的改变，进而引起审美习俗的变迁。爱德华·泰勒和亨利·摩尔根等文化人类学家们在强调文化的稳定性的同时，也主张文化的进化和社会的进化的观点：社会的进化和文化的进化必然导致文化的变迁，人类的历史是以进步为特征的。人类社会由原始时代发展到现代社会，科技的进步和工具器物的发明与改进都标志着人类社会和文明的进步，在这个历史进程中，审美习俗不可避免地发生变化：原始社会的众多审美习俗，今天已不复存在或被看作一种落后野蛮的习俗和行为。如劖痕、文身等装饰身体的习俗在原始社会及原始心理遗留较多的民族中是一种较为普遍的现象，人类学家林惠祥指出："原始的人体妆饰有两大类：（一）固定的：即各种的永久性的戕贼身体的妆饰，如瘢纹、鲸涅及安置耳鼻唇饰等。（二）不固定的：即以物暂时附系于身体上的妆饰，如悬挂缯带条环等。"① 另外，绘身，绘画身体以为妆饰的风俗很为常见。原始人对于身体装饰的重视，是现代文明人所不及甚至是难以理解的。人类学家林惠祥讨论原住民的身体装饰行为时说，达尔文曾送给一个南美火地人一块红布，却不见他拿来做衣服，反而把它撕成一片一片，和同伴们在四肢上做装饰品，达尔文对此大为惊讶。这种情形不止于此族为然。除住北极的民族必须有全套衣服以外，原始民族大多是装饰多于衣服。库克曾说火地人宁愿裸体，却渴望美观，这种爱美的观念别的民族都有。② 可见原始时代与现代社会审美习俗存在着差异性。

现代文明社会里的现代人，不再直接在身体上进行装饰而转向了对于服装的重视。服装虽作为现代人对身体的一种装饰，但与原始时代及原住民对于身体装饰的程度相比相差甚远："文明人的妆饰远不如蛮人的丰盛，如将蛮人的饰物与其全部所有物相较，更觉其特别繁多。蛮族的生活是那样的简陋，为甚么妆饰却特别的发达，这似乎是很不称的事情。这种事实的原因是由于妆饰在满足审美的欲望以外，还有实际生活上的价值。这种价值第一在引人羡慕，第二在使人畏惧，这两点都是生活竞争上不可少的利器。"③ 随着人类文明的进步，身体装饰习俗发生重要变化和变迁：虽然现代人仍然有戴项链、耳环、手镯等身体装饰行为，但现代人不再普遍将在身体上劖痕和文身等装饰作为一个民族普遍的习俗，即使服装作为身体的一种装饰，包含满足审美的欲望和引人羡慕的因素，但服装及现代人的各种装饰不再有"使人畏惧"的内涵。在身体装饰的习俗中，现代人对于色彩的运用和喜爱在性别上显示出差异性。林惠祥认为，在文明社会，从事装饰的以女人为多，在原始社会反而是男人多事妆饰。④ 而且在原始时代，红色似乎特别是男性的装饰，现代社会与原始社会恰恰相反，红色多为女性的装饰。

从上面的论述中可以看到，审美习俗是在不断变化的。文化的进步和文化的变迁会使审美习俗随之发生改变，审美习俗是文化传统的伴随物，文化传统与观念变化会引起

---

① 林惠祥：《文化人类学》，商务印书馆1991年版，第304页。
② 林惠祥：《文化人类学》，商务印书馆1991年版，第299页。
③ 林惠祥：《文化人类学》，商务印书馆1991年版，第311页。
④ 林惠祥：《文化人类学》，商务印书馆1991年版，第311页。

相应的审美趣味、审美观念的变化，这些变化会在审美习俗上体现出来。人类学家和美学家的一个重要任务就是描述和研究审美习俗与文化传统之间的内在联系和变化规律，以对各个时代的审美习俗和文化传统做出合理解释。

第五节　中国古代审美人类学资源

审美人类学资源的开发一般有三个主要渠道：一是从远古的原始社会和原始文化中发掘珍贵的审美人类学资源；二是从现代社会民族文化、民俗文化、民间文化中发掘丰富的审美人类学资源；三是通过田野调查和考古发现等方法，在原生态文化及其物态化的文化形态中发掘厚重的审美人类学资源。简而言之，审美人类学资源，一方面来自古籍文献，是由书面化的语言文字构成的文化遗产，另一方面来自生活和现实，是物态化和观念化的精神、文化存在，再一方面来自出土文物和古代文化遗存，是物态化的传统文化的表征。这就使得审美人类学能建立在一个更广阔、厚实的资源材料基础上，建立在田野作业的实证方法的基础上，建立在对人的精神存在与物质存在的统一、人的心理基础与生理基础的统一、人的个体性与社会性的统一的基础上。因此，审美人类学的研究视野应该更宽阔，不仅需要关注从原始社会到现代社会的审美文化资源，而且需要关注从典籍文献到民间、民俗、民族文化文本；不仅需要关注现实审美人类学资源的开发与利用，而且需要关注古代文化传统中审美人类学资源的开发和利用。

一、中国古代审美人类学资源开发的思路

审美人类学是人类学发展的必然结果，也是人类学发展的一个分支。人类学逐步发展分化出体质人类学、文化人类学、艺术人类学、审美人类学[1]等诸多研究方向。审美人类学是人类学研究的一个特定视域和独立类型，它立足于对审美活动和审美现象的研究，以达到对民族和人类自身研究的目的。审美人类学对人类学和美学研究有独特作用和意义：一方面，借助人类学的实证方法如田野作业法，使美学更具有实践性、实用性、科学性；另一方面，借助人类学理论，使美学将形而上的研究与形而下的研究结合起来，使审美活动与人类历史发展和现实生活结合起来。可见，审美人类学是人类学和美学发展的必然结果，也是两个学科结合从而走向跨学科、交叉学科、综合学科研究的必然结果。

---

[1] 日本文化人类学者撰写的《文化人类学的十五种理论》中列举诸多的文化人类学发展形态，使文化人类学分化为诸多分支。见庄锡昌等编著的《文化人类学的理论框架》，浙江人民出版社1988年版，第6页。

中国的古代文论和文化思想中蕴含着丰富的审美人类学思想资源可资借鉴和转化运用。中国古代文化思想中存在着可供审美人类学借鉴和研究的材料，甚至还存在着可作为审美人类学研究的对象，以此开拓出中国古代审美人类学研究的新领域。目前已有不少学者将中国古代文化资源作为人类学研究材料，用文化人类学方法对中国古代文化现象和文本进行解读，致力于构建文学人类学、艺术人类学、影视人类学、历史人类学等，并取得了丰硕成果。如叶舒宪等倡导的"文学人类学"，运用文化人类学的理论和方法对中国古代文学经典作品进行重新解读，以"中国文化的人类学破译"为题的文学人类学研究丛书已出版多种，如《诗经的文化阐释》《老子的文化解读》《庄子的文化解析》等，其意义已不仅在于开拓文学人类学领域，运用人类学理论和方法对古代文学作品进行研究和重释，而且还在于以全球化、现代化、民族性的现代意识和观念重新审视和认识中国文化的实质和精神，在现代阐释中实现中西方文化交流、传统与现代沟通的转换。[①] 诚如叶舒宪、萧兵所言："当代人类学的模式研究方法，对于中国古代文化的研究具有重大借鉴意义。从具有相对普遍适应性的原型、象征等模式出发，能够使以微观考释见长的国学传统向'文化破译'的方向转化，使长期以来仅限于单一文化范围内的训诂——文献学研究在世界范围内重新寻找自己的位置，藉人类学的普遍模式的演绎功能使传统考据学所不能彻底认知的远古文化'密码'在跨文化的比较分析和透视下得到破解。"[②] 可见，文学人类学借助人类学理论和方法，在中国古代文学研究中已取得若干重大的突破。同时，中国古代文学中的文学人类学资源，也为文学人类学的学科建设和研究提供了大量的基础性材料和资料。

审美人类学的研究思路也应与文学人类学研究思路相似，在跨学科研究、跨文化研究、现代理论方法运用、现代意识和观念指导下进行审美人类学研究。审美人类学研究资源的重要渠道之一就是中国古代审美文化现象和审美理论资源。如何发掘其中的审美人类学思想，如何开发和利用这笔文化资源，如何通过运用人类学理论和方法对其进行破译和解读，从而使之实现传统向现代的转换，展示出现代意义与永恒魅力，这既是审美人类学研究关注的课题，也是中国古代审美人类学资源开发和利用及其研究所要解决的基本问题。中国古代审美思想蕴藏着极其丰富的审美人类学资源。那么，从审美人类学角度看，有哪些方面的资料和材料可作为其研究资源呢？

其一，中国古典美学中"天人合一"思想所表现出来的"和谐美"理论资源。儒家倡导"天人合一"及"天人感应"说，道家倡导"物我为一"与"自然无为"说，都强调审美活动和审美境界中人与自然的和谐统一，既体现了现代观念中"人向自然回归""人化的自然界"两者和谐统一的思想，又体现了中国传统美学异于西方传统美学

---

① 叶舒宪：《文学人类学探索》，广西师范大学出版社1998年版，第3—13页。
② 萧兵：《楚辞的文化破译——一个微宏观互渗的研究》，湖北人民出版社1991年版，"'中国文化的人类学破译系列'的说明"第2页。

的特质和特征。在中国古代社会中,"和谐美"比"冲突美"更能体现出中华民族的审美特征,更能揭示审美的本质和规律,更能体现出审美活动中人的情感、理想、愿望、想象、幻想的主导作用与主体性。

其二,中国古典美学重神轻形、避实就虚、有无相生的民族审美特点对人的精神存在、作用、价值及精神创造的影响。老子主张"大音希声,大象无形""大巧若拙,大辩若讷""信言不美,美言不信",以"神""虚""无"实现对"形""实""有"的超越,在传达出朴素的艺术辩证法思想的同时也传达出超越实用功利、超越主客距离、超越自我的审美境界和审美精神。庄子以"庖丁解牛"说明了"以神遇而不以目视,官知止而神欲行"所倡导的"神"的作用,启迪了后来的美学思想中的"意境""韵致""滋味""神似""文心""原道""隐秀"等概念创造,形成中国文学的"心学"传统,其意义也不仅在于形成异于西方美学的特定概念、命题和思路,而且在于使人的精神存在、主体作用与创造价值获得实现,从而对人的本质和本质力量给予肯定,实现人对自我的确证。

其三,中国古典美学强调"味",这种联系于主客体关系所表现出来的审美属性,很大程度上依据主体的感受、体悟、品鉴才能达到"味"的审美效果。"味"本来是一个饮食文化范畴,联系于人的品味及味感、味觉、回味,联系于人的物质需要和生理需要,同时还因其在中国古代的饮食文化、祭祀文化、礼仪文化中的特殊作用,"味"就具有了文化含义和审美含义,它依赖于人的物质需要,也联系于人的文化需要、心理需要和审美需要。先秦时期的"味"早已具有伦理、政治、教育、文化、审美等多方面意义。《左传》载:"先王之济五味,和五声也,以平其心,成其政也。"将"味"联系于"政"的结果不仅将饮食上升到文化、政治层面,而且使人的物质需要与人的精神需要结合在一起。孔子也指出:"子在齐闻《韶》,三月不知肉味,曰:'不图为乐之至于斯也。'"孔子将音乐的美感联系于味感,其意义在于指出"乐"所具有的"味"就是指音乐的回旋性、荡漾性、回味性的韵味,强调了韵味的时间延宕性与空间扩张性,使精神需求与享受大大超越了物质需求与享受。

其四,中国古典美学注重经验体验,强调"妙悟""品味""知音"等,从审美主体,从人的主体性、主动性、能动性角度出发对人的本质和本质力量确认。如黑格尔所言:"美就是理念的感性显现。"[①] 其实也就是人的本质、本质力量的感性显现,也就是对人的本质、本质力量的确认。中国古典美学从本质上说是"人学",更进一步说是"心学",历代不乏倡导"道心""人心""文心""诗心""词心""画心""书心"之说,强调人在审美中的"审"的作用,强调以"心"而"审"的作用,都应是通过审美对象达到对人类及人自身的认识、对人类及人的主体性和主动性的强化的目的。

---

① [德]黑格尔:《美学》第一卷,朱光潜译,商务印书馆1979年版,第142页。

二、中国古代审美人类学资源开发途径

中国古代的审美人类学资源来自不同的渠道,在中国古代文献典籍、古代文化遗存、物态化的传统文化存在物及其民族民间文化传统形态中,均能捕捉到审美人类学资源的散金碎玉。中华民族五千余年的文明,蕴藏深厚丰富的文化遗产宝藏,需要不断地发掘和开发,也需要从审美人类学研究视角进行新的发掘与开发。

其一,中国古代神话蕴涵着丰富的审美人类学资源。中国古代神话是远古时期先民的一种原始思维方式和精神表达方式的产物,它与原始宗教、巫术、文学、艺术、史诗、歌谣、歌舞等精神活动密切相关。一方面,中国古代神话可见于大量的典籍文献及文学作品中,诸如《尚书》《庄子》《列子》《周易》《淮南子》《山海经》《搜神记》,以及魏晋南北朝时期的志怪小说、唐传奇、明清神怪小说等;另一方面,中国古代神话在少数民族文学及民间文学口头流传的史诗和传说故事中留存下来,如广西壮族史诗《布洛陀》、瑶族史诗《密洛陀》等;再一方面,中国古代神话通过民俗仪式、节庆仪式、宗族祭祀仪式、民间宗教仪式等民间活动流传下来。当然,远古神话除对当时社会生活有所反映与认识外,也是原始先民最初的文学、艺术虚构化想象及理想愿望的表达方式,因而神话对文学艺术的影响是深刻和深远的。后来的文学艺术不仅继承和借鉴原始神话并将其作为创作素材和主题,而且继承和发扬了神话思维传统和神话精神。

神话作为人类最初的文化形态和精神形态,无疑也是文学艺术的最初形式和审美的最初形式之一。神话作为一种综合的文化、精神形式,必然包含审美的潜质,从中可透视出人类的早期审美思维、审美创造、审美感受和审美认识。马克思指出:"任何神话都是用想象和借助想象以征服自然力,支配自然力,把自然力加以形象化;因而,随着这些自然力之实际上被支配,神话也就消失了。"[①] 神话的消失一方面是生产力发展及人类对自然和世界认识更为深入的缘故,另一方面也是因为文学艺术及其他审美形式代替了神话这一原始精神的表述方式。因此,神话是人类发展、人类精神发展、人类审美思维发展的一面镜子,它充分表达出人类童年的特质和特征,从而为文化人类学及审美人类学的研究提供了丰富资源,并且还具有文学艺术发生学的研究价值。

从中国古代神话类型看,包括人类起源、民族起源、宇宙起源及自然万物起源(与人类同源或人类异源)等多方面内容的起源类型神话占有很大的比重,它所体现出来的审美人类学思想主要有以下五点。一是诸多起源说法均以人类起源为核心,以人类与自然和谐相处和战胜自然为主题,其实质是强化了人类起源及人类对自身的认识,与人类在其社会实践活动中的生成、进化、发展密切相关。二是人类之外的宇宙自然万物起源与人类起源密切相关,它一方面反证或佐证了人类起源,另一方面也是人类起源的另一

---

① 马克思:《〈政治经济学批判〉导言》,《马克思恩格斯选集》第二卷,人民出版社1972年版,第113页。

种表达形式,因而它围绕人类起源并以此作为核心。三是借助想象力把人的创造力加以"神化"以战胜自然、征服自然,既体现出人的主体性和创造性,人通过对自然的征服以改变人的现实生存境遇和象征性地实现理想愿望,又体现出人的精神创造价值和精神活动形式的创造价值。四是在神话中始终贯穿类型、模式、原型,诸如题材类型、主题模式、思维定式、形象原型等,构成了特定的神话结构模式、神话思维形式和神话创造方法。即使是口头流传,经历了千百年也万变不离其宗,从而形成了民族精神和民族文化传统。例如,我国古代神话中的"女娲补天""愚公移山""精卫填海""大禹治水""羿射九日""夸父追日""嫦娥奔月"等,都表现了在人与自然的矛盾中,人类在不可能战胜自然的情况下借助想象在精神上寻找超越与征服自然的一种超自然力量。这既是一种心理自慰、平衡形式,也是一种精神超越物质、现实、肉体的形式。它凝聚成为民族精神和文化传统。五是在神话中对人的充分肯定和礼赞。神话是人对自身的认识结果,远古初民的思维方法往往是"近取诸身,远取诸物",通过推己及人、推人及物的方式认识自然与自身。这种对人自身的认识往往是对人的本质、本质力量的肯定,也对人的生存状态的反思和对人的发展前景的前瞻,尤其是借助想象使其形象化、审美化、形式化后,就更具有审美人类学研究价值。因此,中国古代神话是审美人类学研究的重要资源,也是审美人类学的研究对象。

其二,中国古代文学中蕴藏着丰富的审美人类学资源。首先,早期的中国古代文学中含有大量的神话因素,诸如先秦文学中的《诗经》《楚辞》及先秦诸子散文,像《庄子》中神话、传说、寓言占的比重就比较大。难能可贵的是,在文学精神和艺术精神中也体现出神话精神,从而在神话精神中体现出审美人类学精神。文学是人学,它以人的主体性和创造性、人类的精神活动形式和精神追求方式作为起点和中心,从而也体现出审美人类学精神。其次,中国古代文学中史诗、人物传记和大量以人类起源、民族起源、国家起源等作为题材、主题的作品,尤其是少数民族文学、民间文学中大量存在着这类作品,记载了人类、民族起源和发展过程的历史,提供大量可资审美人类学研究的资源。还可以在各民族文学、各地域文学的比较研究中确定和认识审美人类学的取向和宗旨,认清各民族、各地区人类发展,尤其是人类精神发展的历程、规律和特点。各民族文学和民间文学有的是以口头形式流传的,经时代变迁,其原貌原义,尤其是原始形态虽有所损耗,但其内在结构和精神内涵则因类型化、模式化而稳固。更值得注意的是,书面文字化的尤其是通过汉语文字化的各民族、各地域的文学,受汉语文字这一载体和中介的影响,通过民族间文化交流、民间各地域文化交流及主流文化意识的统治和渗透,会形成一种独特的文本和独特的审美形式。人类学研究更应从审美的角度关注各民族在发展中的文化交流形态、文化渗透、文化互补、文化介入、文化过滤、文化视域等问题,从审美中透析民族发展的精神历程和精神个性。再次,中国古代文学所表现的抒情性、写意性、表现性倾向也为审美人类学研究提供大量的资源。中国古代文学是以人为本、以人为中心和视点的文学,从"诗言志"到"诗缘情",从"感物"说到"表现"说,可以清楚地看到中国古代文学的抒情性、写意性、表现性特征,因而中国古代文学从总体上说是一种抒情性文学类型。这样就使中国文学的创作、作品、欣赏、批评过程始终围绕着人来进行,围绕着谁抒情、抒谁的情、谁接受情、接受了谁的情等问题展开,既自然地联系到作家、读者,又由作家、读者联系到社会、群类、族群,从而使文学真正成为人类抒情言志、表达精神存在的一种方式,成为人类历程、心灵履迹的一种表征,成为人类对自身反思、观照和肯定的一种形式,更是人类对人的本质和本质力量的确证,从中折射出人类、民族、群类的起源、发生、发展过程,折射出人的不同的特点和个性,折射出人类和民族的精神世界。最后,从中国古代文学一以贯之的创作方法、创作态度、创作境界的追求中发掘审美人类学资源。中国古代文学,尤其是诗词惯用比兴、比拟、象征、隐喻的方法来借景抒情、托物言志,都紧紧围绕人情、人性、人品、人格来塑造形象、表现情愫。景与物实质上是人、人类、民族精神及其心性、心灵、灵魂的载体和表征。中国古代文学描写的梅、兰、竹、菊、松,既象征、寄托了人格、人品、人性而独立成为文学意象,又凝聚成为文学母题、文学原型,从而使它们超越了作者抒情言志的个体性而具有民族精神、品质、风格的群体性,成为积淀在民族集体无意识中的审美元素或审美符号。因而文学研究要挖掘梅、兰、竹、菊、松的深层内涵和意蕴,要探索其发生、起源,就不得不从人类或民族发生的原初、人类或民族审美心理发生的源头去追根溯源。这既需要运用审美人类学的理论和方法来探索,又为审美人类学研究提供了资源。审美人类学与文学人类学在此交会融通,文学所提供的审美角度和视域为审美人类学研究开辟了更为深广的领域。

其三,中国古代文化典籍中深藏着丰富的审美人类学资源。中国古代文化典籍尤其是文史哲典籍中蕴藏着丰富的审美人类学资源,而某些科学技术典籍和宗教典籍,诸如医药、地理、天文、谶纬、卜卦、巫术、生物、节气、农植、工艺等书中也同样深藏着许多的审美人类学资源。首先,从中国古代思想典籍来看,儒家、道家、佛家的思想中无疑含有大量的审美人类学资源。先秦诸子思想是中国古代思想史发展的源头,也最能反映出中国最早的思想观念和意识。先秦诸子的"百家争鸣"其实是思想活跃、思想争鸣和思想开放的表征。诸子争鸣或者说先秦诸子思想中一个重要的内容就是对人、人性、心性、情性等的争论,诸如对人之初是"性本善"还是"性本恶"的讨论,就包含有深刻的人类学思想因素。孟子提出的"人性善""与民同乐"等民本思想中也不乏人类学资源的萌芽。仔细分析不难发现,先秦诸子讨论的问题都包含"从人出发,最后又回到人"这一循环不已又螺旋上升发展的逻辑,其基本思路和宗旨是对人自身的认识,对人及人性的逐步发现和认知。无论是儒家对人性的正面肯定及其积极弘扬,还是道家对人性的逆向反思及其自然无为,其实质都落脚在对人、人性的认识和反省上,从而确立中国古代思想主要围绕人性发展、人类精神发展、人的自我认识思想意识发展而构成的思想史轨迹,体现中国人文科学的本质和特征。其次,中国古代历史典籍中亦有丰富的审美人类学资源。中国是一个十分注重历史传统的国家,不仅历代史志、史记不绝如缕,而且历代的历史研究成果卓著,在浩如烟海的史书中保存了大量的审美人类学资源。这不仅从中央集权制统治下所修的二十四史及《清史稿》中可略见一斑,而且从各地各级的地方史志中也可见大体轮廓。史书中不仅记载了当时的重要人物和发生的重要事件,而且记载了当时当地的山川地貌、风俗习惯、风土人情,也收集了当时当地的民族文化、民间文化资源。这既是历史学、文化学、人类学、民族学、民俗学研究的重要资源,也是审美人类学研究的重要资源,从中能触摸到人类及各民族的精神、意识、观念中的审美文化意识及人文精神,从审美文化及物质文化与精神文化中也能触摸到人类及各民族发展轨迹与脉搏。再次,中国古代宗教典籍中蕴藏着丰富的审美人类学资源。一方面,中国古代宗教典籍是外来宗教本土化之后留传下来的经文典籍。如佛教及佛经,东汉时期自印度传入中国之后就本土化了,衍化为中国佛教禅宗。另一方面,本土宗教,诸如道教,其思想文化传统来源于先秦道家,道家注重自然心性、注重养生养性、注重心斋坐忘的思想也被融入道教典籍文化中。更不用说形形色色的各民族民间宗教,都与当时当地的民俗、民风、民性相关联,也与原始宗教、原始巫术、原始信仰相关联,虽缺乏典籍经书,但也各有教义和教规,以及各式各样的图文或图录式手抄文本。宗教典籍尤其是经书,无疑是为解决人的现实问题与精神困惑而设,主要是为了解决人的存在和人的归宿之间贯通的桥梁——人的精神寄托和信仰问题。因而宗教典籍也是人对自身的认识,折射出人的精神、心灵履迹和历程。加之,宗教与原始宗教虽有区别,但也带有某些原始宗教的痕迹,宗教典籍所包含与保留的大量神话、传说、故事,含有原始思维方式和原始认知习惯的文化传统因素。尤其是一些少数民族依托民间宗教的精神力量来凝聚民族民心,展示民族精神,保持民族文化,彰显民族特点,更为审美人类学研究提供了宝贵资源。最后,中国古代文论、艺术理论及其他审美理论中蕴含审美人类学资源。中国古代文学、艺术和审美精神是贯通的,因而古代文论、艺术理论及审美理论的基本命题、范畴、宗旨、取向也是一致的。古代文论美学经典,诸如《荀子·乐论》《礼记·乐记》、曹丕《典论·论文》、陆机《文赋》、刘勰《文心雕龙》、钟嵘《诗品》、严羽《沧浪诗话》、叶燮《原诗》、王国维《人间词话》等,都贯通文学理论、艺术理论和审美理论。古代文论的范畴,诸如意境、滋味、文气、风骨、韵味、妙悟等均能为文学、艺术、审美理论所接受,这些范畴都体现了人的身心形态和精神状态,都糅合了人的构成因素,以体现人的主体性和精神性。诸如意、气、骨、体、神、情、心、眼、手、脉等,均着眼于或借鉴于人的体、气、精、神来表现。在具体的方法与技法上,注重于从人体角度去设置命题和范畴,一篇文章似乎就是一个人体,方方面面都灌注了人的体质要素和精神、气质、品质等要素,从而体现出范畴、命题的人格化和精神化倾向。再从中国古代文论的基本理论"表现说"来看,既强调了文艺和审美的抒情言志倾向,又强调了文学主体的表现功能和作用,从而使整个体系框架、结构、观念作用都能围绕人来充分展示人的本质和本质力量创造,展示人性和人的生命力、生气活力、精神气韵。因此,这些文学理论、艺术理论和审美理论都无愧为"人学"和"人类学",称其为审美人类学资源名副其实。除此之外，中国古代大量的科技典籍中也蕴藏有一定的审美人类学资源，这一宝库还有待进一步开发和发掘。

其四，中国古代文化的物化形态中保有丰富的审美人类学资源。首先，从古代物质文化遗存看，大量保存流传下来的古代建筑、工艺品、服饰、器具、物件等，凝聚了人的物质和精神的创造力、审美力和生产力，充分展示了人类及其民族社会发展历程。一部古代服饰史就是一部人类发展史及其审美发展史，更遑论建筑史、工艺史、雕塑史、纺织刺绣史等。其次，从古代保存和流传下来的民俗文化看，每一种风俗习惯都有一种文化传统隐藏其后，大多数民俗风俗都有相关的历史渊源及其传说故事加以解释。每一种节庆民俗都有深厚的历史文化积淀及文化传统支撑。端午节既与纪念屈原有着密切联系，又与划龙舟、赛龙船的民间风尚相关；春节既与农历开年的新春万物复苏的自然节气密切联系，又与农耕文明社会及农业生产的春耕播种开端相关。这些民族文化与民俗文化传统中保留了大量的人类学和美学资源。再次，从少数民族所保留、流传下来的活态文化来看，尤其是一些地处偏远，经济、文化、教育相对落后的少数民族地区，就有可能保留更多的民族文化传统及原生态文化形态，甚至可称为"活化石"，其民族特点和文化特征、历史遗痕就更明显、更突出。如云南的摩梭人，还保留着母系氏族社会的某些遗痕和独特的婚配风俗，可谓人类学研究和审美研究的历史文化"活化石"。最后，从不断发掘出土的文物看，中国是一个十分重视丧葬文化的国家和民族，大量出土的文物中丧葬文化占很大比重。当然，随葬品中的文化含量已大大超出丧葬文化范围，从中不难看出当时的历史文化风貌，为人类学和美学研究人的现实世界和理想世界、生前和死后、物质生活需求和精神意识需求关系及保存、保留物质文化与精神文化等提供了诸多资料资源。如西安秦始皇兵马俑、北京十三陵、桂林靖江王陵等帝王陵墓中的出土文物，云南元谋人、北京山顶洞人、广西柳江人、西安半坡人、渑池仰韶人、桂林甑皮岩人等古人类文化遗存，更是体质人类学与文化人类学研究不可多得的研究资料，也应成为审美人类学研究资源。当然，还有更多尚未出土的文物隐埋在地下几百年、几千年、几万年，还有待发掘，从而提供更多更新的资料。依据这些资料，人类学和审美人类学研究将会更有成效，更能将文献研究与田野调查研究、理论研究与实证研究、宏观研究与微观研究有机结合起来。从审美人类学研究角度而言，更应该依赖于田野调查的实证材料，更应该依赖于发掘和发现新的研究资源，因而资源的开发和开掘对于审美人类学研究意义重大。

三、中国古代审美人类学资源的利用

中国古代的审美人类学蕴藏着丰富的资源，一方面有待进一步发掘与开发，另一方面也有待积极运用和利用。中国古代丰富、宝贵的审美人类学资源财富，可从以下四个方面思考利用和运用，凸显其价值意义。

其一，利用中国古代审美文化资源拓宽审美人类学研究领域。审美人类学不仅要着

眼于文献文本研究，而且要立足于田野调研的实证研究，因而研究视域和领域应更多地放在田野作业上，即对民族、民俗、民间文化的考察和实证研究。传统学科的文史哲研究着重于历史文化典籍文献研究，而对历史文化遗存、出土文物考古、民间留存"活化石"的研究相对薄弱。从以上列举的中国古代审美人类学资源渠道来看，这是一块肥沃的处女地，还有不少未开垦的领域有待审美人类学研究进一步去开拓。中国古代审美人类学资源既可作为审美人类学研究资料，从而佐证审美人类学理论、方法和观点，有利于审美人类学学科建设；又可作为审美人类学研究对象，运用审美人类学理论和方法对其进行深度研究，从而发掘其中蕴含的审美人类学价值意义；同时也会带来对传统历史文化的重新阐释和评价，赋予其新的意义和价值。审美人类学研究者有责任、有义务运用其理论和方法对传统历史文化资源进行重新发掘与开发，这不仅有利于夯实审美人类学理论与方法论基础，而且有利于开发古代审美人类学研究资源，还有利于推动传统文化的现代转换，更好地保护、保存、保留文化传统，更有利于促进民族文化建设与创新发展。

其二，利用中国古代的审美人类学资源有助于澄清、解决历史与现实问题。现实问题与历史问题常常交织在一起，审美人类学研究应面向现实解决问题，但确实也有不少历史问题在现实中尚未解决，或者说还缺乏更多资料佐证与历史经验及文化传统依据。审美人类学研究立足于解决现实问题，就必须拓宽视野与视角，将共时性研究与历时性研究、横向研究与纵向研究、现代文化资源发掘与古代文化资源发掘结合起来，构建古今中外贯通的大视野。审美人类学立足于中国本土资源开发及解决中国现实问题，就必须注重从历史发展的纵向角度发掘、开发中国古代审美人类学资源，回答人类学问题与美学问题，通过两者结合的审美人类学综合性研究，形成互动、互解、互释的整体视域，解开一些长期争议又悬而未决的历史问题与现实问题。如人类起源和美的起源关系问题，人类的精神意识发生和人类审美意识发生关系问题，人的个体存在与社会存在关系问题，人类的物质存在与精神存在关系问题，人类发展与审美及其美育关系问题，审美的人类性与民族性关系问题，民族文化传统保护与现代发展问题，人类现实生存困境与诗意栖居问题，等等。显而易见，要研究的这些问题不仅是现实问题，而且也是过去、现在与未来关系问题，这就需要发掘利用中国古代审美人类学资源，为审美人类学研究提供历史与现实贯通的视野。从这一角度而言，审美人类学研究不仅需要人类学与美学联姻的跨学科综合研究，而且还需要综合文献学、考古学、历史学、古代文学、社会学、民族学、民俗学等各学科知识、资源、理论方法进行更大范围的跨学科、交叉学科研究，从而更有利于审美人类学发展，才能有效解决人类生存及其诗意栖居的现实问题与历史问题。

其三，利用中国古代审美人类学资源，有利于推动传统文化的现代转换及民族文化的现代发展。随着21世纪现代化进程加快及现代科技快速发展，全球化、信息化、知识经济、数字化、智能化时代的到来，我国在深化改革开放与市场经济发展中日益与国际接轨，如何保持民族特色与优势，弘扬优秀的民族文化传统，推动传统文化的现代转换及民族文化的现代发展，从而推动中华民族复兴、中华文化振兴、中国大国崛起，这是审美人类学研究的宏伟目标。这既需要深化改革开放，对外引进，学习借鉴国外先进经验，他山之石，可以攻玉；又需要立足于民族文化传统，发掘本土民族、民间、民俗审美人类学资源，开辟中国古代审美人类学资源发掘渠道。正如"洋为中用"并非照搬西方而须进行文化过滤、选择、消化一样，"古为今用"也并非照搬古人而须进行选择、消化、转化才能吸收其中有价值、有意义的财富。从审美人类学研究角度发掘、开发中国古代文化遗产，本身就带有选择、扬弃和转换的价值取向，它不仅是追根溯源的寻根认祖过程，而且是传统文化的现代发展过程。因而，审美人类学要想立足于对中国古代审美人类学资源发掘，就必须着眼于民族精神、人类精神、人文精神的探索和追求，推动审美人类学研究的纵深与创新发展。

其四，利用中国古代审美文化资源有助于建构审美人类学体系，以形成中国特色和民族特色。作为在西方建立的学科，人类学传入中国后一直未能获得好的发展，近年来逐渐升温的人类学发展也富有西方色彩（只是借助中国人类学资源而已），占主导地位的仍是西方人类学理论学派，中国的人类学研究在世界人类学领域仍处于劣势或"失语"状态。当前兴起的审美人类学也存在类似问题。因此应建立具有中国特色的审美人类学学科。中国的审美人类学学科，既是一个有别于世界各种各样审美人类学研究思潮流派的独立学派，同时又与世界审美人类学发展潮流对话、沟通、交融，具有审美人类学研究的特殊性与普遍性。因此，中国审美人类学发展应吸取古今中外的审美文化资源，既吸收西方审美人类学理论方法的长处，又借助中国审美人类学后发优势与本土特色，建构一个包括西方审美人类学、中国审美人类学、马克思主义审美人类学、民族审美人类学等构成要素的审美人类学结构体系，同时建构一个具有中国特色的、独立于世界民族之林的审美人类学形态和流派，不仅能与世界交流、沟通，而且能为审美人类学发展做出自己的贡献。中国是一个具有丰富审美人类学资源的国家，无论是民族文化、民俗文化、民间文化资源还是中国古代审美文化资源，都会给审美人类学学科建设提供取之不尽、用之不竭的源泉，推动审美人类学更好更快发展。

进入 21 世纪后，审美人类学发展面临新的机遇与挑战。黄淑娉、龚佩华在《文化人类学理论方法研究》一书最后一章"中国人类学的回顾与展望"中对建立和建设中国人类学学科充满信心，认为："诞生在西方的人类学于本（20）世纪初传入我国，解放前有了初步的发展。解放后我国人类学经历曲折的道路，从受压抑到复苏走向振兴。开放改革的新形势给中国人类学的发展带来了新的前景。"[①] 有理由相信，中国审美人类学学科建设与人类学学科建设将在 21 世纪不断发展和创新，沿着自己的发展之路走向世界，走向未来。

---

① 黄淑娉、龚佩华：《文化人类学理论方法研究》，广东高等教育出版社 1996 年版，第 412 页。

第四章 马克思《人类学笔记》及其人类学美学思想

马克思在晚年分别对摩尔根、科瓦列夫斯基、梅恩、拉伯克和菲尔等五位人类学家的著作进行了细读并写下了五个读书笔记,这五个读书笔记分别是《路易斯·亨·摩尔根〈古代社会〉一书摘要》《马·科瓦列夫斯基〈公社土地占有制,其解体的原因、进程和结果〉一书摘要》《亨利·萨姆纳·梅恩〈古代法制史讲演录〉一书摘要》《约·拉伯克〈文明的起源和人的原始状态〉一书摘要》《约翰·菲尔爵士〈印度和锡兰的雅利安人村社〉一书摘要》,学界通常将其称为"人类学笔记"或《人类学笔记》。[①]《人类学笔记》是马克思晚年最重要的文稿之一,也是国内外马克思主义研究长期关注和重视的主要文献。《人类学笔记》亦被视为马克思晚年人类学研究的"人类学转向"。[②] 这一"人类学转向"即"经验人类学"转向,是对马克思早年哲学人类学的确证。可见,人类学研究是贯穿马克思一生理论研究的一条基本线索。青年时期,马克思的人类学研究主要是"哲学人类学研究",这是一种抽象的、哲学意义上的人类学研究,并非实证科学、经验科学性质的人类学研究,其焦点在对"人"本身的把握。中年时期,马克思的人类学研究从哲学层面转向经验科学、实证科学层面,即"经验人类学"研究,但这一时期还是零散、不成系统的研究。到了晚年时期,经验人类学成为马克思的主要理论关注对象,借助于《人类学笔记》这一著作,马克思从经验科学、实证科学层面阐明了自己的人类学思想,将自身的理论体系构建向人类学研究方向延展,进一步完善了其自身的思想理论体系。通过分析《人类学笔记》中的思想表达,可以看出马克思依旧重视自身以经验和实践为基础的思维方式,与其哲学、经济学、政治学等理论著作一样,有力、直观地揭示了人类社会发展中的种种问题。《人类学笔记》蕴含着丰富的人类学和美学思想,在今天仍散发着思想的光芒,给当代审美人类学建设提供了丰富的理论养料和启示价值。

[①] 参见《马克思恩格斯全集》第45卷,人民出版社1985年版。《人类学笔记》的五个摘要简称为《摩尔根笔记》《科瓦列夫斯基笔记》《梅恩笔记》《拉伯克笔记》《菲尔笔记》。为便于开展相关论述,本章采用的是《人类学笔记》这一表述。

[②] 林锋:《马克思〈人类学笔记〉研究——前沿问题探讨》,北京大学出版社2021年版,第8页。

第一节 马克思与《人类学笔记》

一、马克思与《人类学笔记》的写作

马克思是德国著名的哲学家、经济学家、革命理论家，创立了在全世界范围内产生重要影响的马克思主义人学、哲学思想和社会发展理论，他创作的《资本论》在经济学界具有卓越的地位，对于近代以来的经济学发展产生了深远的影响。当然，单单从这些方面对马克思的理论著作进行研究和评价并不全面，马克思主义对人类社会发展的影响是全方位的。马克思晚年饱受病痛折磨，在身体状态并不良好的情况下，仍然坚持写作。一个值得注意的现象是马克思将自身的研学重点转向了人类学方向（经验人类学），宁愿暂时放弃《资本论》第二卷、第三卷的续写，却完成了代表性著作《人类学笔记》的写作，丰富和具体化了其早年哲学人类学关于"人"的抽象理论。分析其创作转向的原因，似乎可以从以下几个方面去考量。首先，马克思对之前在哲学思想方面的思考进行完善，站在更高的视角分析唯物史观，升华早期创作的思想维度，试图探求一种更为科学的人类史观。其次，对《资本论》中的地租理论进行内容填充，是为了在《资本论》第二卷、第三卷中阐明资本流通、地租和农业关系问题，为资本论提供更加坚实的理论依据。最后，通过探讨原始的生产方式，分析生产方式的结构和本质，建构原始社会、文明起源理论，更深层次地研究资本主义与社会主义之间的必然转换关系。《人类学笔记》的写作，填补了马克思主义思想在人类学方面的空白，使其人类学思想或理论呈现出一种有机整体性及内在逻辑联系，更具系统性和体系性。

（一）《人类学笔记》写作的时代背景和理论视域

马克思于1879年至1882年认真、仔细地研读、分析了路易斯·亨·摩尔根的《古代社会》、亨利·萨姆纳·梅恩的《古代法制史讲演录》、约翰·菲尔爵士的《印度和锡兰的雅利安人村社》、约·拉伯克的《文明的起源和人的原始状态》、马·科瓦列夫斯基的《公社土地占有制，其解体的原因、进程和结果》等理论著作，对其进行批注，写作了《人类学笔记》。在《人类学笔记》写作期间，西方资本主义正处于快速发展时期，从自由资本主义主导的生产方式向垄断资本主义过渡，产生了新的变化和新的问题，这也引发了马克思的进一步思考。

一方面，马克思创作《人类学笔记》时所处的资本主义社会正由自由竞争时期向垄断时期转变，资本主义市场的自由性受到了极大的影响，资本主义的弊端较为直观地呈现了出来。这一时期的资本主义社会发展表现为：生产力的进步让机械代替了人力，创造了真正质优价廉的商品，交通水平也大大提升，拓展了人类的行动范围。同时，资本往往掌握在少数人手中，当资本市场的自由竞争被打破时，资本的雪球就越滚越大，贫富差距进一步拉大，社会的话语权更加集中到少数人手中，当内部的资源不够进行分配以满足资本拥有者的贪婪时，对外扩张便开始了，不同资本集团的竞争越发激烈，扩张方式从温和转向野蛮。在这过程中，强化其他文明与文化向资本主义的转变，要么接受并认同，在资本主义社会的发展中占据一席之地，要么被资本征服或消灭。这导致了更多的资产者出现。资本按照自己的面貌创造出一个更加适合它的世界。① 但是，当资本垄断到一定程度后，必然会爆发经济危机，进而引发经济衰退。究其原因，资本的过度收割导致了消费能力的不足，阻碍了资本过度聚集的发展。这恰恰又反映出了资本主义自身具有一定的生命力，经济危机倒逼资本主义内部进行产业结构升级与调整，进而催生出新的经济活力。在这一过程中，资本虽然持续存在、继续生长，但是，生活在资本链条下被剥削的多数劳动者受到了资本的波及，受到了严重的损害。这种状况往往导致社会动荡不安。在这种大背景下，资本主义的前景模糊，未来的发展方向不明晰，这恰恰是这一时期马克思思考的重要问题，他在《人类学笔记》中有所涉及。

另一方面，基于《共产党宣言》的影响，爆发了巴黎公社运动，发生了人类历史上第一次无产阶级革命。虽然这次革命失败了，但是给资本主义自身带来了极大的冲击，无产阶级发展的星星之火还未真正点燃便被资产阶级疯狂镇压，扼杀在摇篮中，短期内难成气候。在这期间，资产阶级与无产阶级间的固有矛盾被激化，人们对社会的阶级关系认知更加深入。在这种社会客观条件下，无产阶级内部思想出现了分化，在马克思主义之外，各种学说理论层出不穷，相互之间出现了思想分歧，内部的信任出现危机，组织结构出现混乱。这次革命的失败也留下了宝贵的经验和教训：无产阶级必须有科学社会主义理论指导的无产阶级政党的领导，这是革命胜利的根本保证。基于共产主义对于系统的、科学的社会主义理论指导和建立强大政党的迫切需求，以及对于如何顺利拓展社会主义道路，构建符合现实的社会主义的思考，马克思创作了《法兰西内战》。面对复杂的现实境况，马克思转向人类学研究，原因之一就是解决具体问题即社会发展问题。作为哲学家，马克思一直反对只是用哲学来解释世界，他主张履行"改造世界"的社会责任。"马克思一方面继续用哲学反思现实生活世界（比如，撰写了《黑格尔法哲学批判》《共产党宣言》等），一方面积极投身到推翻资本主义制度的社会实践和反思之中（比如马克思亲自参与了诸多国际工人协会的工作）。直到生命的最后十年，马克思为了实现改造世界的理想，还在撰写《笔记》，以期发现更好的方法。"② 可见，马克思进一步地思考人类发展道路、未来前景和人类文明起源问题，进行新的理论研究和实践探索。

马克思在自身已有的哲学理论视域下思考、深化、扩充其经验科学色彩的人类学研究，这种人类学研究进一步验证唯物史观在原始社会的具体适用性，证明唯物史观对整

---

① 徐圣权：《马克思〈人类学笔记〉中的文化思想研究》，青岛科技大学硕士学位论文，2022年。
② 曹典顺：《马克思〈人类学笔记〉研究读本》，中央编译出版社2013年版，第3页。

个人类历史的普适性。马克思通过对摩尔根等人类学家相关著作的进一步分析去思考原始社会和文明起源等理论问题。马克思相对成熟的哲学视域主要包括马克思主义哲学、政治经济学与社会科学等。

首先，关于自身的哲学思想主要以辩证法为哲学特色。马克思主义辩证法是一种唯物辩证法，将物质看作不断运动且普遍联系的统一，是马克思主义的重要理论内容。马克思主义哲学坚持主张理论来源于实践，而且要在实践中去检验真理，因此真理必须回归实践，指导实践。①

其次，马克思的经济学思想主要阐述资本主义运行规律，在其哲学思想的基础上结合现实状况去分析资本主义制度，提出剩余价值理论，解释资本主义生产方式中不可调和的矛盾如何造成了周期性且必然存在的经济危机。

最后，马克思以政治经济学、哲学思想和理论为支撑，建构科学社会主义理论，提出了资本主义必然会被更好的社会制度替代，同时对更好的社会制度进行宏观描述，认为未来社会是自由人的联合体。②

（二）马克思《人类学笔记》的基本内容

在摩尔根等人类学家关于原始社会和文明起源的理论部分中，马克思对他们的思想进行辩证的吸收。可以说，《人类学笔记》是马克思晚年创作的人类学方面的著作笔记汇总。这些研学内容帮助马克思探究原始社会与人类学的内涵，从而促进完善自身的理论体系。马克思《人类学笔记》的基本内容可以从四个主体在历史进程中的推进作用进行概括凝练，这四个主体分别是：家庭与氏族、私有与阶级、国家与法律、自然与宗教。③

在"家庭与氏族"主体部分中，马克思按照人类进程顺序分析研究血缘家庭、普那路亚家庭、对偶制家庭、父权制家庭、专偶制家庭五种家庭形式，客观分析人类社会的缘起，从母系氏族逐渐向父系社会转化，成为以家庭为核心的社会存在形式。在这种演变中，同步伴随着男权与女权间的此消彼长，最终建立起父权的时代。《人类学笔记》在厘清人类家庭与氏族社会关系的起源发展后，意识到古代社会的生存模式无论如何变化，基本上都是以共产生活作为基础的。以家庭形式与氏族社会为主体的起源探究帮助马克思科学揭示了人类社会进程演变的历史，合理解释了氏族关系之下家庭与氏族之间的关系。

在"私有与阶级"主体部分中，马克思通过对摩尔根、科瓦列夫斯基思想的辩证吸

---

① 张浩然：《马克思晚年〈人类学笔记〉的社会历史思想研究》，黑龙江大学硕士学位论文，2022年。
② 闫丹阳：《浅谈马克思晚年〈人类学笔记〉的写作原因与背景》，《今古文创》2021年第47期。
③ 张谨：《马克思人类学笔记与摩尔根〈古代社会〉的比较研究——晚年马克思的自我超越》，《华中学术》，2021年第3期。

收，分析财产从公有到私有的变化过程，最后逐渐衍生出阶级，进而科学具体地回答了私有制与阶级兴起的原因。《人类学笔记》中关于私有制度与阶级关系的论述，目的是揭示人类发展历史长河中的经济发展脉络，经济社会发展推动生产方式转变，提升社会生产能力。在社会演变过程中，财产的私有观念越来越得到普遍认可，私有制度得到了肯定，继承的权利也开始被社会肯定。在生产方式的维度上，马克思通过三次社会大分工对社会私有化进行阐述，其中包含从经济萌芽到最终阶级形成的全过程，再借助生产劳动关系的转变建立新的经济关系，从而使人类社会进入阶级社会。

在"国家与法律"主体部分中，马克思认为三次社会大分工为阶级的建立提供了条件，社会关系开始从以血缘为基础向以财产为基础转变，相应的，社会制度也以这种转变为方向开始新的设计。国家就是以财产为核心的制度形式，而法律是国家维护自身统治设计出的具体形式。在《人类学笔记》中，马克思通过考察以罗马与雅典为代表的西方国家的形态与东方国家的形态，讲述法律发展的具体进程。在对比东西方国家形态差异中，发现不同国家的法律的制定都有其特定的社会历史背景，西方国家缘起的成因不能简单地套用在东方国家身上。在对二者具体衍化发展的历史分析总结中，马克思阐述了现代社会的起源与基本矛盾，为后续国家政治管理提供新的研学方向。

在"自然与宗教"主体部分中，马克思通过对研学的著作进行摘录，深刻地分析自然条件与宗教文化的发展。自然条件为社会物质生产提供基础，宗教文化则是自然条件与物质生产之外的精神领域的财富。马克思认为宗教是现实社会缺陷的一种折射。自然条件与宗教文化之间的关系更像是经济基础与上层建筑间的关系。自然条件是人类社会发展、不断演化的基础与条件，提供了人类社会成长的土壤。宗教文化是这个社会内部结合的精神上层建筑，它一方面受到社会生产水平的制约，一方面又没有完全依存于物质本身，二者间始终有一段距离。宗教在人类社会发展中占有重要的地位。

第二节 马克思《人类学笔记》及其审美人类学思想

通过对马克思《人类学笔记》的文本分析和综合考察，发现探索原始社会、文明起源的问题正是马克思《人类学笔记》的核心主题。在这五个笔记中，《摩尔根笔记》系统全面地探讨了原始社会、文明起源问题，其他四个笔记则从不同层面、不同角度对这一问题做了重要补充，提供了大量材料、事实和观点。这些笔记涉及了原始社会的共产制生产与生活方式、原始宗教的起源与历史发展、原始社会财产继承制度、原始部落土地所有制、蒙昧时代人类由不定居的渔猎生活向定居生活方式的演变、（母权制向）父权制发展的联合家庭的基本特征等原始社会基本问题，其中蕴涵着丰富的哲学、人类学和美学思想。王杰认为马克思的《人类学笔记》与美学问题实际上存在错综复杂的紧密关系。① 马克思在《人类学笔记》中体现的美学思想主要是通过神话这一文化窗口来体现的。② 此外，在马克思、恩格斯的其他论著和论述中蕴涵着丰富的审美人类学思想，值得进一步去挖掘、梳理和研究。

一、古代神话与现代社会的主客体维度

人类学正成为一门研究人类自身存在方式及人类生存、发展等问题的重要学科。马克思晚年研究的人类学及相关理论思考为我们提供了人类学方面研究的丰富思想成果。学界通常将马克思对古代神话的论述和研究关注点放在其在《政治经济学批判·导言》中针对神话与想象二者之间关系的讨论上，将这看作马克思对古代神话的态度显然是不全面的，忽视了马克思在古代神话论述中对现代美学的深刻思考，淡化了马克思神话思想的理论作用。纵观马克思一生的理论著作，并没有哪一部著作是专门论述和研究古代神话与现代美学的问题，更多的是从经济学领域、社会制度及意识形态的批判方向来积极思考时代的各种问题，探明本质。而在这些辉煌巨著中，总是会发现马克思在不同时期都对古代神话感兴趣并进行讨论，从侧面反映出马克思青年时代受德国浪漫主义思潮的深刻影响。更重要的是，马克思在理解古代神话与现代美学的主客体维度方面有其独特的思考，在马克思看来，古代神话与现代社会的关系需要从客体与主体两个维度去分析和理解。

从客体维度考虑，古代人与现代人生活在不同的时空，所处的社会客观条件自然不同，思维方式和审美方式差异性大。在笔记中，马克思充分注意到，自然地理因素在人类早期社会中占有特殊重要的位置，它直接影响、制约着原始人群的空间分布、生存方式、物质生产方式和社会发展水平，导致东半球的原始部落以驯养动物、获取肉类和乳类食物为主要生产方式，西半球的原始部落则以种植玉蜀黍、获取淀粉食物为主要生产方式。③ 古希腊神话产生于具有优越地理位置的希腊半岛、爱琴海诸岛等区域。当时原始社会生产力十分低下，古希腊人难以靠农耕方式为生，而是在海上靠经商、掠夺和开辟海外殖民地生存。这种环境造就了古希腊人自由奔放，充满浪漫色彩和想象力，充满智慧和力量的民族性格，正是在这片土地上诞生了古希腊神话。古希腊神话对欧洲精神文化具有深刻的影响，它是古希腊艺术发展的基础，是欧洲文化的源头，对自然和社会的认识在潜移默化中影响着那个时代及后来时代的人。古代神话更像是人与自然、人与神灵沟通的一种媒介，古代的劳动关系和生产关系决定着社会构架，不同的劳动分工使人类与自然的关系、男人与女人的关系产生了一定的分离，神话作为一种沟通媒介促进

---

① 王杰：《古代神话与现代美学——学习马克思〈人类学笔记〉中的美学论述》，《广西大学学报》1990年第1期。
② 陈一军：《马克思〈人类学笔记〉的美学意义》，《马克思主义美学研究》2018年第1期。
③ 《马克思古代社会史笔记》，中共中央马克思、恩格斯、列宁、斯大林著作编译局编译，人民出版社1996年版，第127—159页。

了不同关系之间的平衡。远古神话将古代人的思维、想象和社会实践与当时的自然条件、生产条件（生产力发展水平）相结合，并以此作为认识和把握世界的一种方式。马克思指出，人只有创造一个对象，把主体物化，把客体主体化，才能真正把握住对象。① 人们生存的自然条件，如山川、河流、森林、荒漠被神话赋予了拟人化的修饰，自然存在物以仙神的角色出现，不仅拥有和人高度一致的外表（或部分打上人的烙印，有人的影子或因素），在外部条件上更加具有特色，外貌美丽动人或是与众不同，性格特别且有一定缺陷，所以不管如何修饰、美化或神化、人化，使其与人类相似化或是差异化往往足够吸引人。神话故事唤起人类的好奇心、恐惧心、征服欲、满足感等，吸引人类去探索、思考、实践，但常常没有好的结果，往往陷入泥潭或是被毁灭。在希腊神话中，仙子将西拉斯引入泥潭、纳克索斯溺水而亡便是最好的佐证。神话发挥着沟通人类与自然（客体对象）的作用，将人与自然的关系转化成人与人之间的关系，从而鼓励人们去探索自然、征服自然、支配自然，并且通过口口相传的形式延续下去。而现代神话与古代神话截然相反，这里的现代神话带有现代意识形态属性，现代社会将人与人之间进行阶级分化，不同人有不同的分工，形成不同的社会关系，这种社会关系是建立在权力及其话语基础之上的异化关系，开始分裂人与人之间的关系。根据社会关系中的生产关系，人被分化成统治者与被统治者两种身份，不同身份之间的差异在之前的社会关系（原始社会）中是不存在的。在这种意识形态下，统治者通过"创造对其有意义的神话"和"与神话无关的幻想"两种不同意义的内容去更好地控制被统治者，自然地将不同阶级之间的压迫与被压迫关系合理化、合法化和美化，通过这种美化将其转化成自然性的关系。人与人之间出现等级观念、种族歧视、性别歧视等不合理的现象，但被描述为符合自然的、不能改变的、合理化的，从而使各种不平等的关系之间保持平衡和合法性，维护统治者压迫状态的稳定，使他们得以持续从"下等人"身上攫取更多的利益。马克思在许多理论著作中都揭露了这种"现代神话"的虚伪本质，具体而言就是批判资产阶级的意识形态。在《人类学笔记》中，对殖民主义文化的态度与批判充分表达了他内心的愤怒。

从主体维度分析古代神话与现代社会的关系，则主要是借助儿童与成人的关系映射古代神话与现代社会意识形态的关系，这在"导言"中已直观地体现了出来。这种隐喻虽然受到了很多学者的质疑，但是并不能抹灭其自身表达的价值内涵。这种价值内涵贯穿在马克思众多的思想理论著作中。用儿童的天真这种比喻指代古代神话，可以从两个方面理解其含义。一方面，马克思在政治经济学的著作中认为，古代文化以"自然共同体"为基础，以群体的自然关系为基础，在这个基础上创造出拜灵文化和神话传说。② 原始社会时期人的内心想法与感知特性更加直接，类似于儿童的心理特性，这也是古代

---

① 刘成群、高云鹏：《"人类学笔记"与马克思对黑格尔历史主义的扬弃》，《天府新论》2021年第4期。

② 孟凡君、王杰：《恩格斯的美学思想探源——兼论马克思主义美学的审美实证精神》，《马克思主义美学研究》2020年第2期。

神话中连接人与自然、人与人、人类个体与人类群体之间的桥梁。另一方面，基于马克思在意识形态理论方面的观点，原始社会并不是阶级社会，人与人之间没有明显的阶级差异，人类的个体利益与群体利益在方向上是一致的，并没有发生现代社会这种不同阶级之间的异化。在意识层面，个体意识和群体意识也是大体一致的，没有现代社会发生的分离和意识对抗。而马克思关于阶级意识与生产关系的思考很可能是在这种特定情景和条件下展开的。马克思是否在此处发觉古代神话在古代人的生产关系与社会关系中的价值作用并不同于现代意识形态在现代人的生产关系与社会关系中所起到的作用？似乎古代神话的价值并没有现代意识影响下的功利化趋势，这种影响作用的不同似乎能解释马克思提出的疑问："困难的是，它们何以仍然能够给我们以艺术享受，而且就某方面说还是一种规范和高不可及的范本。"① 这也是很多现代美学家和思想家从美学角度关注和思考的问题。

二、古希腊神话的永恒魅力思想及其相关问题

（一）古希腊神话的产生

关于古希腊神话的产生，历来观点众多。传统的观点认为，同其他文明体系的神话一样，神话都诞生于人类社会发展的初期，生产力低下，人类认识自然、对抗自然、征服自然的能力明显不足，在这样的环境下，人类需要更多地去思考如何生存的问题。基于人类当时的认知所限，人类无法科学地认识自然，更遑论正确认识、把握和利用自然规律，征服自然的梦想无法在现实中实现。对未知的对象世界（自然世界）的恐惧仿佛与生俱来，如何减弱乃至消除这种恐惧感和心理压力就成为原始社会时期人们必须面对的现实问题。显然，让不可知之物变成可知之物、让恐惧之物变成亲近之物的最有效的方式，就是让对象打上人的烙印，让对象拥有人的一部分（形象、性格和情感）而不至于离人类太远，让对象变成可接触、可亲近之物，这就需要充分发挥原始初民的想象力了。他们用丰富的想象力去联系对象，将人类与对象勾连起来，将人与自然结合在一起，借助这种想象在精神层面将自然力量形象化，从而在精神层面实现认识自然、把握自然甚至征服自然的主观目标，神话也由此诞生。

古希腊神话是原始氏族社会的精神产物，古希腊神话内容生动形象，想象饱满且丰富，故事曲折离奇又发人深省。它历经了几千年的历史岁月洗礼依旧站在艺术之山巅，它诞生在爱琴海地区却又在世界各地广为流传，被全世界的人们所欣赏并折服于其永恒魅力。古希腊神话因其自身独特的魅力被马克思、恩格斯称为"一种规范和高不可及的范本"，古希腊神话的产生成为许多研究者关注的重要问题。显然，首要的问题是古希腊神话自身特色与古希腊的客观环境息息相关。这种关联因素有很多，方向不同又彼此连

---

① 马克思：《〈政治经济学批判〉导言》，《马克思恩格斯选集》第二卷，人民出版社1972年版，第114页。

接。神话是早期人类（原始初民）所创，古希腊神话的创造与古希腊人居住的环境（生存环境）、民族性格息息相关。从地域角度来说，古希腊地处半岛，内部多为山区，受坡度的影响，土地肥力难以保留，很多土地较为贫瘠。可耕种的范围受到限制，农业生产力自然不高。这种不利条件导致古希腊人不得不从其他方向去突破困境，改善生存条件。希腊位于海洋周边，古希腊人选择探索海洋，爱琴海的自然环境内遍布小岛，水上交通因密集的小岛十分便利，陆地环境限制了希腊人的发展，却在海洋上给他们打开了一扇窗。海洋给希腊人带来的是连接外地的渠道，希腊人利用海洋去经商、去征服。这种生存环境和生存方式造就了希腊人不同于其他陆地民族的民族性格，也培育了古希腊人追求现世价值、个人地位和尊严的文化价值观念，他们对提高自身生活质量的偏好不是去创造，反而更倾向于征服。他们对于神明的祈求不是华夏文明中的丰收，而是更加崇尚智慧和力量。他们的性格更是在海洋探索冒险的经历中形成了自己的特色。他们爱好自由，性情奔放，情绪容易波动，充满原始情欲，富于想象力，怀有远大的目标，也有很多奇妙的幻想。古希腊神话和其他艺术，正是在这样具有独特魅力的艺术土壤中生根、发芽、成长起来的。

（二）关于中西神话内容的思考

人类社会的发展在不同地区存在一定差异，却又在时间维度具有同步性。古希腊神话的自身魅力与其自身民族特色有极大关联，那么处于发展进程相近情况下的其他地区社会发展中的不同的民族也有着不同的民族特征，其他的民族精神又对他们自身的文化有怎样的影响呢？将其他地区不同的民族与古希腊民族相比较，可以拓展思维，利于探究古希腊神话的同时，引发更深层次的思考。以我国的华夏文化为例，就具有很大的对比价值。古希腊人是知者，他们崇尚智慧并求知，我国的古人是仁者，他们更加崇尚礼仪伦理。古希腊的自然环境让他们向往大海，因而性格如大海一般澎湃又汹涌；我国的古人崇尚高山，气质巍峨又稳重。古希腊人是"动"的思维模式，我国的古人是"静"的思考方式。古希腊人的追求更加直接，在现实中从实质上让自己快乐；我国的古人探索更加含蓄，节制自身的欲望，向往长生。两个文明都是古老又强大的文明，但两者的环境差异大，精神内核也大为不同。差异的关键在于，华夏文化趋于利他，古希腊文化趋于利己。这在古希腊神话中得到了证实。纵观整个古希腊神话故事情节，除了极少数的故事（普罗米修斯盗取天火）外，古希腊英雄的行为动机考虑的大多不是集体的利益，这与现代西方文化的个人英雄主义类似，也从侧面说明了古希腊神话对现代西方文化深远的影响。我国的英雄更像是悲情英雄，如诸葛亮、岳飞、文天祥等。二者的截然不同，让我们看出古希腊文化更喜欢在光荣的冒险中得到获得感，证明自身价值。

回归古希腊神话的具体内容，古希腊神话故事可以分为神的故事与半人半神的英雄传说。在神的故事中，从宇宙的开天辟地到众神的诞生，梳理着众神的关系与谱系及人类的缘起等。在英雄传说中，早期神话和奥林匹斯神统的不同代表了母权社会与父权社会的真实写照。参照中国古典神话，再分析古希腊神话的具体内容，就会发现二者在构架体系上有很大的相似之处。在开天辟地这一阶段，古希腊神话混沌开而天地分与中国古典神话盘古开天地的思想内涵都蕴含"天地始于一"的思想。在人类缘起阶段，古希腊神话中普罗米修斯的造人方式与中国古典神话女娲造人的传说如出一辙。除开这些相似元素之外，二者还有一些不同。古希腊神话保留了一些人类早期社会中的野蛮风俗，如至亲相残、伦理混杂等，这些在中国古典神话中则没有体现，这也佐证了前文中提及的中国古人崇尚"仁"的思想。

（三）古希腊神话的永久魅力

马克思曾言："希腊艺术的前提是希腊神话，也就是已经通过人民的幻想用一种不自觉的艺术方式加工过的自然和社会形式本身。"① 可以看出，希腊神话是希腊文化艺术创作的基础，也可以说希腊神话反映了古希腊时代的社会存在，这种观点的形成基于当时的人类社会条件，它是生产力发展的低级阶段的反映。从神话和时代特征来看，它是氏族公社社会现实的反映，人和自然的矛盾是主要矛盾，希腊神话反映了这种主要矛盾。许多神话亦表现了母系氏族社会中母权制的许多特征。古希腊时代的人不能征服自然，又需要足够的精神寄托，人们便用想象的方式将自然与人连接起来，将自然与人的关系转为人与人的关系，通过这种拟人化、神话化，在神话故事中去征服自然，掌握自然，以满足心理和精神层面的需求。神话诞生并广为传颂，还说明当时的人们可以接受这种想象，乐于将对自然的态度在神话中去表达，并为之津津乐道。这种神话式的幻想契合早期人类社会的审美需求。希腊原始初民因生产力水平低下，缺乏基本的科学知识，无法认识和理解外部世界，只能通过想象或幻想的方式（神话方式）去解释各种自然现象，神自然就成为人们幻想中的自然力的支配者，表现为征服自然、支配自然的理想。随着人类对自然力的认识、理解、征服、开发和利用，即一定程度上支配自然力，神话便逐渐退出了历史舞台。正如马克思所言："任何神话都是用想象和借助想象以征服自然力，支配自然力，把自然力加以形象化；因而，随着这些自然力实际上被支配，神话也就消失了。"②

那为什么时至当下，古希腊神话仍然能给我们提供具有永恒魅力的艺术享受呢？

马克思曾经把古希腊人比作天真的儿童。那么，与之对应的现代社会可以被看作成年人，成年人虽然不再如儿童时期那般天真烂漫，但会排斥那段天真中给自己带来的愉快吗？答案显然是：不会的。现代人看待古希腊神话的态度就是这样。我们源于过去，怎么能排斥过去呢？古希腊神话拥有永恒魅力，在现代社会条件下观照古希腊时期的艺术作品就像是看待儿童时期的天真，是对自身的精神观照，同时又让人们跳出现代思维的桎梏，获得思想启迪，这也是一种艺术享受，符合人们追求美好理想的天性。

用上述这种方式去理解古希腊神话的永恒魅力，我们不难看出，人类的审美意识可

---

① 《马克思恩格斯选集》第二卷，人民出版社1995年版，第29页。
② 《马克思恩格斯选集》第二卷，人民出版社1995年版，第29页。

以具有一定重复性,还具有特定的恒常性。从这方面看,在不同的社会条件下,包括不同的历史时期、不同的地理条件、不同的文明体系下可以出现相似的审美意识,在艺术发展的过程中审美也具有一定的规律性。虽然不同文明体系有不同的思想侧重,但是人性是共同的。一方面,古希腊神话并不排斥神的世俗化,神也有情欲、善恶、计谋,互有血缘关系,是人格化的形象,即"神与人同形同性",将人性的美丑善恶表达得淋漓尽致。另一方面,古希腊神话表现了人类童年时期的自由、乐观,表达了人类的生命意识、人本意识和自由观念。古希腊神话中传达的很多思想观念可以引起现代人的共鸣,故事也依旧受到现代人的追捧和向往。除此之外,艺术的魅力在于真实。古希腊哲学家苏格拉底曾言:雕刻要能吸引观众,就必须把活人的形象吸收到作品里去,并且通过形式表现心理活动。古希腊神话与其他民族的神话一样具有真实感,它表现了古希腊人对宇宙、世界、自然和人生的理解与思考,特别是表现了古希腊人对人类起源、人类与自然搏斗、人类相互之间的战争与和平、人与命运的矛盾和抗争、人类的宗教崇拜、社会历史发展和重要变迁、人类社会发展的现实生活等的理解,这易于为人们所接受、理解并被其魅力所征服。马克思也曾指出艺术对我们产生的魅力,同其产生之时并不发达的社会阶段并不矛盾。这样的艺术具有永恒的魅力。古希腊神话对复杂人性的刻画和表达具有高度的真实性,极富有情趣,又极其深刻,如既有赫拉、雅典娜、维纳斯三位女神为了"最美"的头衔争夺金苹果给人间带来灾难,反映人性的自私与贪婪,也有普罗米修斯那样勤劳勇敢、不屈不挠、具有牺牲精神的伟岸身影。这样的神话是丰满的、令人深省的,是早期人类社会现实生活的一种真实折射,因而具有持久的美感、永恒的魅力。

(四) 神话的意识形态性与实践性

1. 神话具有某种意识形态性

意识形态是什么? 它可以被理解为一种理解性的想象,是对事物的感官思想,是观念、观点、思想,它是抽象的。神话呢?从某种程度上理解,它表达的就是一种意识形态,自然神话具有朦胧的意识形态性。从神话的缘起上去追溯,它是人类(原始初民)在生产力十分低下,面临生存困境和危机时的最形象、最直接的想象(亦称形象思维或神话思维)之物。在这些想象之中蕴含着人类丰富的思想,这既是对不可认知之物的想象、认识和憧憬向往,亦是对自身生存现实和生存困境的观照、反映和反思。正因为这样,神话可以帮助我们去探究人类早期关于世界的认识和形成的观念。

马克思在晚年研学人类学方向的时候对神话的意识形态性在社会关系中影响生产方面颇为关注。他在阅读有关氏族起源方面的论述中多次进行了批注,运用唯物史观来研究原始社会,从而得出原始生产方式的理论,在运用自己以往创立的唯物史观基本原理研究人类学和古代历史时,着重强调了亲属关系在史前社会中的重要地位。[①] 在《人类

---

① 冯景源:《人类境遇与历史时空——马克思〈人类学笔记〉、〈历史学笔记〉研究》,中国人民大学出版社2004年版,第6—7页。

学笔记》中,马克思对人类起源及发展史进行了深入的考察和研究,不仅涉及婚姻、家庭、氏族、部落的产生和发展,还涉及古代公社和古代国家的兴衰。"《人类学笔记》提供了丰富的人类历史的经验资料,特别是人类的史前史,没有人类学的历史资料,马克思的历史研究就不可能进行。"[①] 而在讨论人类起源相关问题和史前社会生产方式时,一个重要的方面则与人类的(原始)神话密切相关,与早期人类对世界的认识和史前社会的认识有关。远古神话是人类早期认识和把握世界的方式,也是人类最早的一种审美形式。马克思对此的理解与神话的意识形态性息息相关,从满足社会再生产层面考虑,可视为一种原始生产方式理论,原始社会是建立在物质资料的生产和人自身的生产这两种生产的基础之上的。关于人类起源的神话在不同民族中普遍存在,这与人类面对不可控、不可知的自然世界和人类自身生产能力(物质资料生存和人自身生产能力)偏弱,将人与自然通过想象的方式连接起来,在想象中理解、征服和支配自然密切相关。在原始社会时期,还没有形成明确清晰的阶级观念,人们的利益是共通的,神话的出现给予人们以精神生活和精神活动的支撑。神话的出现条件和人类的早期认识浅薄相关,这种浅薄可看作人类面对自然规律的理解与认知,亦可看作早期人类的世界观、人生观和价值观。然而,这并不是一成不变的,神话在后来变成了单纯的幻想与宗教。这个时候,神话的意识形态性发生了变化,它不再是人类认识世界的一种方式,不再是人类重要的精神和寄托,它逐渐变成了不同阶级尤其是上层阶级统治下层阶级的一种工具。当神话变成了为高层级阶级攫取社会利益的工具之后,神话也逐渐被改造,它被转化为阶级社会中统治者所需要的形态,如欧洲中世纪时期国家的王权被宗教所取代就是神话成为"教堂"最好的工具的生动写照。这亦成为马克思思考和研究的问题——家庭、私有制、阶级、国家产生的历史逻辑。马克思在《人类学笔记》中引用了摩尔根的观点,详细阐述了政治社会产生的过程,并以财产关系的变化来理解古代社会模式。

在《人类学笔记》中,马克思还观照和阐释了东方社会模式的宗教特征。在神话出现的人类早期社会,社会秩序没有那么明晰,伦理法治也没有健全,原始人类处理社会与生活关系等问题往往通过特定的宗教仪式来处理,仪式仿佛就是实际生活中维持秩序平衡的重要力量,而这种仪式又是种种神话(宗教)的体现,或者通常以一些氏族/部落的神话为参考。马克思在《人类学笔记》中对神话与仪式也有关注,不过他关注的并非是在这种现象中神话起到了什么作用,也不是这些现象对后来的文化有什么更深的影响,他思考的是为什么平凡的事情经过神话的洗涤和祭祀仪典后开始不再平凡,庸俗转为神圣,自然转为超自然,个人的行为也因此被赋予了社会意义。这恰恰说明了在远古时代,神话及因神话而出现的仪式不仅仅是观念性的故事或是其他常规行为,神话还是一种具有实践性的意识形态。正如王杰所言:"马克思在这里表达了这样一个思想:神话

[①] 冯景源:《人类境遇与历史时空——马克思〈人类学笔记〉、〈历史学笔记〉研究》,中国人民大学出版社 2004 年版,第 11—12 页。

曾经是对全体氏族成员'极其重要的事物'，是一种能够再生产某种特定交往关系的'实践'，只是后来神话的基础丧失以后才转变成神话的幻想和'荒诞的宗教'。"① 而且在社会发展（社会模式变迁）的过程中，神话逐步被宗教（仪式）所取代并影响着人们的生活方式。如《人类学笔记》中认为："穆斯林的敬神仪式有会众举行的和个人举行的；特点是：清真寺、公共布道、共同祈祷以及结为会众的个人的礼拜。印度教的敬神是在家里请人举行的；特点是：一尊家庭神像，由一位祭祀替这家人每日对它礼拜，定期举行仪式祭祀这家人所选定的这个神的化身以及已逝先人的灵魂。"②

在政治经济学研究中，马克思通过对"商品拜物教"的深入分析，发现自己所处时代的社会现实中到处弥漫着分离和对立，因此划分出了鲜明的阶级，这种变化导致现代社会不再有生长神话的土壤，人们失去了寄托情感和运用神话认识、理解和掌握世界的基础。这种情况下，现代人更像是一个孤立的个体，在劳动领域被孤立，在生产中被分割，精神世界变成了荒漠，人类早期的神话让位于新的神话——"商品拜物教"。从现代社会的视角看，这种现象是合理的、自然的、不可逆转的。在资本主义社会意识形态中，资本仿佛就是神，商品拜物教就是神话。这也成为马克思主义者长期批判的显著现象。

2. 神话的实践性及其功能

如果说神话的意识形态性在人类社会早期体现得更加充分，那么经过人类社会进程的发展与社会环境的变化，神话在经过不断的填充和丰满之后，它的实践性表达更加明显起来，但也不是说早期的神话不具有实践性，只不过在利用神话进行实际把控方面不那么功利。马克思在《人类学笔记》有关神话的论述中提出一个观点，即因为远古仪式和神话是一种具有很强的神秘性且又是实践性的意识形态，通过初民们把对象异化、疏远化、陌生化的方式从而把握住对象，以摆脱现实中的分裂和对立，从而实现某种交流和沟通。③

将古代的神话与现代神话（即现代资本主义社会意识形态）相比较去探讨神话的实践性，便于人们探寻和思考不同时代下神话的异同。远古神话与现代神话都是时代环境下社会的"精神产物"，它们无论是"藏匿"于人类的无意识中还是成为"别有用心"的主流社会（统治阶层）的共同意识，都可以在日常生活中深刻地影响着人们的生产和生活方式，并产生一定的社会关系。马克思晚年在进行人类学研究时也有这方面的思考，他关注的是两个时代（古代和现代）的意识形态（将古代神话看作一种意识形态）的区别。早期神话时代（氏族社会或人类社会蒙昧时期），社会成员共同生活，并没有分裂

---

① 王杰：《古代神话与现代美学——学习马克思〈人类学笔记〉中的美学论述》，《广西大学学报》1990年第1期。
② 《马克思古代社会史笔记》，人民出版社1996年版，第378页。
③ 王杰：《古代神话与现代美学——学习马克思〈人类学笔记〉中的美学论述》，《广西大学学报》1990年第1期。

出不同的阶级，更不存在资本主义社会下尖锐的阶级对立。这个时期的神话是属于无产阶级的文化，这里的无产阶级指的是全部人类。在这个时期，私有财产还没有被真正认可，私有制并未建立起来，大家共同的对立面是自然条件对人类生活的制约与无法被人类支配的自然力。在这个时期，神话被人类创造的目的更加单纯，就像马克思将古希腊神话比喻成儿童一样，葆有一份纯粹的儿童的天真。古代神话的实践性在某种意义上主要体现为它是人类共同的精神财富和文化，它是早期人类沟通自然及其他各种对立物质的中介，是早期人类认识世界、理解世界和掌握世界的主要方式，也是早期人类反观自身和反思自身的重要方式。人类早期神话的实践性也体现在日常生活和活动中，比如古代人类的繁衍或者说两性关系是一种习俗，这个习俗的基础就是神话，而对违背或违反氏族社会规范和习俗的成员的处理，也是通过以神话为基础的祭祀仪式等来解决的。可以说，在古代人类的历史中，神话是日常生活里不可缺少的组成部分，这不仅仅局限于某个特定地区的文明，因为几乎在任何一个民族的神话中都可以找到乱伦禁忌的神话情节。同时，人类早期的神话散发着某种魅力，具有强大的凝聚力和向心力，给早期人类以勇气和心理慰藉，为古代的人们提供强大的凝聚力以度过漫漫长夜，推动人类社会的发展。

显而易见的是，在经过早期人类社会发展后，伴随人类发展历史进程的神话进一步蜕化。早期人类视神话为一种面对自然的精神依托，在与自然的抗争中逐渐开始了解自然，甚至可以利用一些自然规律，进而可以支配一定的自然力。随着国家形式的文明开始出现，人类内部开始有了阶级/阶层分化，同一个族群成员的社会地位发生了变化，被划分为三六九等，作为一种意识形态的神话也逐渐失去其"纯真""童真""本真"。私有制的建立，对神话（可视为区别于早期人类神话的意识形态）的运用开始"别有用心"，神话虽葆有为了整个人类社会的发展稳定的整体性功能，但其实践与运用不再是为了人类的共同利益，阶级利益变成了神话的主要服务对象和目标。这种实践性的变化，也不仅仅是一种文明视域下人们的特殊行为，不同的文明或文化中的神话实践演变在人类生产能力增强后都有了共性的变化。在中国，汉朝文明可以说华夏文明屹立于世界之巅的一颗璀璨明珠，而贯穿于华夏文明的儒家思想也在那时有了与神的融合，君权神授的思想受到了统治者的推崇，从此"罢黜百家，独尊儒术"的时代开启。于此，一方面可以看到在古代社会生产力不发达的时代，人类对神话的信任和向往有多么深沉，另一方面也可以看出神话的实践性（东西方皆出现了君权神授思想）应用开始被统治阶级利用，是统治阶级进行统治的工具，这一点从欧洲 11 世纪至 13 世纪的王权与教权之争中便可以管中窥豹。欧洲的王权没有像中国一样与神进行足够的连接，还保留着纯粹神化色彩的宗教，在二者并存的情况下，教权甚至可以左右王位的继承。欧洲历史上关于这种冲突、对立也有实例，最后以王权的代表——亨利四世薄衣赤脚站在卡诺莎城堡三天三夜祈求宽恕而告终，以教权为代表的神话意识形态威力可见一斑。以上两种不同文明视域下神话在社会发展过程中的实践案例，将神话的"实践性成长"表现得淋漓尽致。

三、马克思有关人的身体与审美需要的重要思想

（一）基于身体及其身体性实践关系的美学思想

马克思《1844年经济学哲学手稿》，又称为《巴黎手稿》，是马克思美学思想及其开创的马克思主义美学思想的诞生地。《巴黎手稿》中存在着大量马克思关于人的存在和人的发展方面的思考和总结。马克思探究人类在构建自身的社会结构与人类历史时是如何去实现人的发展。马克思通过讨论人的身体作为人在自身生存与发展中所起的中介作用，分析以身体为基础的实践行为的内涵和实际作用，最后提出了人类用劳动创造了美、人的本质力量的对象化及美的规律等美学重要思想。马克思首先提出了人为什么能够创造美的问题，并以身体作为解决人的审美创造的物质基础与中介来进行相关讨论。人自身需要依靠和利用自然界提供的各种物质条件来满足生活生存之需，身体是连接人的思想意识与自然存在的唯一中介，是人类依靠自然生活的基础，是一切的基点。人类对美的理解与认知在现实实践中需要通过从物质传递到精神这一过程并在其中不断构建自身。从这种视角看，人与自然的关系是人运用自身身体进行实践与自然产生交际/交流/交换的身体性实践关系。除此之外，马克思比较分析了人与动物的身体实践在自然界中的关系。人类通过身体进行实践活动是一种具有意识性的活动，人类独有的意识性活动可以将自身的固有尺度通过身体应用到其他物种的固有尺度之中，由此攫取/建构/生产人类及人类社会生存和发展所需要的可用消耗品/消费品。人类通过身体性实践实现人的本质力量的对象化，从而满足人物质上和精神上的需求并获得一种愉悦感和满足感，人的审美及美的规律也是以这种身体性实践为基础进行构建的。这种实践基于人的身体实践性而完成，是人类在与自然的交互过程中运用身体将目标身体性对象化的活动，其最终目的是人的审美的实现及人的全面自由发展。马克思认为人类进行的劳动是属"人"的文化活动，在劳动中将人的本质力量复现在实践目标上。由此也表明，劳动创造了美，而这种创造是靠人的身体性活动去实现的。概言之，人的身体是人类沟通自然、沟通社会、沟通一切非人类自身的中介，更是人的审美构建的基础。

人类的欲望对象主要是不依赖人类存在的并被人类所需要的客体对象，是表现人类的"本质力量"及"本质力量对象化"的不可缺少的因素。马克思指出，要在人的本质力量对象化关系基础上去建立人自然感性的存在，必须通过身体实践关系来实现，以此满足人类的审美需要。这是马克思基于人的身体及实践与审美需要的人类学美学思想，其中的审美需要首先是人的身体的审美需要，不仅仅局限于狭义的美，还是一种欢愉、一种向上的精神感受，欲望、交流、幻想、理想等均可涉及。因此，马克思有关人的审美而构建的美学思想是一种基于人的身体实践的美学思想。

（二）基于历史辩证唯物主义的身体性实践的美学思想

基于人类的身体及身体性实践的对象化活动是人类自由解放的唯一途径，人的审美

情感与人类认为的美的一切，包括思维、认知及与其相对应的社会现实等都不是一成不变的具有抽象特征的事物，它们都需要通过身体实践性活动和对象化活动来实现，它们始终都处于从低级到高级的自我完善和革命之中。正因这样，人类的审美及审美活动才不会葆有某种完美的状态，也不会一直存在于"理式"或"理念"的神秘状态之中，感性形式与"理式"或"理念"的有效结合才是真正有价值的审美艺术。还有一种观点认为，自然界是人类赖以生长的基础，宗教幻象所创造的最高存在物只是人类本质的虚幻反映。[1] 这里面的宗教幻象代表宗教利益所推崇的意识形态，也是一种通过人的身体实践性和对象化的实践关系产生的审美幻象，它们最后成为宗教仪式与"艺术"并被用来约束人类，维护自身的统治。实际上，这种通过身体产生的审美幻象仅仅是人类本质的虚幻反映，即人本身的虚幻反映。马克思认为，人的本质力量将对象化表达实现的美才不是虚幻的，否则就仅仅是人的身体对于审美的幻象。但是这种幻象通过现实中宗教的意识形态的异化传播开来，从而成为人的自我异化的审美幻象。

在远古时代，人们对自然的认知并不完善，在这种客观条件下，人的思维和感觉被认为是可以分离的，而与肉身分离的这部分被赋予了灵魂的含义。实际上，人的思维与人的实际存在是具有同一性的，二者合为一体，是不可以被分开的。人的思维（精神层面）和感觉都是人的自身内在的不可分割的部分，人的思维本质上是人类的身体性实践的一种表达。马克思通过对思维的产生与社会存在的关系问题对此进行解释，即人类的存在需要通过身体来开展具体的实践活动，人的思维与精神层面的感觉都是人的身体的一种实践活动。古代人类将这种身体性实践活动看作永生不死的超自然力量和人类意识活动的本质，并且赋予一些客观存在（基本上是当时无法认知的对象和现象）以人类独有的身体特征和人格特征，通过想象力虚构出神，这些想象和虚构在远古时代对人类是有帮助的，推动了人类社会的发展，这种条件下产生的神本质上是基于身体性实践活动虚幻而生的审美幻象，它与人类共生，也随人类社会的发展而不断演变。但是，这种起初作用于人类的审美幻象在经过人类的社会发展后给人类带来的往往是悲剧性的结局，因为它代表着一种不能被改变的结局。在马克思的有关身体的论述中，人之所以可以存在的前提是人类可以通过身体进行劳动性实践。

古代的宗教实际上是一种审美幻象的存在表达，这种幻象基于人类自身对于"爱"的需求，这也成为宗教的一种基础。这种幻象基于人类自身的欲望，并且强行将人们彼此之间的种种矛盾对立融合进爱的范畴中，从而满足每个个体都可以拥有自身欢愉的欲望。这显然不符合现实境况，它是宗教美化的审美幻象，因此这种审美幻象具有虚幻性的特征。马克思认为，要解决这一问题，需要回归本质：人是真实存在的，需要从抽象的虚幻中转移到现实中来，而回到世俗的现实社会，需要将人的实践活动和自身的审美行为纳入真正的历史进程中去看待。从这个意义上说，马克思并不是要否定人的身体审

---

[1] 陈一军：《马克思〈人类学笔记〉的美学意义》，《马克思主义美学研究》2018年第1期。

美，艺术的创作和传世的美学作品也是在传递人类的审美幻象，但它们与宗教不同，它们不是为了达成某种"别有用心"的目标去扭曲现实，去虚构早已被他们规定好的审美。

在马克思关于人的身体审美幻象的理解中，身体审美幻象的价值何在？显而易见，是基于人类自身及其对物质生产与生活的需要。在马克思的唯物主义观念中，辩证唯物主义将人类自身的意识视为现实社会存在的一种真实反映，因此身体审美幻象可看作人自身对物质生产与生活需要的现实表征，这样才可以构建完整的意识形态体系。几乎所有的意识形态都渗透进人的身体与主观意识之中，形成人的身体审美幻象。即便人类生活的客观条件已经改变，人们也会在所处的新的物质与客观条件下产生新的意识形态，这也是人类创造新艺术的土壤，并将新意识形态与新的客观条件结合在一起。意识形态并不是独立发展的，它的价值在于满足人们对自身及物质生产与生活的需要。

第三节 马克思《人类学笔记》的重要美学价值

一、马克思《人类学笔记》的重要美学意义

（一）强化了马克思主义审美的意识形态本质

《人类学笔记》是马克思晚年转变研学方向的一部人类学著作，让马克思的思想理念体系更加完整。《人类学笔记》中虽然没有直接的关于美学的分析与论述，但其关于美学的思想表达是通过神话的那部分进行映射的。如之前所述，马克思的《人类学笔记》与美学问题实际上存在错综复杂的紧密关系，马克思在《人类学笔记》中体现的美学思想主要是通过神话这一文化窗口来体现的。马克思在《人类学笔记》中关于神话的认识和观点表达足够深刻和丰富，《人类学笔记》的美学意义也要从神话这个维度去进行分析。

马克思认为神话是古代人们日常生活中的一部分，并用神话的意识形态性对神话自身的奇幻和它所衍生的仪式进行了合理的解释。远古的神话及其衍生的意识本质上是一种具有实践性的意识形态，具体通过异化、疏远化的方式把握人类自身，从而减少现实中人们的分裂与对立，达到实现某种沟通交流的目的。"神话体现了远古人与周围世界特殊的思想和情感关系，然而这种表现为精神成果的现象实际来自于远古人的社会生活实践活动，实际是远古人的意识形态表现形式。"[①] 马克思还在《人类学笔记》中对法律、艺术等意识形态的不寻常想象进行分析，认为这些神话可以唤醒批判精神的意识形态，这种意识形态具有主体性，并且可以通过某种方式解放精神。基于马克思的这些论述，

---

① 陈一军：《马克思〈人类学笔记〉的美学意义》，《马克思主义美学研究》2018年第1期。

可以发现古代神话于现代社会而言仍具有持久性的审美魅力。神话是由古代人类创造的，由于当时的人类认知有限，确实会存在蒙昧，其原始性与落后性也不再适应现代社会的认知，马克思对于此的态度也足够客观，他反对美化古代神话世界的浪漫主义行为，认为原始社会的自由、平等、博爱的理想状态是虚构的，是一种契合现代资产阶级利益和意识形态的扭曲和编造。

古代神话可以看作人类最早的一种审美方式，它也是人类早期认识世界和能动性实践的方式，自然包含了人类的审美特性，表达了古代人类与自然、人与人之间的情感连接，虽然所表达的是远古时代下的实践活动，更是古代意识形态的体现，但在马克思之前，这种特性并没有被发觉。马克思在《人类学笔记》中将神话的神秘性和奇幻所带来的迷雾揭开，真实地揭露其内在的本质，将古代社会与现代社会的审美文化统一到一个可以理解、思考的维度，从而贯通了人类的美学思想，因为它们本质上都是实践的意识形态。

（二）强化了马克思主义美学思想的人本性质

马克思在《人类学笔记》中充分肯定人的能力，认可人的潜能，也强调人的能力的全面发挥和全面发展。马克思相信"理想的人"的模式存在①，这反映了马克思在人类学思想中的人本性质表达。人的问题自始至终都是马克思理论思考的中心问题，也是马克思思考美学问题的中心。这也在马克思晚年写作的《人类学笔记》的审美思想中凸显出来。马克思是在自然人类学的意义上定义人的，然而人同时又是历史的存在，全面发展的个人不是自然的产物，而是历史的产物。这也表明，马克思认为一个完整的人在自身的全部感觉中肯定自己，占有自身的全部本质，每个自然个体、社会条件下真实的人、历史活动的人三位一体，人类自身的审美活动需要以此为前提去认识和把握。人的审美是基于人类自身的审美，它是人类进行劳动实践的结果，本质上是"劳动创造了美"。人类活动自身有具体的目的与规律。目的不仅包括实用层面上的目的，还包括审美层面上的目的。也就是说，人类的实践活动不仅有自身的实际需要，还有审美的需要。而规律就是指在实践活动中需要符合实际的客观规律。将目的与规律进行结合，可以得出人类的实践活动本身就是按照美的规律去进行实践的。从这个角度去理解，人类自身的能力（审美感觉和审美能力）是在这种身体实践活动中通过对象化的活动进行和发展的。马克思在《人类学笔记》中着重凸显出了这种特性。

马克思主义美学是基于其自身哲学思想中实践特性的一种实践美学，其审美本身源于人类的自由自觉性行为，在这种视角下，美与审美之间的互动本质上是依靠人的自觉实践活动进行联系的。马克思主义实践美学根源于人类的自由自觉的活动。只有人的活动处于自由、自觉状态时，对象性实践活动才会成为审美条件，人才能与对象建立起审美关系。虽然劳动创造美，是美的起源，但"并不直接创造美和产生审美活动，美和审

---

① 王杰、海力波：《马克思的审美人类学思想》，《广西师范大学学报》2000 年第 4 期。

美只存在于以劳动为基础的对整个对象世界（包括人的生命活动本身）的直观把握之中，美是人从对象世界中所直观到的关于自身自由本质的确证和象征，而审美则是主体从对象世界的直观中所获得的关于自己自由本性的一种感性把握和体验"①。人的活动并不可以无条件地创造美，美与审美是以劳动为基础，存在于人类对对象的自觉自由的实践活动之中的。马克思的美学思想在《人类学笔记》中通过神话部分的表述透彻地表达出来，也从人类学的角度提供审美思想发展的土壤，并具有极为强大的生命力。《人类学笔记》是马克思关于美学思想的隐形表达的内在映射，马克思的美学"从人类学的最深厚土壤中获得了最强大的生命力"②，《人类学笔记》在马克思美学思想中占有重要的地位。

二、马克思《人类学笔记》对中国审美人类学建设的启示意义

马克思《人类学笔记》蕴含着非常丰富的人类学和美学思想，这对于尚处于发展初期的中国审美人类学研究而言，具有重要的启示意义和现实价值，可以有力地促进中国审美人类学向纵深发展，乃至促进中国美学的进一步发展，助推中国特色审美人类学学科建设。毫无疑问，马克思《人类学笔记》为中国美学（包括审美人类学）的发展和研究提供了许多富有启发性的重要命题。有的学者指出："它有力颠覆了欧洲中心主义的现代美学体系，促使中国美学研究和自己的民族、土地、历史、社会文化等紧密结合起来，空前拓展了中国美学的研究空间，促使中国美学研究向纵深发展。由此足以见出马克思《人类学笔记》在中国当代美学建构中的重要地位。"③ 与此相同的是，马克思《人类学笔记》亦为中国的审美人类学建设带来了一些新的视角和富有启发性的命题。

第一个启发性命题是艺术与现代意识形态的关系问题。通过对马克思《人类学笔记》梳理和研究，可以清晰地发现马克思关于神话的意识形态特征的论述，指出了氏族社会中神话艺术的意识形态与现代资本主义社会所催生的意识形态体系的真正关系。这些问题是许多思想家与现代美学家共同关注的问题。中国的审美人类学建构、发展和研究，必须注意到艺术的意识形态问题，艺术本质上也是基于自身社会特征的一种意识形态表达。

第二个启发性命题是审美人类学的地方化、区域化及不同文明下的民族化问题。马克思的《人类学笔记》是基于多位学者的著作而进行的摘录性笔记的编撰汇总，这些被其研读的著作涉及的地域驳杂，其中包含了对俄国、锡南、印度、美洲、澳洲等世界范围内较为分散的不同区域的同种族或不同种族的古老文明及意识形态的相关阐述和对应的评论。基于这些文明的意识形态内容迥异于以欧洲文化为主的意识形态，自然拓展了

---

① 赖大仁：《马克思人类学美学思想略论》，《青海社会科学》1992年第1期。
② 赖大仁：《马克思人类学美学思想略论》，《青海社会科学》1992年第1期。
③ 陈一军：《马克思〈人类学笔记〉的美学意义》，《马克思主义美学研究》2018年第1期。

马克思自身的视野,也提供了更多的思维方式和具体方法。受其影响,马克思《人类学笔记》中关于神话的阐述才得以丰满,在条分缕析中将复杂的文化形式清晰地表现出来。对马克思而言,他并不需要也不会认可那些通过臆想得出的、单纯思辨的论证证据,只有真正经过实践检验、历史检验的真实论证才是其探寻人类社会发展问题的有效力证。这也启发中国的美学研究亦须向民族化、地方化的方向延展,进一步拓宽中国美学及其研究的疆域,借鉴马克思关于错综复杂文化形式的深刻论述,为我们在相应建设上提供更加科学和可行的思路。

第三个启发性命题是重视非西方社会的、少数民族的、非主流的多元化审美文化和审美想象问题。正如马克思《人类学笔记》中预示同时蕴含着驳斥与瓦解欧洲中心主义的有效元素那样,审美人类学研究必须观照非西方社会的、远离中心的、边缘性的、长期被遮蔽或被忽略甚至被忽视的民族审美文化和审美现象。人类学的一个重要特征,即要保证审美和文化的多元与多样性,二者要共生共存,这是人类学及其研究的精神实质。这也是一个合格的人类学家和研究者必须具备的格局与眼界。马克思在创作《人类学笔记》这一著作时就完美地做到了这点,他完全尊重其他文明的意识形态表达,也认同世界不同文明体系之下文化的多元和多样性。这部熬尽马克思晚年心血的人类学著作本身就是一种对世界文明多元与多样性的直接感悟和高度认可。马克思在《人类学笔记》中有关神话方面的理解及其对人类古时原始的、落后的审美艺术的具体批判恰恰体现出其对于审美实践的表达——人类学与美学研究应该客观、公正公平地看待世界各文明体系的丰富多样性、民族审美和文化的多元性。

第四个启发性命题是为当代中国审美人类学的建设和发展提供指引,启发和助推中国特色审美人类学学科发展。当代中国社会从改革开放初始阶段进入深化改革的关键阶段,整个社会层面发生了深刻变革。对美学研究和文化研究而言,应该用现代人类学的理念和方法阐释当代中国民族文化的审美经验,将这种审美经验的深度解读提升到现代人文社会科学的水平和高度,为当代美学研究中出现的危机寻找出路,并探讨美学与人类学之间的关系等问题。从传统上看,美学本身早就有着人类学表述的传统,这为美学的人类学转向做了知识结构的准备,而人类学的学科开放性则为美学的人类学转向提供了足够的空间。马克思的《人类学笔记》是人类学与美学有效结合的典范,其中的许多观点、理论、范式和方法都具有启发并助力中国审美人类学建设的重要意义。

审美人类学是美学和人类学跨学科整合而成的一门新型复合交叉学科,是现代美学和人类学学科的跨学科融合的结晶。审美人类学在中国有一个不断生成和发展的历史过程,新中国成立之前就有一些学者进行了早期的审美人类学的研究,也译介了不少西方学界相关的人类学研究及美学研究论著,但普遍缺乏较为明确的跨学科建构新学科的意识。[①] 20 世纪 90 年代之后,大量西方人类学著作被国内学者译介引进,引起了许多学者

---

① 郭浩:《马克思〈人类学笔记〉》研究综述》,《邢台学院学报》2014 年第 1 期。

的关注，许多学者开始参与到审美人类学的研究中来，中国的人类学学科建设开始逐步完善。美学研究借助于人类学研究的一些方法，产生了许多不同于传统美学研究的方法和成果，美学研究出现了更多的可能性。正是在此语境中，审美人类学作为一种明确的跨学科理论建设，其清醒自觉的学科意识开始凸显。经过30年左右的发展，中国的审美人类学学科建设成效显著，取得了丰硕的研究成果，以广西师范大学中文系为主导的审美人类学研究群体就是其中的代表。①

广西师范大学王杰等注意到了马克思主义审美的相关思想，其中《人类学笔记》中的人类学和美学思想的借鉴意义不容忽视，马克思主义人类学美学成为重要理论问题。事实上，自20世纪90年代以来，陆贵山、邵建、郑元者等在相继探讨审美人类学的相关问题时就注意到了与马克思主义的有效结合，提出建构"人类学美学或美学人类学"的主张。其后，王杰、张利群等始终关注审美人类学与马克思主义美学的结合，注重挖掘审美人类学与意识形态、权力的复杂关系，明确提出了审美制度、审美幻象、仪式理论等方面的审美人类学具体理论建构的问题。

发展至今，中国审美人类学学科建设呈现出一个鲜明特点——与马克思主义相结合。一方面，这是由审美人类学学科自身特点决定的。审美人类学是人类学与美学的有机结合，这便要求在进行审美人类学研究时必须依据人类学的有效实证作为根基，马克思在《人类学笔记》关于神话和氏族社会的认识和研究中为这种态度和方法树立了典范。在这一过程中，需要借鉴各种文化中与人类学相关的有用经验，这包含不同文明体系之下有差异的地方性审美经验。将日常生活融入艺术，将技术构建在真实的社会存在之中。除此之外，审美视野不应该被自身的观念所束缚，需要通过不同的文化视野去发现、去比较、去归纳，然后从更加宏观的格局去对其进行解释。从这方面看，审美人类学在某种程度来说是一种族性美学、文化美学、民族美学、跨文化美学等。可以说，中国的美学构建虽然与西方有着千丝万缕的关联，但并没有拘泥于西方美学的范式，它符合中国的文明体系，是中国自身的审美文化形成的美学研究实践路径，推动中国美学研究向更深层次迈进。它也是美学研究新的对象的选择，是新的美学形态的构建。② 因此，恰恰只有在与西方传统人类学和美学相区分的边界处，审美人类学才有可能提出自己的问题，并借此探索其发展的可能性，审美人类学也因此彰显出自己的价值和意义。这种审美人类学建设的思想与思路与马克思在《人类学笔记》中传达的思想高度一致。另一方面，在中国共产党的领导下，中国取得了新民主主义革命的胜利并建立了社会主义新中国，确立了马克思主义在意识形态领域的地位。包括美学在内的社会科学和人文社会科学诸学科的建设和发展都必然受到马克思主义思想的引领和指导，并逐渐建构和形成具有中

---

① 冯宪光、傅其林：《审美人类学的形成及其在中国的现状与出路》，《广西民族学院学报》2004年第5期。

② 冯宪光、傅其林：《审美人类学的形成及其在中国的现状与出路》，《广西民族学院学报》2004年第5期。

国特色的学术体系、学科体系和话语体系。

考察中国审美人类学建设与发展的历史进程，不难发现它其实就是在对马克思主义美学思想和人类学思想的微妙连接中进行探索并真正发展起来的。基于此，《人类学笔记》这一马克思晚年转向人类学研学方向的著作理应是我们需要关注的焦点。中国审美人类学学科的建设与马克思主义关系紧密，也与马克思晚年的人类学研学转向关系密切。审美人类学学科建设对中国美学发展意义重大，它有力颠覆了欧洲中心主义的现代美学体系，促使中国美学研究同自己的民族、土地、历史、社会文化等紧密结合起来。① 由此可见，马克思的《人类学笔记》在中国当下的美学建设中具有极其重要的地位。中国的审美人类学在对西方传统美学和人类学的批判和反思中，开始发掘自身的问题意识并尝试解决这些问题，如何为美学所面临的种种困境寻找出路必然成为当代美学研究中一个迫切需要解决的重要课题。

---

① 王杰：《古代神话与现代美学——学习马克思〈人类学笔记〉中的美学论述》，《广西大学学报》1990 年第 1 期。

第五章 审美人类学跨学科研究方法

第一节 文艺学美学研究方法

文学研究的学科体系，相对于其研究对象文学而论，存在着明显差异性："我们必须首先区别文学和文学研究。这是截然不同的两种事情：文学是创造性的，是一种艺术；而文学研究，如果称为科学不太确切的话，也应该说是一门知识或学问。"[①] 文学学科体系从作为学科门类的"文学"而言，主要划分为中国文学与外国文学两大类；从作为一级学科的"中国语言文学"而言，主要划分为中国古代文学、中国现当代文学、文艺学、中国古典文献学、汉语言文字学、语言学与应用语言学、比较文学与世界文学、中国少数民族语言文学8个二级学科，再加上隶属社会学的民俗学中包含的民间文学，隶属于哲学的美学，构成文学研究的学科体系及结构与类型，这一学科体系及其形态相对稳定。但近年来由于受现代科技进步和媒介变革的推动，文学发展出现新变化，文化研究视域得到拓展，一些文学新形态及大文学、亚文学、广义文学对象或现象也进入文学研究视域，诸如影视文学、网络文学、手机文学、广告文学、新闻文学、广播文学、新媒介文学等，呈现跨学科交叉、交融、兼容、综合及新兴学科、边缘学科产生的新文学及新文艺现象。文学研究与其他学科研究结合，或渗透于其他学科研究中，包括艺术类的影视文学、戏剧文学、曲艺文学、广告文学、广播文学研究等，以及传播学、出版学、新闻学、民族学、民俗学等学科研究。文学研究与其他学科研究的结合，构成文学研究方向和分支，如文学社会学、文学文化学、文学人类学、文学宗教学、文学伦理学、文学心理学、文学教育学等，因此，文学研究体系包括文学学科体系及跨学科文学综合研究体系。

文艺学是文学研究学科体系中的理论学科、基础学科和核心学科，其研究对象是文

---

① [美]雷·韦勒克、奥·沃伦：《文学理论》，刘象愚等译，生活·读书·新知三联书店1984年版，第1页。

学理论、文学史与文学批评。美国学者韦勒克、沃伦在《文学理论》中指出:"在文学'本体'的研究范围内,对文学理论、文学批评和文学史三者加以区别,显然是最重要的。"① 文艺学体系包括文学理论、文学史、文学批评三足鼎立又三位一体的理论构成;文学理论体系包括马克思主义文论、西方文论、中国古代文论、文学批评学、比较诗学、文化诗学、文艺美学等理论构成与学科构成。文艺学的文学理论性质决定其文学史与文学批评研究实质上是文学史理论、文学批评理论研究。文艺学必须提供文学研究的理论体系、知识结构、学术谱系与研究方法论,其文学理论从性质上说属于文学哲学研究,带有形而上的抽象思辨特征及文学本体论研究意义。但任何理论总是来源于实践又经过实践检验,并用于指导实践,文学理论概莫能外。文学理论也具有实践性品格与经验性品质。文学具有人学的人文价值与审美价值及人文学科的性质和特征,文学研究具有区别于哲学、社会科学研究的特点。

文学研究从文学活动实践角度而论,是相对于文学创作、欣赏活动的批评活动,是立足于文学实践及在文学理论基础上与指导下的文学评价活动。这种文学批评行为与评价活动几乎与文学同步发生。中国古代典籍文献《尚书》所论"诗言志",被朱自清称为中国古代文论的"开山纲领";儒家思想的"礼乐""和谐"观与道家思想的"自然""无为"观奠定中国古代文论基石;曹丕《典论·论文》、陆机《文赋》、刘勰《文心雕龙》、钟嵘《诗品》开启"文的自觉"及文论批评自觉时代,形成历代诗品词品、诗话词话、诗文评、小说评点等理论批评形态与中国古代文论批评传统。进入现代社会以来,文学研究进入现代教育体制与学科体制中,形成文学学科及其学科体系。无论是文学理论研究还是实践应用研究,无论是其学科研究还是学术研究,不仅有人文科学研究的特殊性,还有学科研究及科学共同体、学术共同体的普遍性,文学研究及文学评价都遵循研究规律与评价规则。因此,作为文学理论指导下的文学评价,文学研究是人文性与科学性的统一,文学研究必须夯实文学理论与方法论基础,使之具有基础性、指导性、应用性的作用和意义。

进入 21 世纪,高校文学研究基本格局发生重大变化,学术研究方向有所转移:一是高校在人才培养、科学研究、文化传承与创新、服务社会方面的职能强化,同时高校产、学、研、用一体化发展思路更为明晰,高校与社会联系更为紧密,推动文学研究转型与转向;二是在国家战略与发展格局中地域、区域发展战略的地位和重要性彰显,高校学科建设及其学术研究为国家及地方发展战略服务的应用研究、对策研究、现实问题研究意识强化,高校资源及研究成果转化为社会成效的途径开通,创造了良好环境与有利条件;三是文学研究在文化研究思潮推动下转型与转向,一方面拓展和深化了文学研究的视域和空间,另一方面也为地域文化及文艺研究开辟通道,更利于高校跨学科整合资源、

---

① [美]雷·韦勒克、奥·沃伦:《文学理论》,刘象愚等译,生活·读书·新知三联书店 1984 年版,第 31 页。

调整结构、优化队伍、聚集人才,形成文化研究与文艺研究结合的平台,也更有利于高校与地方结合,在更大范围内构建协同创新平台。

一、文学研究的理论基础及文艺学美学方法

文学研究不外乎由文学理论研究与文学实践(主要为作家作品)研究构成。一方面,文学研究必须依托于文学实践及其规律和特点,具有鲜明的现实性、应用性、实践性品格;另一方面,文学研究必须依托于文学理论及其批评评价标准设定研究立场、观点、价值取向和目标,又具有理论性、指导性、学术性品格。因此,无论是文学理论研究还是文学实践(批评)研究都必须是理论与实践的统一,都必须呈现理论性与实践性统一的学术品格。就此而论,夯实文学理论基础对于文学的理论研究或实践研究都是十分重要和必要的。文学理论基础说到底就是文学的本体论哲学基础。古代文学理论基础主要建立在哲学认识论、反映论基石上,表征为文学认识、反映现实社会生活的"模仿说""再现说""镜子说"等学说理论。在近现代以来的现代主义文学思潮发展推动下形成文学理论的心理学、符号学、语言学转向的"表现说""无意识""形式说"等学说理论。在当代多元化文化思潮推动下形成文学理论"审美意识形态""艺术生产""文学生态""接受美学""文化唯物论"等学说理论,在哲学认识论、价值论、实践论基础上建立现代心理学、语言学、文化学、人类学、社会学、美学等学科综合理论。文学实践及文学思潮与文学理论形态无论是历时性发展还是共时性构成,都呈现出古典主义、浪漫主义、现实主义、现代主义、后现代主义文学,以及社会历史批评、意识形态批评、精神分析批评、神话原型批评、符号学与语言学批评、形式主义批评、女性主义批评、新历史主义批评、后殖民主义批评、文化批评、生态美学、文学人类学、艺术人类学、文学地理学等多元共生、多元融合、多样统一的发展格局。

如何面对文学理论转型和发展,如何整合与优化丰富多彩而又多元化的文学理论资源,如何构建和创新文学理论基础与体系,美国学者艾布拉姆斯在解释其著作《镜与灯:浪漫主义文论及批评传统》时指出:"本书的题名相当于通常对人的头脑所作的两种相反的比喻,一个把人的头脑比作外在客体的反映器,一个比作光芒闪耀的探照灯,能使其所察见的客体清晰可见。第一个比喻具有从柏拉图直到十八世纪的许多思想的特征;第二个比喻代表当前盛行的浪漫派关于诗的见解。"[①] 在艾布拉姆斯看来,文学研究实现了从"镜"向"灯"的转向,他在其著作中提出"文学四要素"论:以"世界"要素相应建立"模拟说"理论,以"读者"要素相应建立"实用说"理论,以"作者"要素相应建立"表达说"理论,以"作品"要素相应建立"客体说"理论。以文学四要素及其理论观念构成文学研究的四个角度,形成社会历史批评方法、作者批评方法、作品

---

① [美]艾布拉姆斯:《批评理论的方向》,高逾译,载戴维·洛奇:《二十世纪文学评论》上册,上海译文出版社1987年版,第1页。

批评方法与读者批评方法，再以之为基础形成形形色色的文学研究方法及其批评模式。

中国文学理论体系构建应该继承和吸收古今中外文学及其文论批评资源，应既具有普遍性又具有特殊性，应既传承弘扬中国古代文论批评传统又符合中国文学发展实际，形成具有中国特色和优势的文学理论体系与话语体系。中国文学理论体系架构在古代文论家刘勰《文心雕龙》中初见端倪。其《序志》所展开的该书的结构构成，就是文学理论体系框架："盖文心之作也，本乎道，师乎圣，体乎经，酌乎纬，变乎骚。文之枢纽，亦云极矣。若乃论文叙笔，则囿别区分，原始以表末，释名以章义，选文以定篇，敷理以举统，上篇以上，纲领明矣。至于剖情析采，笼圈条贯：摛神性，图风势，苞会通，阅声字；崇替于时序，褒贬于才略，怊怅于知音，耿介于程器；长怀序志，以驭群篇。下篇以下，毛目显矣。位理定名，彰乎大易之数……"① 这一论述，基本构建了文心雕龙理论体系大厦与知识系统，其影响至今绵绵不绝。

尽管中国的文学研究在百年现代化进程中更多的是借鉴、吸收西方文学理论，但也继承和弘扬中国古代文论传统精神，以构建中国现代文论体系，推动文学理论创新发展。比较具有代表性的是童庆炳主编的《文学理论教程》，这一著作获得学界普遍认同，其主要原因是在打通古今中外文学理论及融合现代多元化文论资源基础上构建具有中国特色的文学理论体系。全书分为五编：导论、文学活动、文学创造、文学作品、文学消费与接受，基本框架也是依据"文学四要素"构筑的本体论、作者论、作品论、读者论框架。显而易见，这一框架融合古今中外文论资源及现代文论各种思潮流派观念，但坚持马克思主义基本思想观念以确立文学理论的核心价值取向。童庆炳在"修订二版后记"中指出："我们在修订时把马克思主义文学理论的基石概括为'五论'：文学活动论、文学反映论、艺术生产论、文学审美意识形态论和艺术交往论。教材对文学问题的解释以这'五论'为指导。"② 这有效保证了理论体系与知识结构的完整性、系统性和逻辑性。

二、文学研究方法的层次及其构成系统

中国古代文论批评十分注重研究方法及其方法论。道家庄子在庖丁解牛寓言中指出"臣之所好者，道也，进乎技矣"的道理及其道、法、技之间的辩证关系。刘勰《文心雕龙》的《序志》篇提出"原始以表末，释名以章义，选文以定篇，敷理以举统"四种研究方式，其"总论"五篇《原道》《宗经》《征圣》《正纬》《辨骚》中的动词"原""宗""征""正""辨"正是五种研究方法的体现。《总术》专门讨论方法问题，提出"执术驭篇"思路与"文场笔苑，有术有门。务先大体，鉴必穷源。乘一总万，举要治繁。思无定契，理有恒存"③ 观念，形成中国文学方法论研究基础和传统。新时期以来，

---

① 刘勰：《文心雕龙注》，范文澜注，人民出版社2006年版，第727页。
② 刘勰：《文心雕龙注》，范文澜注，人民出版社2006年版，第656—657页。
③ 童庆炳等：《文学理论教程》，高等教育出版社2004年版，第385页。

文论界也十分重视方法论研究，著述颇多，成果丰硕，主要有胡经之、王岳川主编的《文艺学美学方法论》，傅修延、夏汉宁《文学批评方法论基础》，江西省文联文艺理论研究室编《文学研究新方法论》，江西省文联文艺理论研究室、江西省外国文学学会、江西师范大学中文系编《外国现代文艺批评方法论》，林骧华等主编《文艺新学科新方法手册》，刘明今《中国古代文学理论体系：方法论》，陆海明《中国文学批评方法探源》，潘树广等《古代文学研究导论——理论与方法的思考》，冯毓云《文艺学与方法论》，等等，构成方法论研究的基本态势和理论总结。

文学理论与文学实践结合的重要突破口与契合点就是文学批评。文学理论归根结底由本体论表征为方法论，方法论既是文学理论的重要构成部分，又是理论表征和应用的重要方式，以指导文学创作、欣赏、批评与研究方法。方法论既是对文学方法及其研究方法的经验总结、理论升华和理论研究，又是方法理论及方法理论模式的建构结果，方法论实质上也是一种理论模式或理论形态。方法论作为方法体系及方法理论系统，既影响文学研究思维、观念、立场、价值取向，又决定其行为、活动、运动方式，具有目的性与工具性的双重意义。因此，方法论体系由此展开哲学方法论、科学方法论、学科方法论、技术方法论等不同层次及其结构系统。

其一，文学研究的哲学方法论层次。就其基础理论研究而论，是对文学及文学研究本体论的理论研究；就其应用理论研究而论，是对方法论的哲学方法研究。哲学是关于世界观与方法论的研究，是自然科学、社会科学、人文科学研究的基础，具有宏观指导意义与终极价值意义。哲学方法具有方法论的普遍性、普适性、整体性、基础性意义，哲学方法论对于文学研究方法具有指导性和基础性作用，具体来说，文学研究方法论的哲学基础及其理论构成在于以下几方面。

首先，马克思主义哲学及其哲学基础与方法论。马克思主义不仅是世界观，也是方法论，其历史唯物主义与辩证唯物主义集中体现为世界观与方法论，具体展现为历史与逻辑方法、历时性与共时性方法、对立统一与量变质变的辩证法、形而上思辨逻辑与因果逻辑方法等。针对文学本体论问题及其哲学基础，马克思主义坚持文学与社会紧密结合的现实主义观念，将文学本体论问题放在生产方式的生产力与生产关系、社会构成的经济基础与上层建筑及意识形态关系中定位。恩格斯指出："人们首先必须吃、喝、住、穿，然后才能从事政治、科学、艺术、宗教等等；所以，直接的物质的生活资料的生产，因而一个民族或一个时代的一定的经济发展阶段，便构成了基础，人们的国家制度、法的观点、艺术以至宗教观念，就是从这个基础上发展起来的，因而，也必须由这个基础来解释，而不是象过去那样做得相反。"[①] 恩格斯《致斐·拉萨尔》指出："我是从美学

---

① 恩格斯：《在马克思墓前的讲话》，《马克思恩格斯选集》第三卷，人民出版社1972年版，第574页。

观点和历史观点，以非常高的、即最高的标准来衡量您的作品的……"① 这既是马克思主义文学批评观点，也是马克思主义的批评标准与批评方法，其世界观与方法论高度统一。

其次，思维方式论。人类思维方式一般根据思维对象分为形象思维与抽象思维，文学艺术主要为形象思维，科学逻辑主要为抽象思维。文学研究属于人文科学，其具有的人文性与科学性使形象思维与抽象思维完美结合。人类思维方式从历史发展脉络看，似乎是从表象思维、原始思维到形象思维、直观思维，再到逻辑思维、抽象思维的进化过程，再由此断定是由低到高、由浅入深、由表及里的发展过程，再以此断定思维似有先进与落后之分，从人类进化论与历史发展逻辑角度而论不无道理。但问题在于，人类思维是一个发生和生成过程，其发生学原理和建构主义理论说明任何思维方式都可追根溯源，直到殊途同归。同时，无论哪一种思维方式，其实都包含其他思维方式因子，两者与多者互相联系，呈现互渗、交叉、交融现象，既有差异性又有普遍性，其含义界定带有相对性和模糊性。从共时性构成看，各种思维方式其实都可以共存一体，共同表现在群体与个体思维中，体现人类思维方式的集合性与集成性。就文学研究思维方式而论，需要形象思维与抽象思维结合，感性与理性结合，感受与认知结合，融表象、形象、意象与直觉、感觉、知觉于一体，形成文学研究思维方式的整体性和系统性。

再次，逻辑方法论。思维与逻辑紧密相关，抽象思维被称为逻辑思维，但并非抽象思维才有逻辑性，形象思维也有其自身逻辑，如形象逻辑、情感逻辑、心理逻辑、叙述逻辑、语言逻辑、审美逻辑等。其实任何思维都有其自身逻辑性，包括表象思维、原始思维、诗性思维、灵感思维、神话思维等，关键在于其逻辑的简单性或复杂性、类型性与侧重性的程度与差异。逻辑不仅是人类思维的产物，而且也是客观世界、客观对象构成系统与发展规律的结果，其自然逻辑、生态逻辑、事理逻辑、因循逻辑、因果逻辑等构成对象自身的逻辑性。逻辑方法本体论所追求的最根本意义是人的主体合目的性与客观世界的客体合规律性的统一。因此，逻辑方法是在遵循客观规律及其对象内在逻辑性基础上的人类思维逻辑方法，具体表现为归纳、演绎、推理、判断、综合、分类等方法。文学研究的逻辑方法论具有普遍性与特殊性，应该在遵循逻辑方法的普遍性基础上充分注重其特殊性。这是因为文学研究对象特殊性所构成的逻辑主要表现为形象逻辑、情感逻辑、心理逻辑、叙述逻辑、语言逻辑、审美逻辑等，带有作家创作的主体性、主观能动性和创造性色彩，以及文学价值的多样性与文学接受的见仁见智特点。因此，文学研究作为价值评价行为，其价值逻辑与评价逻辑在遵循科学客观、实事求是、公平合理的逻辑性基础上还会带有审美价值与评价的主观性、主体性和创造性，从而表现出评价逻辑的特殊性。

其二，文学研究的科学方法论层次。一方面，文学研究必须遵循科学研究、学术研

---

① 恩格斯：《致斐·拉萨尔》，《马克思恩格斯选集》第四卷，人民出版社1972年版，第347页。

究规律，以及科学共同体、学术共同体规则，强调科学客观、实事求是、公平合理的研究原则和评价标准；另一方面，文学研究属于人文科学，与哲学、自然科学、社会科学有所不同，其研究方法具有人文科学的特殊性。人文科学既然作为科学，那么文学研究就必须夯实科学方法论基础，为其研究拓展空间和途径。事实上，文艺与科学、文艺研究与科学研究天然存在关联性，从而引发人们的思考和探索。古希腊毕达哥拉斯学派将美学与数学相联系，西方古典美学呈现经验主义与理性主义两种倾向，西方现代美学也出现科学主义与人文主义两股思潮。尤其是20世纪以来，文学研究在人文科学中与其他学科结合，人文科学与社会科学结合，人文社会科学与自然科学结合，形成文理交叉的科学研究趋向。

中国文学（研究）界在1985年前后形成"方法论热"，出现引入数学、电子学、物理学、光学、信息学、传播学、统计学、价值论、计算机技术等理论与方法进行文学研究的热潮，构成文学系统论、控制论、信息论、模糊数学、耗散结构、熵定律等科学方法论研究及应用于文学研究的理论方法模式。如林兴宅运用系统论对鲁迅性格结构构成系统的研究，黄海澄运用控制论对美学原理及审美活动过程的研究，鲁枢元运用心理学的格式塔方法对作家创作心理的研究，还有季红真、傅修延、孙绍振、杨匡汉、孙津、林岗、丁宁等，甚至著名科学家钱学森等也积极参与方法论讨论和研究，形成文学界与科学界的互动发展态势。方法论研究及其应用扩展了文学研究的视域和空间，文学方法论研究及其应用取得了众多成果，但也存在一些问题，如方法论热主要表现为文学界热、理论强势而应用弱势、科学理论与技术方法不够专业、科学方法应用不太娴熟、生搬硬套痕迹较为明显、热潮过后后劲不足等问题。尽管如此，方法论研究毕竟打通了文学研究的人文科学与社会科学、自然科学在科学方法论上的通道，为交叉学科、新兴学科、边缘学科、综合学科及跨学科研究铺平道路，更为文学研究提供新的领域和新的天地。林兴宅指出："近年来，文艺科学方法论变革的重要性越来越引起人们重视。这是令人鼓舞的时代气氛。这种变革，我认为包含三个层次：第一个层次是借鉴现代西方各种批评流派的具体方法来改变文艺批评方法的单一化。……第二个层次是引进自然科学的概念、知识和方法，打破文艺研究、文艺批评自身的封闭性。……第三个层次是运用系统科学方法论，在文艺科学思维方式上实现一个根本的革命。"[①] 因此，方法论思潮在新时期文学研究中具有重要地位和作用，文学研究的科学方法论意义及其影响深远而持久。

其三，文学研究的学科方法论层次。文学研究作为文学学科研究，必然首先确立学科理论及学科方法论。文学学科是包括文艺学与古今中外文学学科及民族文学、民间文学、区域文学等学科在内的所有文学及其研究学科。尽管文学研究针对不同的文学对象形态和类型，还会有不同的学科研究方法，但都具有文学研究方法论的普遍性与共同性。

[①] 江西省文联文艺理论研究室：《文学研究新方法论》，江西人民出版社1985年版，"《文学研究新方法论》序"，第1—2页。

传统文学研究方法依据古典主义、浪漫主义、现实主义文学形态类型及理论系统大体分为内部研究与外部研究两大类，着眼于外部研究的主要表现为社会历史研究方法，着眼于内部研究的主要表现为审美形式研究方法。韦勒克、沃伦《文学理论》体系框架就是将文学研究划分为外部研究和内部研究。外部研究包括文学和传记、文学和心理学、文学和社会、文学和思想、文学和其他艺术等；内部研究包括文学作品的存在方式、谐音、节奏和格律、文体和文体学、意象、隐喻、象征、神话、叙述性小说的性质和模式、文学的类型、文学的评价、文学史等，探讨文学规律的自律性与他律性及统一性。20世纪以来，在现代主义与后现代主义文学思潮及科学主义思潮与人文主义思潮影响下，呈现出文学与心理学、社会学、文化学、人类学、生态学、传播学、语言学、政治学等学科结合的跨学科视角与多学科视角研究方向，出现意识形态、精神分析、形式主义、符号学、语言学、存在主义、结构主义、原型批评、女性主义、新马克思主义、新历史主义、后殖民主义、解构主义、文化研究等形形色色的批评思潮与流派及多元化文学研究方法。各种理论方法互渗、互动、互补的交流、交融、交叉发展特征，既为文学研究提供更为广阔的视域与多维立体视角，又体现文学研究跨学科综合研究的发展趋向。

其四，文学研究的具体方法技术层次。相对于方法论哲学层次的形而上思辨方法而言，具体方法技术层次就是形而下的可操作性方法，具有应用性、工具性、技术性特征。文学研究的具体方法在研究对象形态类型上表现为：与古典主义文学相对应的考据、注疏、校勘等文献研究方法与阐释方法，与现实主义文学相对应的溯源、复原、再现、典型等社会历史批评方法，与浪漫主义文学相对应的对作者、表现、意象、动机、情感、心理等研究方法，与现代主义文学相对应的对形式、结构、语言、隐喻、变形、象征等研究方法。针对研究对象的文体类型不同表现为：诗歌等抒情性文学的表现、象征、情感、意象、语言、符号等研究方法，小说戏剧等叙事性文学的叙述、故事、人物、环境、结构等研究方法。针对文学构成四要素研究视角构成四维研究方法：社会历史研究方法、作者心理研究方法、作品形式研究方法、读者反应研究方法，加上针对后来被称为"文学第五要素"的媒介的研究方法。针对文学语言研究方法，除语言学、文字学、阐释学、结构主义、符号学及文学话语理论、语境理论、"陌生化"理论与方法论之外，文学修辞学方法对文学研究方法技术而言也甚为重要，如比喻、暗喻、隐喻、夸张、借代、复义、比兴、隐秀、设问、反问、对比、排比等，这不仅是文学语言修辞学方法，而且也是文学研究对象视角构成的研究方法及批评语言的修辞学方法。总之，文学研究应该具体问题具体分析，采用适合于具体分析的具体方法并对方法进行具体灵活运用。同时，文学研究方法应该尽可能利用现代科学技术手段和现代工具设备，采用多媒体技术、网络技术、数字技术、电子媒介技术等技术手段拓宽方法技术途径，提高研究效果，呈现文学研究方法与科学技术跨学科方法结合的发展趋向。

三、古代文论的现代转换及方法论意义

如果将古代文论的现代转换仅仅视为一个话题或命题，仅仅视为一场学术讨论和论争，仅仅视为一种现象和事件，那么转换的意义就会大大减弱，也不可能达到转换的效果。因此应将转换作为古代文论研究范式的整体转换来看待，库恩的"范式革命"在学术的意义上可以说是根本性的转换，是一种"革命"性的改革和创新。作为"范式革命"来对待的转换就不是一朝一夕之事了，而是成年累月的积累之功力。实现古代文论的现代转换必须有战略眼光、战略规划、战略部署，这需要冷静持久地潜心钻研，才能有根本性和跨越性的突破。实施古代文论的现代转换战略必须有全盘整体的考量和规划，基于此，可提出"一个方向、两个原则、三个转化、四个突破口"的实施方案和行动措施。

其一，确立中国文论现代发展的一个方向。从一方面来说，转换的讨论和争论虽众说纷纭，但也殊途同归，都是不满于现状而谋求创新发展，故而大方向是一致的。从另一方面来说，长期争执不休，也说明对发展方向的认识并不统一，或者说方向不明确。从"以古论古"与"以今论古"、"六经注我"与"我注六经"的长期反复争论中可以看到，这并不仅仅是方法之争，而是方向之争。即使是力倡转换者，也存在着向什么方向转换、转换目的究竟是什么的矛盾性和复杂性，因而确立一个共同的方向，聚焦在这一共同点上来讨论，许多问题也就可迎刃而解。古代文论研究并不仅仅为了古代文论学科发展而研究，还是为了中国文论建设和现代化发展而研究。这并非讲大道理，而是由此牵涉研究的需要、动机、意图、思路、路途、效果和目的的基本问题。长期以来，囿于学科和学科研究对象范围，往往以学科对象的古代文论替代了研究方向，从而陷入就事论事、就古代文论讨论古代文论"纯学术"的独立封闭圈子。这不利于对古代文论本身是与文学、哲学、历史等交织杂合的形态的丰富性、多样性和复杂性的认识，更不利于对古代文论与现代文论、当代文论的紧密关系及中国文论的优秀传统和中国特色的认识。故而确立中国文论建设的方向，既有利于明确古代文论研究的目标，从而在理念思想和具体操作途径上打通古代文论与现代文论、当代文论的联结，将古代文论纳入中国文论的大框架下来认识和研究。从严格意义上说，古代文论研究者并非传统研究者，而是现代研究者。在现代学科和学术的大背景下，任何形态文论研究者都应是现代研究者，也是中国文论研究者，都是为了中国文论建设的目标和方向而进行研究。无论是古代文论，还是现代文论、当代文论，在中国文论研究的大方向上是一致的。古代文论研究确定了中国文论现代建设这一大方向，现代转换也就顺理成章地具有了合理性、合法性，具有了明确的核心价值取向，就会制定出行之有效的具体实施途径和措施。

其二，确立"中国特色"和"古为今用"两个基本原则。根据中国文论建设的大方向，确定"中国特色"原则，其内涵是相对于"全球化""西方化"而言确立中国文论的特色和优势，不仅是为了以特色走向世界，从而实现"越是民族的就越是世界的"，

以特色"自立于世界民族之林"的目标,而且是为了强化中国经验、民族经验的特殊性和独立性。从某种意义上说,是强化中国话语和中国言说方式的存在和表达的权力和责任。"古为今用"是相对于"现代化""现代性"而言确立中国文论的优秀传统及以古代文论作为文化遗产的价值和意义。对传统与现代的关系讨论在古代文学史和批评史中不绝于耳,"厚古薄今"与"厚今薄古"、"复古派"与"革新派"争执不断。当然也不乏刘勰在《文心雕龙》中主张的"因革""通变"的辩证发展观和文学史观。对古代文论的研究,应正确遵循"古为今用""推陈出新"的原则和方针。古代文论的研究并不仅仅是为了还原和阐释古代文论,而且是为了使古代文论能有效运用于当代现实实践,为了推动中国文论建设和促进中国文学发展。这无疑会增加中国古代文论研究的现实性、实践性和有效性,强化古代文论的现实价值意义和现代性价值意义。

其三,确立转换的理论、资源、语境三大基础。实现古代文论的现代转换必须有基础和条件,转换并非一句口号,也并非空想的乌托邦,它必须有踏实、扎实、切实地落实于行动的效果。转换不能仅仅停留在讨论和争论上,应该付诸行动,行动之前必须创造有利于行动的基础和条件。首先是必须夯实理论基础,表现在必须有充分的理论根据和理论基础,才能真正推动转换。十几年来对转换的讨论和争论,不仅是观点、观念、思维的碰撞和交流,从而促使观念更新和转化,而且是理论的积蓄和准备,包括古今中外的理论,也包括文学理论、批评理论和文学史理论在内的各学科理论,从而为转换夯实坚实的理论基础。其次是积累厚实的资源基础。古代文论资源既是古代文论研究的对象,也是转换的重要基础,要有充足的资源材料支撑转换。一方面,发掘、收集、整理古代文论两千多年的发展所积累的大量资源,但这一工作远远没有完结,还有待继续努力开拓;另一方面,积累百年古代文论研究的成果,但这一研究工作也才刚刚起步,还需要进一步深入研究,开创研究新局面;再一方面,中国现当代文论研究和国外文论研究的成果,能否构成推动古代文论转换的资源,能否形成古今参照、中外比较和更为有利于转换的资源基础,这些资源在选择、鉴别、比较、组合、重构中能否在间性关系中产生新的生长点。因此,夯实古代文论资源的基础,扩大古今中外文论资源渠道,才能有效推动转换,为转换提供充足的资源依据。最后是创造有利于转换的语境。现代社会大环境显然具备转换的条件,那么学术环境、学科环境、研究环境、古代文论研究环境,是否具备了转换的条件,是否能推动和有利于转换,这还需要进一步建设和创造。也就是说,还需要进一步扩大学术自由、学术争鸣、学术交流的空间和质量,营造一个和谐而又自由的学术环境和氛围。具体而言,是努力改变对古代文论研究轻视、忽视和将其边缘化的困境,加强古代文论学科建设,壮大古代文论研究队伍,开设古代文论课程,加强队伍和梯队建设,培养人才,扩大古代文论研究阵地(期刊、出版物、网络等),加大古代文论研究项目建设,等等,不仅在学术界而且在全社会营造一个有利于古代文论研究发展和转换的环境和氛围。

其四,确立古代文论转换的四个突破口。突破口可谓关键点,纲举目张,以点带面。

首先，以范畴转换作为突破口。事实上，古代文论的一些范畴具有伸缩性、开放性、衍生性特征，因此诸如意境、意象、滋味、感兴、妙悟等已逐步进入中国文论和批评研究领域，甚至也进入文学概论和美学教材，成为文艺理论和美学理论体系的重要组成部分和关键词。这说明范畴的转换是有成效的，也是有推广意义的。但要深入推进范畴转换，一方面还需要继续使古代文论其他范畴逐步进入现代文论领域，扩大范畴转化的成果，另一方面还需要继续对已进入现代文论的范畴做进一步研究，消除误读，避免生搬硬套。转换并不意味着仅仅将古代文论范畴置入现代文论体系框架，而是努力使这些范畴作为古代文论与现代文论的衔接和中介，能融为一体地构建中国文论体系。当然更重要的是使这些范畴与现代文论范畴一样，运用于文学和批评现实实践，使之有用武之地。

其次，以方法转换作为突破口。这既有古代文论批评方法层面的转换，也有古代文论研究方法层面的转换。刘勰《文心雕龙·序志》中曾针对其创作动机而说明文论批评的基本方法："原始以表末，释名以章义，选文以定篇，敷理以举统。"① 显然，这是古代文论和批评的四种基本方法。"原始"法包括对文学源流探溯，历时性比较文学发展的研究方法，文学史理论的"因革"观、"通变"观自然包括在内。"释名"法包括对范畴的界定、阐释、注解方法，其中也不乏核心价值取向的"正名"之用心和话语权，解释权确定的表达方式。"选文"法包括对作品的鉴别、选择、评价，从而形成选本和选文，以确立文学经典、范式和标准的方法。"敷理"法包括通过说理、论证、分析，从而上升为理论，并以理论指导和评析实践的统领方法。这四种方法，不仅对古代文论批评方法有价值，而且对现代文论批评方法也有借鉴启迪意义。古代文论研究方法层面的转化早在"五四"之后就已经开始了，尤其是新时期以后，这一学科和学术研究方法也在模式或范式上进行转换。但如何更好地使传统方法与现代方法结合，使实证方法与理论方法结合，还有待于进一步改革和转换。

再次，以古代文论中的一些命题的转换作为突破口。古代文论中诸如"知人论世""以意逆志""诗无达诂""见仁见智""文如其人""因文生事"等命题，实则表现出古代文论在言说和话语形态上短小精悍、点到为止、见结论而不见过程、见观点和材料而不见论证分析的特点。也就是说，这些命题内含着基本原理和规律，故而通过古代文论研究使命题中的理论性得到充分显现，从而使其能通过现代话语和言说方式与现代文论话语对接。古今中外的文学规律及基本原理，虽因时、因地而异，但也有超时空的连续性、一贯性和相关性，故而命题的转换具有现实合理性和合法性。

最后，古代文论话语的转换。古代文论与现代文论之"隔"或者说"断裂"，最突出的表征是两套话语系统和言说方式的不同。话语不仅涉及语言的表达形式，如文言文与白话文的区别，而且涉及言语的表达方式的不同。从文本角度而言，话语不仅涉及文体、语言、结构、表现方式及所承载的言说信息的不同，而且牵涉思维方式、观念形态、

---

① 刘勰：《文心雕龙注释》，周振甫注，人民文学出版社1983年版，第535页。

价值取向、文化习惯、语境等方面的不同。故而古代文论研究中很重要的一项工作就是话语转换工作，通常是通过考据、注释、解读、疏理、阐释将传统话语转换为现代话语，以便于现代阅读和现实运用。但这仅仅是话语转换的一个方面或一个层次，还未能进入话语转换的深层次。就注解而言，如果仅仅停留在对字、词、句的语义解释和含义的阐释上，也未必能把握古代文论语言的特点，即言不尽意、言外之意、言有尽而意无穷的蕴藉性特点。这些言外之意是否真正理解，或者说这种言的多义性、互文性、伸缩性是否能尽意，又或者说这种言能否阐释、有无必要阐释，都是值得深入探讨的问题。当然，话语还牵涉说话人、受话人、说话效果、语境等因素，也牵涉思维、观念、价值取向、文化习惯等因素，因而话语的转换是全方位的、多层面的、整体的转换。中国当代文论话语的构建中不仅具有古代文论话语传统的构成要素，而且具有古代文论话语的现代转换的大量成果。从整体上推动古代文论话语的转换和话语表达范式的转换，还有待进一步探索和突破。

总之，古代文论的现代转换不仅要作为一个话题继续讨论和研究，而且更需要作为中国文论建设和现代发展的战略来实施和行动。对古代文论现代转换的反思和价值重估是十分必要和重要的，确立包括古代文论在内的中国文论的现代发展方向和核心价值取向更是十分必要和重要的，由此也为审美人类学研究提供理论及方法论基础。

第二节 人类学研究方法及其价值

人类学是对人类存在、生存、发展进行综合、系统、整体研究的一门学科、学问及其知识体系。"人类学是研究人类体质和社会文化的学科。人类学，英语 Anthropology，源于希腊文二字——Anthropos（人）和 Logia（研究），意思是人的科学研究。"① 人类学自 19 世纪产生、发展至今，在中国乃至世界学界已成为一门显学，从最初的体质人类学和文化人类学两大分支发展为史前考古人类学、民族人类学、社会人类学、心理人类学、语言人类学等主要支干。20 世纪以来，人类学又成为各学科关注与跨学科结合的对象，不断出现政治人类学、历史人类学、伦理人类学、宗教人类学、教育人类学、生态人类学、艺术人类学、文学人类学、审美人类学、影视人类学等分支，就像一棵大树由树根、树干分成许多树杈，又在树杈上分成更多的树枝，树枝上长满了绿叶、花朵、果实。人类学研究思潮迭起，学派林立，出现了泰勒、弗雷泽、摩尔根等"原始文化学派"，斯特劳斯"结构主义学派"，美博阿兹"文化史学派"，马林洛夫斯基"功能学派"，本尼迪克特"文化与人格学派"，柴尔德、怀特"文化生态学派"，柯兹"文化心灵学派"等

---

① 黄淑娉、龚佩华：《文化人类学理论方法研究》，广东高等教育出版社 1996 年版，第 1 页。

形形色色的学派与流派。

人类学在中国也有优良传统。"20世纪初,人类学传入中国,并曾在30年代至40年代得到过长足的发展,出现了李源、吴泽霖、林惠祥、杨成志、凌纯声、费孝通、林耀华、岑家梧等这些在国际学术界享有盛誉的人类学家。费孝通先生所著的《江村经济》还成了人类学本土化的开山之作,从而开创了国际人类学发展的新时期。"① 费孝通的《乡土中国》对于认识和把握中国人与中国"熟人社会"特征产生了重要影响。毫无疑问,人类学研究具有天时、地利、人和的优越条件。

一、人类学理论及区域人类学理论基础

人类学具有综合性学科的性质与特点,与民族学、社会学、历史学、心理学、文化学、生物学、生态学、政治学等学科密切相关,但与之又有所区别,不仅在于对这些学科对象的各自不同视角具有综合性的意义,而且在于学科对象作为人类自身研究对象的特殊性与系统性。人类学有其自身学科的规定性与学科定位,也有其学科确立的对象范围、性质特征、功能作用、理论方法,以此确定学科研究的基本思路与原则。

人类学研究的基本思路为:"人类学就是以人类群体之间的共同性与相异性为研究对象,对人类群体的变化规律进行研究的科学。人类群体间由于不同的文化背景、不同的自然和社会条件,不仅导致了人们在行为方式、生活习惯等方面的差异,而且还导致了人们在观察分析事物上各自的局限性。人类学的宗旨就是尽可能地克服这些局限性,从而客观地、科学地认识人类活动。"② 基于这一基本思路与研究目的,确立人类学理论及人类学应该坚持的基本原则。

其一,普遍性与差异性对应统一的理论。以徐杰舜为代表的广西民族大学人类学研究团队,长期以来致力于人类学研究及其与民族学结合的跨学科研究,办出《广西民族大学学报》的特色和优势,形成在全国学界颇有影响的人类学研究平台和中心。徐杰舜、周大明主编的"人类学文库",出版有徐杰舜主编的《本土化:人类学的大趋势》,何毛堂、李玉田、李全伟的《黑衣壮的人类学考察》,以及《人类学方法论》《族群岛:浪平高山汉探秘》《认同与互动:防城港的族群关系》《从磨合到整合——贺州族群关系研究》《中国的族群与族群关系》等,从区域、本土、族群、民族及其关系、比较与交流视角推动人类学理论研究和应用研究发展,在为人类学夯实理论基础,探析理论研究,拓展理论视野,创新理论方法方面做出了贡献。首先,应该认识到人类作为群类整体所具有的普遍性与个体及相对而言的小群体具有的差异性与特殊性,坚持两者对应统一的原则;其次,应该认识到每一个体及相对而言的各种不同层级的小群体同样具有人类的普遍性与差异性共存特点,坚持两者对应统一的原则;再次,应该认识到人类作为整体

---

① 徐杰舜:《本土化:人类学的大趋势》,广西民族出版社2001年版,"人类学文库/总序"第1页。
② 马广海:《文化人类学》,山东大学出版社2003年版,第7页。

相对于自然界与生物界而言的普遍性与差异性，人类作为物种的普遍性与作为物种进化为人类的特殊性，坚持两者的对应统一原则；最后，作为人类的群类及个体在生物性、生理性与社会性、文化性构成中的普遍性与差异性，坚持两者对应统一原则。人类群体与个体之间存在普遍性与差异性不仅是客观存在的事实，而且有利于人类之间交流与互动，更有利于人类发展。企图消除差异性而一味追求普遍性，或者仅仅看到差异性而无视普遍性，都无益于人类发展及人类学研究。

其二，整体性与系统性的理论。人类学整体性原则要求将人类作为整体对象进行研究，而非像政治学、社会学、文化学、历史学、伦理学、生物学、生态学等学科将人类的某一方面、某一视角作为研究对象，要将人类的所有方面和所有研究视角作为整体进行综合、系统、全面研究。首先，在思维观念上应树立起人类整体观与系统观，在整体系统中强调其相关性、层次性、结构性、动态性、系统性和整体性原则；其次，针对某一具体研究对象时，应该将其放置在社会、历史、文化及其人类实践活动的整体关系与系统关系中认识其整体性与系统性，而非将其孤立封闭起来做闭门式研究；再次，针对研究对象的某一视角的研究，必须充分考虑这一视角与其他视角的整体性与相关性，如审美视角中必然包含的哲学、历史、文化、政治、伦理、宗教、教育等整体系统意义；最后，系统论作为人类学理论方法，具有世界观与方法论意义，在形而上思辨方法与形而下实证方法的不同层次方法运用中既具有工具、手段、方法的意义，也具有目的、思路、观念的意义。

其三，文化相对主义理论。"文化相对论"提出者博厄斯认为，当人类学研究以其他文化作为研究对象时，要求被研究者不受以研究者的文化背景为基础的任何评价的约束，而要立足于研究对象自身文化。只有在每种文化自身的基础上才能够深入研究每种文化，只有深入研究每个民族的思想，并把人类各个部分发现的文化价值列入总的客观研究的范围，才有可能客观、严格地研究。因此，人类学研究确立主位与客位及摆正两者关系是十分重要与必要的。坚持文化相对论或文化相对主义理论与原则的意义在于以下几方面。首先，必须破除民族文化中心主义及其文化绝对主义的狭隘眼光与局限性，尤其是在全球化浪潮中所谓"欧洲中心论""种族主义""美国中心论"等以"我"为中心的褊狭观念，尊重世界各国家、各民族的平等地位，无所谓中心与边缘之区隔。此外，尽管每个民族在其自身发展中通过凝聚、认同和自尊会自发形成一定程度上的"民族中心主义"，但不能成为排斥和歧视其他民族文化的理由。其次，必须破除民族文化优劣高低、进步落后之分的观念，在文明进程中会出现民族文化发展不平衡现象，但并不意味着文化性质上的优劣高低、进步落后，不同民族文化发展的不平衡并不否定其平等地位及其文化个性与特殊性价值。再次，各民族文化与各种文化形态都有其自身存在、生存、发展依据与条件，在具备文化普遍性的同时更具有个性与特殊性，只有充分尊重和保护这种文化个性与特殊性，人类文化才能体现出丰富性、动态性与多样性，才能更有利于人类发展。最后，文化相对主义不能走向绝对化与极端化，文化相对性还表现为比较中的文化的差异性与普遍性的辩证关系，文化差异性与普遍性不仅具有多样性和丰富性，而且具有交流互补的必然性与可能性。因此，无论是文化中心主义还是狭隘民族主义都是不足取的。从方法论角度而言，文化相对主义对于科学客观、实事求是的考察与研究方法也极其重要，对于那种主观性、想象性、强加性的先入为主的研究方式是一种反拨和纠正。

其四，区域人类学研究的审美人类学理论视角。广西学者立足于少数民族区域审美人类学研究，以王杰为代表的审美人类学研究团队及审美人类学研究中心，从21世纪初以来提出并开辟出人类学学科的审美人类学方向，在学界形成颇有影响力的发展势头，与文学人类学、艺术人类学形成三足鼎立又相互呼应的状态，在人类学及其跨学科发展中寻找到新的生成点。审美人类学将美学与人类学学科及其理论方法结合，利用美学的理论研究优势与人类学应用研究优势的强强联合，以广西区域文化和民族文化作为观测点，推出一批理论研究和应用研究成果。王杰在"审美人类学丛书"的"总序"中认为："审美人类学作为一门交叉学科，采用文化人类学的理论观念和田野调查的方法，在人类学视域中发掘和探讨美学的当代提问方式与解答路径。作为一种理论方法，审美人类学把民族艺术作为一种复杂的意识形态现象来研究，不仅研究民族艺术的形态、意义、审美价值，而且研究民族艺术的社会作用与社会发展变迁的关系。这种研究既包括学理上的，也包括实践方面的，因为这是现实存在着的文化运动。"[①] 审美人类学作为人类学分支的理论性和理论意义在于：一方面从审美视角切入人类学研究对象，以审美文化、审美经验、审美制度、审美机制、审美惯例、审美心理、审美教育的理论研究丰富和扩大人类学研究视野；另一方面立足于本土民族文化资源的发掘、保护、传承、开发的深度和广度结合的应用研究，以推动民族文化现代发展；再一方面是在全球化语境下的文化冲突中以多元整体、生态和谐的科学发展理念和跨学科的交流整合视野，推动学术范式转型及美学研究方式转换，建立新型的文化发展和审美生产方式。

与审美人类学同步发展的还有文学人类学、艺术人类学、文化人类学等学科及其研究，它们与民族人类学、生态人类学、比较人类学等研究紧密结合，开拓和深化了区域人类学研究。

二、人类学研究方法论及内涵意义

人类学作为一门基础理论研究与应用理论研究相结合的学科，其理论与方法论意义不仅在于理论思辨上的建树，更重要的是实践与应用经验的建树。广西作为地处沿海、沿边的南方少数民族自治区，既拥有得天独厚的民族、地缘和区域优势，也凸显欠发达、后发展的特点，为田野调查提供了广阔天地和不可多得的第一手资料，在此基础上建构

---

① 范秀娟等：《非遗、认同与审美表征》，上海人民出版社2022年版，"审美人类学研究丛书·总序"第2页。

的桂学研究成为区域学研究的亮点。桂学研究包含区域人类学、民族人类学、审美人类学、生态人类学等方向,人类学方法成为桂学研究方法论的基础和重要内容。

人类学研究立足于本土田野调查取得了丰硕成果,积累田野作业经验及田野作业方法论的认识。人类学研究方法除包括文献学方法、历史学方法、文化学方法、考古学方法、统计学方法等基础性研究方法外,其方法论优势与特色就是田野工作法,这是任何人类学家都必须坚持与运用的基本方法,也是人类学研究的特点与亮点所在,成为人类学研究的明显标志。田野工作法不仅体现人类学研究方法的工具、手段、路径的方法论意义,而且体现其研究的基本思路、观念与宗旨。因此,田野工作法既体现出方法意义,也体现出方法论意义。美国学者贝利认为:"方法论与方法不同,后者在科学研究中是指研究的技术或收集资料的工具,前者是指研究过程的哲学。它包括作为研究理论基础的各种假说和价值,以及研究者用以解释资料和得出研究结论的准绳或标准。"① 因此,田野工作法具有丰富的内容,其方法论指导下的方法主要表现为以下特性。

其一,实证性。田野工作法是指通过直接和持续的田野调查工作收集资料,以之验证依据理论所提出的各种假设,并在其研究中以材料事实为根据而得出科学客观结论的实证性研究方法。"田野工作是对一社区及其生活方式从事长期的研究。从许多方面而言,田野工作是人类学最重要的经验,是人类学家收集资料和建立通则的主要依据。"② 这既带有自然科学以实验室和自然界考察为平台的实证性研究的特点,也带有文献学立足于文献考据、文本阐释的实证性研究特点,只不过是将实验室放在田野空间,将文献文本扩大为田野大文本而已。因此,实证性是田野工作法的本质与内涵,实证法也是田野工作的主要方法。田野工作法的丰富内容充分体现出田野调查方法的多样性、直接性、实证性。通过到实地直接和持续地观察、访谈、走访、座谈、问卷、抽样、实录及亲身经历与体验,完成田野工作过程与操作程序及调研结果,不仅获得来自田野与亲临田野的第一手材料,而且田野工作本身就是人类学研究成果的一种呈现方式,对其过程性、程序性的完整记录与实录具有人类学研究成果意义,尤其是借助现代多媒体工具的实录方法,更具有影视人类学成果意义。

其二,逻辑与历史的统一。一方面,人类学研究视域中的辩证方法与历史方法遵循辩证逻辑的基本理念和原则,强调人类社会历史构成与系统构成的逻辑性、整体性、结构性、层次性、动态性等基本思路和观念,在辩证逻辑与历史逻辑中包含有结构主义、建构主义、生态主义及构成论、系统论、控制论等因素,为人类学研究提供更为广阔的理论基础和研究视野。另一方面,辩证唯物主义和历史唯物主义世界观与方法论对人类学具有指导性意义和方法论意义,其研究视域及研究视角立足于人类学田野工作方法、社会调研方法,由此将形而上的哲学思辨方法与形而下的物态化实证方法及形而中的精

---

① 袁亚愚、徐晓禾:《当代社会学的研究方法》,四川人民出版社1976年版,第9页。
② [美]基辛:《当代文化人类学》,台北巨流图书公司1981年版,第21页。

神意识形态研究方法结合，宏观、中观、微观的视域融合，理论与实践的统一，构成人类学研究方法论的整体视野和理论基础，将人类学田野工作方法、社会调查方法、实证方法提升到方法论高度认识，使之更具有科学性、人文性和普适性。

三、人类学研究方法类型及区域人类学特征

人类学研究方法具有一定的跨学科研究特征，涉及社会学、历史学、考古学、文化学、生态学、生物学、文艺学与美学等学科理论与方法，带有一定的综合性研究特点。但作为独立学科，其研究对象确定其研究范围、研究视角和研究方向，其研究方法具有一定的独立性和自身特点。人类学田野工作方法论决定其研究方法，"人类学田野工作方法多种多样，不论哪一类型的调查，单用一种方法都是不行的。作为一个专业人类学者，应该熟练掌握各种方法。然而，只有在田野工作的实践中，才能达到这一点，除此别无他途。"[①] 人类学方法本身充分体现出人类学学科特点及其理论实践性品格，田野工作法因而具有方法与方法论意义，也具有实践价值与理论意义。

其一，细描法与深描法。人类学家非常反对那种蜻蜓点水、走马观花式的所谓调研方式，认为其不仅停留在表面现象与零碎个别材料上，而且不具备真实性、典型性与证明力。因此，人类学研究方法不仅需要直接和持续的调研，而且需要深入细致的调研；不仅在于强调调研结果，更在于强调调研过程、程序及其实践行为与活动的展开。所谓细描法、深描法就是指通过深入细致和扎实稳当的调研工作而在广度与深度研究上拓展的方法。细描法对调研对象而言，包括被调研者及被调研的人、事、物、环境、情景、背景等，都必须做到细致入微，点滴不漏，更不能放过细节，力图将细描做到更全面、更完整、更细致，使其文本和材料更为丰富和扎实。深描法要求在细描法的全面性、完整性基础上突出重点，强调点面结合，广度与深度结合，深入调研其典型性、普遍性与特殊性，由表入里，由浅入深，由现象到本质，循序渐进地深化调研过程与内容，逐步进入更为深层次的文化内涵、精神本质、心理结构的内在层面的深描式调研。从调研材料角度而言，细描法、深描法在强化了实证性材料的真实性、客观性、科学性基础上，进一步强化了调研材料的完整性、典型性和丰富性；从调研过程与结果而言，材料的深化在一定意义上意味着调研及其研究的深化与升华，不仅以材料说话才有理有据，而且材料本身也会说话，更能强化和深化说话效果。

其二，参与观察法与融入法。参与与融入不仅是一种交流对话的方法，而且也是一种行为活动方式，对于调研者来说就是一种身体力行、亲身体验的参与和融入被调研者的调研行为与活动方式。马凌诺斯基提到："在我把自己安顿在奥马拉卡纳之后不久，我就开始融入到村落生活之中，去期盼重大的或节日类的事件，去从闲言碎语以及日常琐

---

① 庄孔韶：《人类学通论》，山西教育出版社2002年版，第259页。

事中寻找个人乐趣，或多或少像土著那样去唤醒每个清晨，度过每个白天。"① 可见，人类学家为了达到实证、细描、深描的效果，不仅需要亲自到实地考察调研，而且必须采取参与、融入的态度与方式，与当地人及被调研者融为一体，参与其行为活动，融入其情感心理，这不仅是为了取得对象的信任和好感，而且是为了亲身体验与经历。只有将自身经验与他者经验进行比较与融合，才更有利于体察与验证经验。

其三，主位观察法与客位观察法。美国著名人类学家马文·哈里斯借用语言学中 phonetic（语音的）和 phonemic（音素的）这两个词，用词根 etic 表示客位，用 emic 表示主位，认为主位文化从文化负荷者、传承者的立场和视角去解释某种文化现象，而客位文化则从外来者、旁观者的角度对某种文化做出评价或解释。主位的观点并不一定是主观的，客位的看法也不见得是客观的。需要将两种视角相互转换与采借，才能更接近事实。主位观察法是指研究者站在被研究者的角度，用研究对象自身经验与观点去解释他们的文化的一种观察方法。客位观察法是指研究者站在局外立场，从研究者所持观点与视角去解释所看到的文化的一种观察方法。两者的立场、观点、视角是辩证互补的关系，同时也应该有机结合。在调研中，调研者应该充分尊重被调研者的主体与主位位置，应该参与和融入被调研者中，不希望被视为"他者"或旁观者，也不希望带有调研者主观偏见及自身文化介入色彩。当然，调研者的参与性与融入性的程度不同或有一定的相对性的，调研者的主观性也具有相对性和程度性。客位观察法能够保证一个客观、中立、科学立场及一定的研究指向，有利于在跨文化比较中更好地识别与认识，由此合情合理地表达研究主体性。因此，为了尽可能客观科学地观察调研，调研者具有身份的主位与客位、视角的近观和远观、立场的自观与旁观的二重性，其方法也具有主位观察法与客位观察法结合的特点。

其四，个案与案例研究方法。人类学注重实证研究、应用研究和田野工作，必然会侧重于微观研究而非宏观研究，也必然会侧重于实践研究而非理论研究。因此，田野工作法十分注重个案研究方法与案例研究方法运用，遵循由个别到一般、由特殊性到普遍性、由实践到理论的研究模式。对于个案与案例研究而言，人类学研究的田野工作法的对象、范围、功能、价值、定位对其有规定性与确定性，因此，个案与案例研究必然具有田野工作方法论意义。一是个案与案例的典型性。典型性是普遍性与特殊性、个性与共性、代表性与类型性的统一，人类学个案与案例具有典型性才具有价值意义。个案研究方法主要指以个体、个人或家庭为调研考察对象，其目的在于通过个体去发现整体或群体，因此个案被界定为"一个整体"。人类学的个案与案例研究必须有所选择，并非任意或随意确定调研对象就能达到人类学研究目的。当然，这也并非意味着只有此地而非他地才具有人类学研究意义，其实任何地方都应该具有一定的人类学研究意义，只不过其代表性、典型性程度会有所差异。从科学分类方法及其类型化角度来说，选择是十

---

① [英] 马凌诺斯基：《西太平洋的航海者》，梁永佳、李绍明译，华夏出版社 2001 年版，第 5 页。

分必要的，被选择过的个案与案例更具有典型性价值意义。二是确立个案与案例的人类学研究视角，田野工作法所包括的种种调研方法应该根据具体个案与案例对象类型来确定，但其典型性研究必须在理论与方法上有所侧重，从而强化其调研重点、亮点和难点，才能有利于个案与案例的典型性意义的彰显。三是通过比较方法运用既突出个案与案例的特点、特殊性与个性，也在比较中区别与鉴别，找到个案与案例之间的差异性与共同性及代表性、普遍性意义。

人类学研究除以上方法之外，还有定性研究与定量研究方法、民族志研究方法、宏观研究与微观研究方法、专题研究与综合研究方法、文物考古与文献考证研究方法、个别访谈与抽样调研方法、影视记录与生活叙事方法等，这些方法构成人类学方法的多样化与丰富性。

审美人类学研究作为一种区域文化学术研究形态和方式，人类学是其重要和基本的理论方法，针对某一民族区域的各民族聚居融合的特殊性，确立民族人类学、区域人类学、生态人类学、文化人类学、文学人类学、艺术人类学、审美人类学、图像人类学、传播人类学、比较人类学等研究视角和研究方法颇为重要和必要，由此形成人类学研究优势和特色，为审美人类学研究奠定人类学理论和方法论基础。

第三节　民族学及民族美学研究方法

一、民族学的学科定位

民族学指以民族为研究对象的社会科学学科、学问与知识，包括民族社会、经济、政治、文化、教育、宗教、生活、艺术、文学、审美、民俗、心理等内容，它是一门综合性学科。广义的民族学研究对象包括氏族、部落、部族、民族、种族等各种形态的族群共同体，或者指称"包括原始民族、古代民族、近代民族和现代民族；同时还有其他广泛用法，如作为多民族国家各民族的总称（如中华民族），泛指历史上形成的人们共同体（如阿拉伯民族）等"[1]。斯大林这样定义民族："民族是人们在历史上形成的一个有共同语言、共同地域、共同经济生活以及表现于共同文化上的共同心理素质的稳定的共同体。"[2] 就中国学界民族研究对象而言，广义的民族指包括汉族在内的 56 个民族及各民族聚合体——中华民族，狭义的民族主要是指汉族之外的少数民族。

---

[1] 《简明社会科学词典》编辑委员会：《简明社会科学词典》，上海辞书出版社 1982 年版，第 287 页。

[2] 斯大林：《马克思主义和民族问题》，《斯大林选集》上卷，人民出版社 1979 年版，第 64 页。

民族学研究内容包括民族发生、形成、发展的历时性研究与民族形态构成的共时性研究，民族基础理论研究与应用理论研究，民族现象与民族问题研究。作为民族学研究对象的民族，是一个社会历史范畴，"中国古代文献对'民'和'族'这两个概念均有阐释，但将它们合成'民族'一词使用，据今人考证，却始自 1899 年梁启超的《东籍月旦》一文"①。民族学是近现代社会发展的产物，民族学研究有着自身的发展历程。"近代民族学创立于十九世纪，巴斯贤、达尔文、巴赫芬、弗雷泽、拉伯克、麦克伦南、摩尔根、泰勒都对这门学科的创建作出了贡献。在中国，民族学最初被译为'民种学'（或'人种学'）。最早采用'民族学'这个术语并倡导这门学科的是蔡元培。他于 1926 年写过《说民族学》一文，并于 1928 年在中央研究院社会科学研究所内设立民族学组，后又扩大为民族学研究所，并出版过《民族学研究辑刊》。"② 新中国成立后，党和政府十分重视民族工作，推动了民族学学科建设及民族研究的繁荣和发展。在 21 世纪全球化背景下，民族化思潮兴起，民族学及民族研究成为热点与显学。

二、民族学理论基础及理论架构

中国历代史志及历史研究中都涉及民族及民族问题，但成为一门专业化学科、学问、学术则是近现代社会以来的中国现代化进程发展的结果。尤其是新时期以来，随着民族学学科的建立，高校民族学专业学科教育的加强，民族研究及民族文化研究队伍的发展壮大，形成民族学学科发展的良好态势，民族学理论体系及知识结构与知识谱系也逐步建构和完善，主要表现在以下方面。

其一，民族学学科的综合性及类型理论。民族学以民族，主要以少数民族作为研究对象，必然会涉及民族构成的百科全书式的各种学科及其知识，从而形成民族学下属的各种分学科理论形态。具体划分为民族社会学、民族历史学、民族人类学、民族生态学、民族心理学、民族文化学、民族经济学、民族宗教学、民族艺术学、民族文学、民族美学等研究方向与研究类型，既具有一定的研究视角及研究对象角度的独立性和特殊性，又具有类型研究的综合性、普遍性和相关性。在学科与跨学科理论资源整合和配置中形成民族学研究方向及学科分支系统，以及民族学学科与其他学科结合的综合性与类型性的理论形态，从而构成民族学研究的类型理论与民族学理论类型，成为民族学理论的重要组成部分。

民族学学科分支及研究方向类型，也可从各民族类型研究中表现出来。各民族类型决定了研究对象类型及研究类型，并以之构成各民族研究理论形态及学科类型。中华民族是由 56 个民族构成的大家庭，每个民族既具有中华民族的普遍性，又具有其自身的特

---

① 巢峰：《简明马克思主义词典》，上海辞书出版社 1990 年版，第 205 页。
② 《简明社会科学词典》编辑委员会：《简明社会科学词典》，上海辞书出版社 1982 年版，第 287 页。

殊性。相对于汉族而言的少数民族，具有自身的民族特点和特殊性，以之作为独立研究类型和研究对象，构成藏学、蒙古学、西夏学、壮学、瑶学、苗学、侗学等民族学分支及学科类型，形成各民族研究作为"学"的理论系统和理论类型。

进入21世纪，在现代化与全球化语境下，多元化和本土化的呼声越来越高，从中心到边缘、从边缘到中心的双向移动的发展趋向，推动了地域文化及民族文化的复兴和崛起，民族学也在地域文化崛起中形成了民族研究与地方研究结合的区域民族学及区域民族研究发展态势。广西民族学学科发展及广西民族研究也着重于区域化和本土化研究，逐渐形成民族学学科分支及各民族研究类型，并将其学科化、理论化和体系化。广西各民族类型研究形成壮学、瑶学、苗学、侗学等，并在各个民族研究中划分为民族社会学、民族历史学、民族人类学、民族生态学、民族心理学、民族文化学、民族经济学、民族宗教学、民族艺术学、民族文学、民族美学等研究方向与研究类型，形成其民族学的学科、学问、学术、知识系统与理论类型，建立和完善了民族学学科类型和理论类型，推进了民族学类型理论发展。民族学类型理论是其学科理论的重要组成部分，同时也是桂学研究理论的重要组成部分。

其二，民族学的理论框架及理论体系。民族学学科建设和发展逐步建立起理论体系与知识结构及知识谱系。大致划分为七个板块：一是民族学基础理论，主要包括民族界定与识别、民族性质与特征、民族功能与作用、民族传统与精神、民族习性与风俗、民族心理与思维等带有总体性的基础理论。二是民族学历时性研究理论，主要包括民族史、民族志、民族起源与发展、民族传统与变迁等研究内容及其所形成的民族史志理论。三是民族文化理论，主要包括民族的精神文化、物质文化、制度文化、行为文化等方方面面的研究内容及其所形成的民族文化类型理论和民族文化形态理论。四是民族文化保护、传承、传播、发展理论，主要包括民族生存、生活、生态现状、民族问题、民族语言、民族遗产、民族宗教信仰、民族风俗习惯、民族政策等研究内容所形成的民族政策理论。五是民族关系理论，主要包括各民族关系、跨域民族关系、少数民族与汉族关系、本民族内部关系、民族团结、民族交流、民族地位、民族比较等研究内容及民族交往理论。六是民族类型学理论，主要包括民族分类研究所形成的民族类型理论，诸如广西壮族、瑶族、苗族、侗族、京族、仫佬族等民族类型研究所形成的理论形态或某一民族概论，以及构成这一民族研究的理论基础及理论总结与升华。七是民族现象及现实问题的应用理论，主要包括现实生活中的民族问题，诸如民族教育、民族身份、民族人口、民族干部、民族学校、民族语言、民族管理、民族政策、民族域区自治、民族矛盾、民族歧视问题研究所形成的民族学应用理论形态。

其三，民族学的基本理论问题研究。民族学及民族研究在长期发展中形成自身的学科理论及理论范畴与基本理论命题。民族学理论范畴主要有民族、民族性、民族化、本族与他族、少数民族与极少数民族、本土民族与外来民族、中华民族与世界民族、民族迁移、民族志、民族文化、民族社会生活、民族精神、民族认同、民族特色、民族传统、民族主义等一系列民族学及民族研究专用概念。民族学基本理论命题主要有民族界定及性质、特征与文化身份，民族发展的源流、变化与迁移，民族发展历史、现状与未来，民族差异性与共同性关系，民族传统性与现代性关系，民族性与世界性关系，各民族关系及与汉族关系，中华民族的民族构成性与结构性，民族文化遗产保护、传承与传播，民族文化自觉与自信，民族矛盾、民族冲突、民族歧视等问题的应对和对策，等等。法国学者若盎·塞尔维埃在其《民族学》中指出："民族学应该让人们保存住对那些正在销声匿迹的民族人群的记忆。后人能够在博物馆里静观凝视从父兄那里购得的物品，洗耳恭听他们那些不在人世的歌手，还有那圆鼓、响板和管笛奏鸣的回响……"① 这充分说明，民族学并非书斋里的学问，也并非为理论而理论，民族学对于民族历史记忆保留、民族文化传承、民族问题解决、民族生存与发展至关重要。因此，民族学理论研究的基本问题应该立足于现实问题和实践问题，一方面将其理论应用于实践，解决现实问题，带有应用理论与应用研究的价值取向性，另一方面从实践问题中提升归纳出理论问题，在解决现实问题的同时解决理论问题，使其理论问题带有现实针对性和应用对策性特点。

其四，民族主义理论。民族学及民族研究，既具有科学性、客观性和学理性，又具有人文性、历史性和时代性。作为人文学科及人文对象研究，在遵循学术研究规律及其学术共同体规则的科学性、客观性研究基础上，必然带有一定的价值取向性与目的性。在民族学研究中，学科对象、性质、特征、功能、作用会影响到研究取向及研究结果，也会影响到研究主体与客体关系及价值与评价。就此而论，民族学及民族研究中关于民族主义理论的研究和讨论是非常必要和重要的，民族研究确立民族主义价值取向及思路、观念也是无可厚非的。从另一个角度而论，研究主体的文化身份，包括民族身份，对于作为客体的民族对象来说，究竟是以旁观者或第三者介入身份，还是以主客体、主客位交流甚至交融的换位思考进入身份，对于研究过程和研究结果都是非常重要的。因此，带有一定的民族感情、民族尊重及文化交流的价值取向和研究取向是理所当然的，民族研究中带有民族主义色彩也在所难免。此外，民族主义作为思潮延伸在全球化、现代化及后殖民主义语境下，相对于大汉族主义、西方文化强势影响，以及现代化进程中文化传统面临的困境，所表现出的一种民族自我保护的立场、情感和态度，带有较为复杂与激烈的文化激进主义抗争或文化保守主义保护色彩。当然，民族主义并非狭隘民族主义，也并非民族虚无主义，那种对民族抱有偏见或主观臆断的研究，无论是丑化还是美化，其实都是对民族研究的伤害和对民族情感的伤害。因而，民族主义理论研究有待深化和拓展。

其五，民族性理论。民族性指民族性质、特征、类型、形态、风格等元素综合构成的本质规定性，是决定"这一"民族就是"这一"民族从而区别于其他民族的根本性标识。民族性的核心是民族精神，主要体现在民族文化特性和特征上，使民族文化具有

---

① ［法］若盎·塞尔维埃：《民族学》，王光译，商务印书馆1996年版，第156页。

"这一"民族共同的民族心理、民族性格、民族精神、民族风格特点，并表现在服饰、建筑、饮食、器具、语言、行为、活动等方面。由此可见，民族性渗透并凸显在民族物质文化、精神文化、制度文化、行为文化中。民族性是历史和文化建构的，也是某一民族在千百年的文化心理积淀中形成的稳定的、一贯的、持续的基本特征，因此，民族性是传统性与当代性、特殊性与普遍性、相对性与绝对性、多样性和整体性的统一体。民族性理论对于民族研究来说，能够有效解决民族界定与定位、民族性质与特征、民族性格与个性、民族文化传统与习俗、民族特色与优势、民族传统的保护与传承、民族文化的比较与交流、民族及民族文化的现代发展等理论与实践问题。

民族学理论奠定民族研究的理论基础及学科理论知识基础，理论来源于实践并对实践经验进行升华，反映出实践规律及认识规律，既为民族研究确立指导思想和方向目标，又为民族研究提供理论资源和学理依据。因此，在民族学理论基础上构成的民族学方法论，也应该是对民族研究规律及研究方法规律的理论探索和升华。

三、民族学研究方法及方法论

民族学及民族研究理论包含研究方法和方法论，表现为对其学科研究规律及方法的理论认知和升华，也表现为在理论指导下的方法的运用，以及理论与实践结合的方式与途径。

其一，民族学综合性研究方法。基于民族学的综合性、基础性、应用性及跨界性的学科性质特征，其研究方法与人类学、历史学、文化学、社会学等学科方法一样，具有跨学科综合性研究方法特征，主要有田野工作方法、调查研究方法、个案与案例研究方法、历时性研究与共时性研究方法、历史与逻辑研究方法、基础理论研究与应用理论研究方法，以及宏观、中观、微观研究方法等，具有方法论层面的普遍性与特殊性。对研究对象某一角度和视角的研究必然涉及民族学与其他学科结合的跨学科、交叉学科综合研究，由此展开诸如民族社会学、民族历史学、民族文化学、民族人类学等研究及跨学科方法的综合运用。

其二，民族学实证性研究方法。基于民族学研究对象的具体性、现实性和个别性等特点，民族学研究，尤其是区域民族及其各民族的应用研究，更为注重田野工作和社会调研的个案与案例研究，强调科学客观、实事求是的研究立场、态度和方法，更为注重实证性研究。这与人类学研究方法更为切近。一方面，过去因中国特定社会语境下以民族学替代人类学研究，民族学与人类学方法更便于综合；另一方面，民族研究在中国更具有现实性、应用性和实效性特征，并非仅仅局限于理论研究与学术研究，而且与社会作用和现实意义紧密联系。基于区域文化及民族文化研究视域下的桂学研究，在强化民族学理论及区域民族文化研究的基础上，更多地将研究视角深入特定语境（广西地方经济文化社会）中的民族个案和案例的调查研究，更为注重实证性研究方法运用与典型案例分析，凸显个别性、特殊性、多样性的民族特点，也体现出桂学研究的区域民族学及民族研究的特点和优势。

其三，民族志研究方法。民族志又称"人种志""叙述民族学"，其研究方法指向对某一民族历史、现状、现象、状态的客观描述与记录方式及资料研究方式。"民族志的中心任务要求从事这一工作的学者必须置身于他所研究的民族的文化和日常生活之中，尽可能将一个群体文化的各个方面完整综合地记述下来。因而实地调查是民族志的主要研究途径。民族学家在从事调查过程中，往往会保留自己文化上的偏见，其观察和描述必然会在一定程度上具有文化比较的性质。"[①] 相对于历史文献的史志文本的文字化叙述而言，民族志更强调的是田野调查的社会大文本的实证性材料与口头语言表达的历史记忆叙述，形成民族志独特的表达方式和记忆、记载方式，以呈现民族历史文化原貌。具体而言，通过田野调查的材料记录，遵循民族历史发展规律，还原民族历史文化面貌，更好地保护、保存民族资料，传承民族历史文化传统，促进民族文化建设与发展。由此可见，民族志研究方法如下：一是历代民族史志、族谱及文献典籍构成的文献研究方法。二是通过访谈、民间文学及口头传承文化的口传文本研究方法。三是通过碑刻、考古、文物、民俗等精神文化、物质文化、制度文化表征的民族志特殊叙述方式研究方法。从这一角度而论，民族志研究方法关键在于如何理解民族志内涵与外延，如何认知民族志对象的性质和特点，如何发掘、选取、采信民族志资源，以达到合理运用民族志研究方法的效果和目的。

其四，历史与逻辑统一的研究方法。民族学研究坚持历史唯物主义与辩证唯物主义世界观和方法论，强调历史逻辑、辩证逻辑的观点与方法，有利于呈现民族及其文化的多样性、差异性与丰富性。同时，这种方法的应用也使我们认识到："民族是一个社会历史范畴，有其产生、发展和消亡的过程。它由氏族、部落发展而来，伴随社会出现阶级、国家而产生。其形成和发展为社会生产和社会制度所制约。民族诸要素，特别是表现在共同文化上的共同的心理素质等将长期存在，民族差别将长期存在，因而民族将长期存在。民族发展的历史趋向，一般认为资本主义时代是现代民族形成并获得发展的时代；社会主义时代是民族全面充分发展繁荣的时代；共产主义在全世界实现以后，世界各民族将逐渐融合为一个整体，因而是民族逐渐消亡的时代。"[②] 此外，民族学及民族研究中形成的民族主义思想和观点，也是历史的形成结果，对于强化民族凝聚力、向心力、竞争力，以及增强民族自觉性、自信心，抗拒外来侵略势力，具有积极作用。但如果滑向狭隘民族主义或民族中心主义，就会形成自我封闭性和排他性，产生消极性，并不利于民族交流、民族团结、民族进步。可见，历史的、辩证的唯物主义研究方法与观点的统一，对于民族学研究而言具有重要意义。

其五，心理学研究方法。民族心理是民族凝聚力、向心力、民族性形成的内在因素，

---

① 覃光广、冯利、陈朴：《文化学辞典》，中央民族学院出版社1988年版，第272页。
② 巢峰：《简明马克思主义词典》，上海辞书出版社1990年版，第205页。

也是民族特性、民族精神、民族文化构成的核心要素，因此，民族心理研究是民族学研究的重要内容。潘志清认为："民族心理是每一民族在其历史发展中形成的一种心理状态，它是指构筑在一个民族的经济地域基础之上并渗透着该民族共同文化传统，决定着该民族成员的性格和行为模式的共同的心理倾向和精神结构，通常又表达为民族性格或国民性。"[1] 民族心理研究必须运用心理学研究方法，主要包括心理过程描述方法、心理状态测试方法、心理模式类型研究方法、心理访谈深描法和细描法、定性研究法与定量研究法、静态研究法与动态研究法、心理研究系统论与控制论方法、典型与个案研究方法、随机抽样与判断抽样调查法、数据处理方法等。这些心理学研究方法能够较为准确地揭示民族心理深层结构、心理变化和发展过程、心理状态和心理活动、心理倾向及价值取向，有利于更为深入地探讨民族性格、民族情感、民族精神、民族文化及行为活动发生的内在原因与内在因素。

当然，民族学及民族研究方法更应根据具体研究对象、视角、内容而采用一定的方法，既要考虑研究方法的普遍性与特殊性关系，又要考虑具体问题具体分析的现实针对性和实效性。作为审美人类学研究的民族学理论与方法论，更应该考虑其特点及研究方法的特殊性。其基本原则在于：一是基于民族特定的历史文化与自然地理环境，从地域性的沿边、沿海、喀斯特地貌、南方稻作民族、多民族聚居等区位特征的特殊性与综合性，构成民族学及民族研究方法的特点与优势。二是基于壮族作为少数民族人口最多的广西世居民族及在中华民族大家庭中的特殊地位和作用，构成民族学及壮学研究的特点。借助研究方法的特殊性，着眼于壮学，也包括瑶学、苗学、侗学等理论及方法论构建，形成其研究方法的普遍性与特殊性。三是基于广西多民族聚居、民族关系和谐和睦、民族团结成效显著的现实状况，着眼于从各民族文化交流、民族融合与民族团结、民族认同与文化认同、民族文化多元整体发展等视角确立民族学及民族研究方法的特点，构成研究方法的普遍性与特殊性。四是基于人类学与民族学结合的研究视角，在区域文化、民族文化研究基础上进一步深化和拓宽民族研究，在文化人类学研究基础上进一步拓宽体质人类学研究渠道，构成民族研究的体质人类学方法论及研究方法。五是基于审美人类学研究的总体性、综合性、跨学科性视野。一方面，在继续强化、深化区域民族研究基础上，既提供解决现实问题的对策性应用研究成果，又提供完善民族学理论及方法论的基础理论成果，为构建区域民族学夯实基础；另一方面，为审美人类学研究提供民族学及民族研究理论与方法论，为其提供跨学科综合研究视域，在学科互动、资源整合、优势互补、聚集合力中形成审美人类学研究的特色和优势。

---

[1] 潘志清：《西南少数民族心理特征嬗变研究》，广西人民出版社 2006 年版，第 27 页。

第四节　民俗学及民俗美学研究方法

审美人类学与民俗学的紧密联系不言而喻,尽管民俗具有普遍性与特殊性,但终归都是体现在一定地域、区域、地方、群类中的民俗现象。关键在于如何夯实审美人类学研究的民俗学理论与方法论基础,将民俗学文化资源与研究资源特色转化为审美人类学研究优势,如何通过审美人类学的跨学科综合研究趋向拓展民俗学研究视域与途径,提升和深化民俗学研究效果和成果。

广西是中国南疆沿边沿海的南方少数民族地区,其区位特征具有亚热带气候、喀斯特地貌、华南丘陵地带、北部湾及南海海洋区域等自然风貌特点,以及各民族聚居、跨文化交往、历史文化深厚、民族风情浓郁等人文风貌特点,自古以来形成颇具地域特色和优势的民族文化、民间文化、民俗文化传统,如柳江人、宝积山洞人、甑皮岩人及大石铲文化等新旧石器时代古人类遗址遗存,铜鼓、花山岩画、歌圩、壮锦、干栏、鼓楼、风雨桥等民族文化形态,壮族史诗《布洛陀》、瑶族史诗《密洛陀》传唱至今,刘三姐传说故事、山歌传唱形成"以歌代言"民间习俗,等等。它们构成广西民俗文化历史与现状的重要表征,形成审美人类学研究丰富多彩的文化资源。

一、民俗学学科定位及区域民俗研究

民俗学是以民俗作为研究对象的学问、学术和学科,是社会学的一门二级学科,因民俗事象体现于人类行为活动现象中,故属于人文科学。此外,民间文学原属于文学的一个独立的形态类型,学科调整后,民间文学包含在民俗学学科中。

民俗学研究对象主要为民俗。民俗指民间风俗习惯,钟敬文主编的《民俗学概论》中认为:"民俗,即民间风俗,指一个国家或民族中广大民众所创造、享用和传承的生活文化。民俗起源于人类社会群体生活的需要,在特定的民族、时代和地域中不断形成、扩布和演变,为民众的日常生活服务。民俗一旦形成,就成为规范人们的行为、语言和心理的一种基本力量,同时也是民众习得、传承和积累文化创造成果的一种重要方式。"[①] 民俗是民间约定俗成与文化传统传承的结果,包括岁时节庆、物质生活、民间科技、社会组织、人生礼仪、方言习惯、口头文学、民间艺术、游戏娱乐、审美风尚、宗教信仰、宗祠礼仪、婚丧嫁娶等风俗习惯,几乎囊括或渗透于民间社会所有生活、活动、行为、心理等方面,构成民俗现象和民俗形态。民俗一词由"民"和"俗"组成。"民"指民间,相对于官方而言,实际上指民间社会及其中下层民众。"俗"指风俗,既相对

---

① 钟敬文:《民俗学概论》,上海文艺出版社1998年版,第1—2页。

于"雅"而言为民俗，又相对于官方的法令规定而言为民间约定俗成。因此，民俗一词包括民间性、民众性、通俗性、约定俗成性和文化传统性。

民俗学是对民俗进行研究的学科，是千百年来民俗研究传统及其文化积累的结果，当然也是现代社会以来学术研究学科化和高校学科教育体系建立的结果。"'民俗'一词作为专门学科术语，是对英文'Folklore'的意译。这个词是英国学者汤姆斯（William Thoms）1846年创用的，他以撒克逊语的'folk'（民众、民间）和'lore'（知识、学问）合为一个新词，既指民间风俗现象，又指研究这门现象的学问。后来，该词逐渐为世界其他国家的学者们接受，成为国际上通用的学科名词。近些年来，鉴于'Folklore'一词既指'民俗'又指'民俗学'，容易混淆，国际学术界又以'Folkloristics'一词专指'民俗学'，而将'Folklore'专指作为研究对象的'民俗'，以便区别。在日本，则将研究民俗的学问称为'民俗学'，而将其研究对象称为'民间传承'。"[①] 鉴于民俗学对象及内容的广泛性和社会性，几乎包括民间社会与民众生活方方面面，因此民俗学具有综合性与跨学科性特征，涉及人类学、民族学、社会学、文化学、宗教学、心理学等学科知识和理论。

作为专业术语的民俗学学科引入中国是在20世纪五四运动时期，从1922年创办《歌谣》周刊开始，形成以北京大学、中山大学等高校为中心的民俗学研究思潮，"它的早期学术建设，重视搜集和整理口头文学作品，宣传通俗文艺，提倡白话和推行国语等"[②]。民俗学建设的主要成果有钟敬文《民间文艺学的建设》，民俗研究如顾颉刚《孟姜女故事的转变》、董作宾《一首歌谣整理研究的尝试》、茅盾《中国神话研究ABC》、钟敬文《金华斗牛的风俗》《中国神话的文化史价值》等，以及周作人、闻一多、朱自清、刘半农、郑振铎、赵景琛、胡适等的民俗研究。"左联"时期及延安文艺运动时期，多次举行关于大众文艺与文艺大众化、文艺民族化、通俗文艺、群众文艺、民间文艺及文艺普及与提高等的讨论，开展民俗与民间文艺考察调研、发掘利用等活动，改编与创作一系列老百姓喜闻乐见的群众文艺作品。新中国成立后，特别是改革开放以来，民俗学学科建设及民俗学研究有了很大发展，各高校文科普遍设立了民俗学学科，建立本科和研究生学科教育体制，培养一大批民俗学硕博人才，出版"东方民俗学林"，收集老一辈民俗学家钟敬文、顾颉刚、江绍原、周作人、黄石、刘魁立等的民俗学论集，涌现出一大批国内外著名民俗学家段宝林、陶立璠、高丙中、董晓萍、许钰、张紫晨、陈建宪等。此外，还出版钟敬文《民间文艺谈薮》、刘魁立《神话研究的方法论》、段宝林《中国民间文学概要》《中国民间文艺学》、陶立璠《民族民间文学基础理论》《民俗学概论》、董晓萍《民俗学导游》、胡潇《民间艺术的文化寻绎》、高丙中《民俗文化与民俗生活》、张紫晨《张紫晨民间文艺学民俗学论文集》、潘鲁生《民艺学论纲》等主要学术

---

① 钟敬文：《民俗学概论》，上海文艺出版社1998年版，第2页。
② 钟敬文：《民俗学概论》，上海文艺出版社1998年版，第418页。

著作，奠定民俗学学科基础及理论方法，民俗学研究取得了丰硕成果。

区域民俗学研究为桂学研究提供重要视角和方法论。广西地处亚热带丘陵地区，具有鲜明的喀斯特地貌特色，沿边、沿海的地理位置使其具有鲜明的南疆特色，同时又是南方唯一的少数民族自治区，因而具有鲜明的民族特色，加之地处岭南，五岭屏障，山区偏僻，长期以来交通不便，相对封闭自足，被历代统治者及中原文人视为蛮荒之地、贬谪官员流放之地、瘴疠之地，这些原始、落后、封闭之词不可避免地遮蔽了广西历史文化的本来面目与真实风貌。广西因其独特的自然人文环境孕育了丰富多彩的民俗文化、民族文化、民间文化，这些文化在相对封闭的空间更易保存、传承和保护，相对而言具有一定的原生态特质与历史文化"活化石"意义。从汉代开始，旅桂文人诗文中就开始出现对这片神奇而未被开垦的处女地进行想象性和理想化的神往。张衡《四愁诗·第二章》云："我所思兮在桂林，欲往从之湘水深。侧身南往涕沾襟。美人赠我琴琅玕，何以报之双玉盘。路远莫致倚惆怅，何为怀忧心烦伤。"南朝陈诗人苏子卿《南征》诗云："一朝游桂水，万里别长安。故乡梦中近，边愁酒上宽。剑锋但须利，戎衣不畏单。南中地气暖，少妇莫愁寒。"[①] 历代旅桂文人对广西自然生态风貌，尤其是桂林山水赞不绝口。一方水土养一方人，入乡随俗，由物及人，由山水之神奇而进入乡土之神奇，历代旅桂文人不仅开启自然山水之旅，而且开启人文风俗之旅，留下大量的民俗考察、调研资料及民俗研究成果。

二、民俗学理论与基本原则

民俗学学科的理论基础和理论资源主要有四个来源：一是建立在马克思主义理论及其有关民俗研究理论基础上，如马克思《摩尔根〈古代社会〉一书摘要》、恩格斯《德国民间故事书》《爱尔兰史——古代的爱尔兰》《爱尔兰歌曲集代序》《家庭、私有制和国家的起源》等；二是依托、引进的现代西方理论，包括民俗学学科理论及其他学科理论，如德国民俗学奠基人格林兄弟《儿童与家庭故事集》《德国的传说》《德国的神话》等，法国福瑞《现代希腊民歌》、热纳《通过礼仪》《当代法国民俗》、山狄夫《民俗学概论》等，以及英国、芬兰、瑞典、丹麦、挪威、美国、俄罗斯等民俗学研究理论；三是建立在中国古代民俗研究理论传统基础上，如周代"三礼"《周礼》《仪礼》《礼记》、孔子"志古之道，居今之俗""民教俗朴"、荀子"入境，观其风俗"、老子"乐其俗"、庄子"寓言""小说"等，以及司马迁《史记》及历代史志的民俗记载和论述；四是建立在当代社会民俗现状考察调研基础上的理论研究。中国民俗学百年历程积累的丰富的理论与研究成果，为现代民俗学研究提供重要的理论资源。因此，综合古今中外民俗学理论资源，构建民俗学理论体系及理论基础，主要包括以下几方面。

其一，民俗的发生学原理。民俗现象及其形态发生应与人类生成发生同步，原始人

---

① 樊平：《历代桂林山水风情诗词400首》，漓江出版社2004年版，第1—3页。

类所从事的狩猎和采集这两种主要生产方式决定其原始社会形态、原始生活方式、原始交往形式，以及人与自然、人与社会、人与人、人与神的关系模式，构成一定的原始风俗习惯。在原始生产方式与生活方式基础上建立起自然崇拜、图腾崇拜、神灵崇拜、英雄崇拜、祖宗崇拜的精神/心理定势，并通过原始巫术、原始宗教、原始信仰形成祭祀仪式及与之配合的原始艺术表现方式的风俗习惯。进入农耕文明社会之后，宗法制与等级制及相应的礼仪制度形成，这些风俗习惯有意或无意保留下来，可由"神事"转为"人事"，又可由"群类"转向"社会"。它们一方面积淀和形成于文化传统和民族心理结构中，另一方面与时俱进，移风易俗，推动民俗改革与发展。毋庸置疑，民俗是人类社会发展和创造的结果，民俗影响人类存在、生存、生活和发展，成为人类社会生活不可或缺的重要内容。

中国周代社会实行礼乐制度，礼制内容与形式从礼俗转化为礼仪，更为强调宗法制传统及祭典仪式化功能，体现雅俗之分、上下之别、尊卑有效的礼制规范性和等级性，无形中既将礼俗雅化、官方化、仪式化，又使得一部分礼俗仍然保留于民间，或转向民间，成为与官方相对的民俗。乐制亦如此，乐发生于原始祭祀仪式的娱神功能中，虽然也经历娱上、娱人、娱己的由神到人的转移，由乐到乐俗，再到乐制的转向，但其娱乐、审美、愉悦的基本功能并无实质性变化，最初用于人与自然、人与神交流沟通，后转向人与人、人与社会、人与自我交流沟通，其交流沟通功能并无实质性转移，故而，乐一方面乐制化、雅化、官方化，另一方面也因乐的个体性不同于礼的群体性，而更多地保留于乐俗及民间民俗中。此外，即便统治者实施礼乐制度，但礼制与乐制因为礼、乐功能不同，因而具有相对与相补的作用。《礼记·乐记》曰："乐者为同，礼者为异。同则相亲，异则相敬。乐胜则流，礼胜则离。合情饰貌者，礼乐之事也。""乐由中出，礼自外作。乐由中出故静，礼自外作故文。大乐必易，大礼必简。乐至则无怨，礼至则不争。"① 这说明礼乐不仅是礼乐制度形式，而且也是礼乐民俗形式，乐与礼在功能作用上的异同，既构成礼乐制度的互补，也构成民俗功能的互补。

从这一角度而论，民俗其实也是相对于官方制度的民间制度形式，民俗发生于民间，更多表现为约定俗成的方式，而广泛流传于民间则是依赖于民间制度或使其成为民间制度形式。此外，官方礼乐制度会因改朝换代等外在因素而有所变化和转移，而民间礼俗、乐俗则因民间社会制度、文化传统及民间集体无意识的潜移默化的内在作用而保留、传承、发展，无论是在时间长度还是在空间广度上，都呈现出民俗植根于民间和民众的活力与生命力。

其二，民俗学理论框架及知识体系。一般来说，民俗学理论框架可划分为四大板块。一是民俗本体论研究，讨论民俗性质、特征、功能、作用、价值、意义等基本理论问题；二是民俗史理论研究，讨论民俗发生、缘起、发展、传统、变迁、传承、传播等问题；

---

① 《礼记·乐记》，载《周礼·仪礼·礼记》，陈戍国点校，岳麓书社1995年版，第425页。

三是民俗事象及类型研究,讨论民俗现象、形态、类型、关系、构成、结构等问题;四是民俗学研究方法论及原则。以钟敬文主编《民俗学概论》为例可管中窥豹,这本著作的理论框架结构如下:第一章为绪论,主要讨论民俗与民俗学、民俗的基本特征,民俗的社会功能,中国民俗的起源与发展等问题;从第二章到第十三章分别讨论民俗形态及类型,包括物质生产民俗、物质生活民俗、社会组织民俗、岁时节日民俗、人生仪礼、民俗信仰、民间科学技术、民间口头文学、民间语言、民间艺术、民间游戏娱乐等;从第十四章到第十五章为民俗学史理论,包括中国民俗学史略与外国民俗学概况;第十六章为民俗学研究方法。① 由此可见,这一理论框架将侧重点放在民俗现象、事象、形态、类型研究上,说明对于民俗学的认识是应用性与综合性学科,其理论性质特征主要表现为应用型理论。而陶立璠《民俗学概论》分为上下两编,上编为理论篇,其中第一章为导论,讨论民俗和民俗学、民俗学的研究领域、学习民俗学的目的,第二章为民俗的基本特征和分类,第三章为民俗的社会功能,第四章为民俗学方法论。下编为民俗类型篇,其中第五章为物质民俗,第六章为社会民俗,第七章为岁时民俗,第八章为人生仪礼,第九章为精神民俗,第十章为口承语言民俗及其他。② 这一理论框架虽然在有关民俗本体论、功用论、方法论等理论问题阐释上有所加强,如将民俗形成归结为经济、政治、地缘、宗教、语言等原因,将民俗特征概括为社会性和集体性、类型性和模式性、变异性、传承性和播布性等,民俗社会功能主要有社会生活功能,有历史、教育、娱乐功能,有跨学科构成功能,包括民俗学与人类学、社会学、民族学、语言学、宗教学、民间文艺学和其他社会学科关系。但大部分篇幅还是放在对民俗事象、形态、类型的研究上,亦说明民俗学的应用性学科性质特征。

其三,民俗学研究基本原则。民俗学隶属社会学,具有社会科学性质不言而喻,遵循社会科学研究规律及科学原则也是理所应当。但因其对象——民俗,带有人文性、社会性、群众性等特征,故民俗学研究具有一定的人文科学性质特征,尤其是作为民俗学重要组成部分的民间文艺,更应该属于人文科学。首先,民俗学研究必须坚持科学原则及实事求是的客观记录原则,这不仅表现在对于资源材料处理和运用的翔实性、客观性、可靠性的原则上,而且也表现于研究过程与研究结果中,无论是作为民俗学学科研究还是学术研究,都应该遵循学术共同体和科学共同体规则和原则,强调考察调研,强调第一手材料,强调从事实出发,才能更好坚持民俗学精神和原则。其次,坚持民俗学研究的人文精神及核心价值取向,这不仅因为民俗相对于官方或主流社会而具有民间性、人民性,相对于精与雅而具有大众性、通俗性、广泛性,而且因为民俗构成与建构的内在逻辑和社会功用的人文性质特征,以此构成民俗学研究的人文精神,坚持人文精神实际上就是坚持民俗学为人学,坚持研究者立场、态度、观点的人民性价值取向,坚持以人

---

① 钟敬文:《民俗学概论》,上海文艺出版社1998年版。
② 陶立璠:《民俗学概论》,中央民族学院出版社1987年版。

为本、尊重民俗、尊重传统的人文价值精神。再次，坚持历史唯物主义与辩证唯物主义原则，这既是世界观也是方法论，而且是民俗评价的指导思想。一方面，必须展开历史与现实贯通的整体观照，予以准确公正的历史价值评述和现实意义评价；另一方面，也要辨析民俗与陋习旧俗的区别，要看到某些民俗中所包含的积极作用与消极作用，更要看到移风易俗对民俗变化发展的推动作用。最后，坚持民俗学研究的核心价值取向，民俗形态事象千姿百态、丰富多彩，但民间性、人民性是其共同特征。民俗功能作用多种多样，甚至兼有积极与消极两面性，但应该抓住其主要功用与核心价值。民俗学研究也有形形色色理论与流派，有不同的研究视角和价值评价角度，但需要建构核心价值体系和普适性评价标准。因此，确立民俗学研究的核心价值取向，建构以人民性为核心的价值体系与评价标准势在必行。

其四，区域民俗学研究的理论基础与理论特点。无论是西方民俗学理论，还是中国古代民俗理论与现代民俗学理论，都为区域民俗学发展与区域民俗研究奠定扎实基础。基于区域自然人文环境背景的特殊性所形成的民俗现象形态的特点，区域民俗学研究也就具有普遍性与特殊性。广西民俗学研究从实践到理论，再到实践的循环，建构经验、传统、理论的研究模式，从经验与传统中升华为理论，形成广西民俗学研究的理论特点。这主要表现在三方面：一是区域性特点。强化民俗学研究的区域理论基础和区域研究视角，更为注重地理空间理论、生态环境理论、文化地理理论等理论视域对于区域民俗研究的重要作用，构成民俗与地域、空间、传统等关系理论。二是民族性特点。强化民俗学研究的民族理论基础和民族风俗研究视角，更为注重各民族聚居、民族交往交流、民族和谐团结对于民俗变化发展的影响和作用，构成民俗与民族关系理论。三是文化融合性特点。自古以来的广西民俗事象和形态，无论是来自本土的民俗还是来自外地的民俗，其实在文化交流与文化变迁中皆有机交融，尤其是秦始皇统一岭南后，汉文化与少数民族文化交流，中原文化与百越、骆越、岭南、粤西、八桂文化交流，各民族文化交流形成广西文化的基本形态，也构成广西民俗现象形态的基本格局。因此，广西民俗学研究在文化交流理论、比较文化学理论、文化认同理论、国家统一理论等理论建设上加大力度，构成民俗与文化交流关系理论。

三、民俗学研究方法及方法论

民俗学研究大体分为民俗学理论研究与民俗学实践研究两大类。基于民俗学更为强调应用研究，因此，民俗学研究方法更倾向于实地考察调研、田野作业、访谈采风等方法与历史研究、文献研究方法的结合。这些研究方法，其实都适用于人类学、社会学、文化学、民族学、民俗学、语言学等学科研究，从这一角度而论，可谓跨学科方法。但每一学科毕竟有学科自身的研究对象及视角，也有学科规定的目标和指向，因此，其方法具有普遍性与特殊性。研究对象具体所在地域空间所形成的状态和特点，也会构成区域民俗研究方法的普遍性与特殊性。在方法运用中应针对具体情况做具体分析，因此，方法选用及灵活运用也会存在普遍性与特殊性。针对研究方向及具体对象所指，民间歌谣有其自身的一些研究方法，神话研究、仪式研究、民间信仰研究、风俗研究、节庆研究等均如此，因此，民俗学研究方向所采用的方法也具有普遍性与特殊性。这就需要从大处着眼，小处着手。正如刘勰《文心雕龙·总术》所言："文场笔苑，有术有门。务先大体，鉴必穷源。乘一总万，举要治繁。思无定契，理有恒存。"① 无论采用什么方法，都应该遵循研究规律与学术规则，达到多样统一、殊途同归的目的。

其一，田野作业方法。基于民俗由"民"与"俗"基本构成的状况，进行实地考察调研，采用田野作业方法，深入民间，包括城市与乡村，深入底层社会，深入普通民众，获取第一手材料，这是民俗学研究的基本功，也是民俗研究的基础条件。田野作业方法不仅仅是研究方法问题，而且涉及研究立场、态度、观念、指导思想、价值取向等重大问题；不仅仅是对研究进行材料收集、资源发掘、准备的局部问题，而且就是研究本身的问题，也是贯穿整个研究过程的全局问题。因此，田野作业方法实质上是方法论问题，既牵涉民俗学理论，也涉及民俗研究原则。田野作业方法论由此展开顶天立地的三层次：顶层为顶天之哲学方法，包括辩证唯物主义和历史唯物主义方法、历史与逻辑方法、思维方法等，落实于田野作业方法的指导思想上；中层为科学研究方法和学科研究方法，包括调研方法、参与法、体验法、观察法、主客换位法、比较方法等，落实于田野作业的实证方法上；底层为立地之可操作性具体方法，包括访谈法、座谈法、问卷法、民俗志法、统计法、材料收集法、录音摄像法等，落实于田野作业的调查方法上。

田野作业方法对于民俗研究来说至关重要，古今中外概莫例外。明代著名地理学家徐霞客不仅跋山涉水，遍访名山大川，而且也深入城乡村寨，考察风俗民情。他曾于崇祯十年四月二十日入桂林，到六月十一日离开，用50天时间考察调研，成就了《徐霞客游记卷三·粤西游日记》的主要内容，其中包含许多名篇，不少篇幅记录桂林风俗民情。如其为出游必先了解本地风俗地貌，"返寓，于肆得《桂林故胜》《西事珥》《百粤风土记》诸书。按部考胜者竟两日"；记载当地端午节划龙舟盛况，"时方禁龙舟，舟人各以小艇私擢山下，鼍鼓雷殷，回波陷日"；记载当地戏曲演出情境，"靖藩方结坛礼梁皇忏，置栏演《木兰传奇》市酒传餐者，夹道云集"；为考察当时明靖江王府内的独秀峰，他数次预约登山未果，"二十九日，入靖藩城，订独秀期，主僧词甚辽缓。予初拟再至省，一登独秀，即往柳州，至此失望，怅怅"。②。由此可见，实地考察调研，对于民俗研究是十分重要的环节，徐霞客对自然与人文地理、旅游、文化的最大贡献在于以其毕生精力，用其手足考察记录各地名胜。至今广西各地还留下其跋涉足迹，中国科学院桂林地质研究院、地处偏远的山区忻城县矗立着徐霞客雕像，以纪念这位旅桂名人。

---

① 刘勰：《文心雕龙注》，范文澜注，人民文学出版社1958年版，第657页。
② 许凌云、张家璠注译：《徐霞客桂林山水游记》，广西人民出版社1982年版，第142、第58、第139页。

其二，文献研究方法。民俗学研究必须将田野作业与文献研究结合，文献具有重要的考证、印证、引证作用。文献主要包括历史典籍文献及其印刷文本文献、石刻文献及其物态化实存文献、钞本及文字记载与口头传承文献等形式。先秦《尚书》《左传》《国语》史册，以及"三礼"（《周礼》《仪礼》《礼记》）与诸子百家文史哲杂糅著作，汉代以后的皇皇二十四史与《清史稿》，以及各地史志，浩如烟海的经史子集等，构成历史文献的基础和主流，记载和保存大量历史文化信息及民俗资料。尤其是史志，在司马迁的《史记》中就开始设有《南越列传》《东越列传》《西南列传》《游侠列传》《货殖列传》等有关民俗、民族记载，《汉书》开始设有《食货志》《郊祀志》《天文志》《五行志》《地理志》《艺文志》等有关民俗记载。更多的民俗记载在历代笔记小品、话本小说、传奇戏曲、野史演义、传说故事等叙述文本中表现。

历代广西方志及地方文献中都有对地方民俗现象与形态进行考察、收录、记载、论述的研究成果与文化传统。自秦始皇统一岭南后，广西被纳入中央行政管辖与管理系统，无形中推动文化交往及人口迁徙，使地处偏远、交通不便的"长在深闺人未识"的原始状态被打破。唐代以来的旅桂文人一方面将艺术和审美眼光投向秀甲天下的桂林山水及广西其他地区自然风光，另一方面以将猎奇、探秘、求异的眼光投向地方民俗风情。历代旅桂文人与本土文人留下大量地方民俗记载资料与文献典籍，如刘恂《岭表录异》、范成大《桂海虞衡志》、周去非《岭外代答》、张鸣凤《桂胜》《桂故》、徐霞客《粤西游记》、赵翼《粤滇杂记》、李调元《粤风》、吴震方《岭南杂记》等文献，均提供大量广西地方民俗资料，为民俗研究奠定扎实的文献基础。

其三，区域民俗研究方法。任何民俗事象和现象都是一定区域范围内的民俗，都与其发生、生成、存在、生存的区域空间与文化地理空间相关。因此，民俗研究离不开区域空间与文化地理空间研究，这是"一方水土养一方人""入乡随俗"的本土滋养的结果，本土文化与民俗有着水乳交融的内在逻辑关联。本土文化特质特征决定了民俗特质特征，反之亦然。因此，区域民俗研究方法，首先运用区域研究及文化研究方法，包括地理学、生态学、文化学、人类学、历史学及跨学科的文化地理学、文化生态学、文化人类学等方法，以扩大民俗研究视角和视域，将民俗放置在区域文化空间中加以研究。其次将区域民俗研究放置在社会发展及历史变迁中加以考察，任何民俗都与一定的历史文化传统及传承发展有关，不能将民俗仅仅作静态观，而应作动态观，也不能仅仅将民俗作传统观，而应作现代观。无论是将民俗视为历史文化遗存"活化石"，还是视为现在进行时的生命运动，一脉相承、薪火相传应该是其时间和生命的延续。因此，对于区域民俗事象与现象的研究必须充分运用历史与逻辑方法。最后，区域民俗研究应该立足于田野作业方法与文献研究方法的结合，两者交叉交融，起着印证、佐证、互证的作用。甚至历代文献记载的民俗，不仅是当时的民俗事象和现象，而且仍可在今天的田野作业中发现，民俗文献印证、佐证民俗事象和现象。

广西历代文献的民俗记载，至今仍有参照性、佐证性、印证性，对地方民俗研究具有历史与现实意义。宋代范成大《桂海虞衡志》序云:"始余自紫薇垣,出帅广右,姻亲故人张饮松江,皆以炎荒风土为戚。余取唐人诗考桂林之地,少陵谓之'宜人',乐天谓之'无瘴',退之至以湘南江山,胜于骖鸾仙去。则宦游之适,宁有逾于此者乎!既以解亲友而遂行。乾道八年三月,既至郡,则风气清淑,果如所闻,而岩岫之奇绝,习俗之醇古,府治之雄胜,又有过所闻者。余既不鄙夷其民,而民亦矜予之拙而信其诚,相戒毋欺侮。岁比稔,幕府少文书,居二年,余心安焉。承诏徙镇全蜀,亟上疏固谢不能,留再阅月,辞勿获命,乃与桂民别。民艤客于途,既出郭,又留二日始得去。"① 不仅描述桂人纯朴善良的性情与醇古好客的风俗,而且描写作者与桂民的深厚情谊。该书对广西民俗的记载分为《志香》《志酒》《志器》《杂志》《志蛮》等,其中《志器》曰:"戏面,桂林人以木刻人面,穷极工巧,一枚或值万钱。"② 对桂林傩风俗进行记载,《志蛮》曰:"广西经略使所领二十五郡,其外则西南诸蛮。蛮之区落,不可殚记;姑记其声问相接,帅司常有事于其地者数种,曰羁縻州洞,曰猺,曰獠,曰蛮,曰黎,曰疍,通谓之蛮。"③ 留下大量记载广西少数民族风俗习惯的史料。

宋周去非在其《岭外代答》"序"曰:"入国问俗,礼也,矧尝仕焉而不能举其要。广右二十五郡,俗多夷风,而疆以戎索⋯⋯仆试尉桂林,分教宁越,盖长边首尾之邦,疆场之事,经国之具,荒忽诞漫之俗,瑰诡谲怪之产,耳目所治,与得诸学士大夫之绪谈者,亦云广矣。盖尝随事笔记,得四百余条⋯⋯"④ 其中专设《风土门》《蛮俗门》《志异门》描述本地风俗,还在《地理门》《外国门》《法制门》《财计门》《器用门》《服用门》《食用门》《乐器门》《古迹门》中分门别类描述本地人文地理、物用特产风貌。如《乐器门》中"桂林傩"条曰:"桂林傩队,自承平时,名闻京师,曰静江诸军傩,而所在坊巷村落,又自有百姓傩。严身之具甚饰,进退言语,咸有可观,视中州装,队仗似优也。推其所以然,盖桂人善制戏面,佳者一直万钱,他州贵之如此,宜其闻矣。"⑤ 比较具体地描述当时桂林傩戏、傩舞盛况。历代方志也留下大量的人文风貌与民俗风情的史料,如(嘉靖)《广西通志》、(万历)《广西通志》、(康熙)《广西通志》等,(嘉靖)《南宁府志》、(康熙)《南宁府全志》、(宣德)《桂林郡志》、(康熙)《桂林府志》等,(嘉庆)《临桂县志》、(道光)《义宁县志》。专题分类史志如《白山土司志》《广西土官志》《湘山志》等,一方面留下大量的历代广西地方民俗资料,另一方面也形成广西历代民俗研究的传统。

广西民俗研究不仅见于历代相关文献中,而且表现在历代旅桂文人的诗文中。基于对地处偏远、难为世人所知的粤西自然人文风景名胜的赞美与猎奇心理,历代旅桂文人

---

① 范成大:《桂海虞衡志校补》,齐治平校补,广西民族出版社1984年版,第1页。
② 范成大:《桂海虞衡志校补》,齐治平校补,广西民族出版社1984年版,第15页。
③ 范成大:《桂海虞衡志校补》,齐治平校补,广西民族出版社1984年版,第33页。
④ 周去非:《岭外代答校注》,杨武泉校注,中华书局1999年版,第1页。
⑤ 周去非:《岭外代答校注》,杨武泉校注,中华书局1999年版,第256页。

写下了大量有关民俗风情描述的诗文。如唐宋之问诗《桂州黄潭舜祠》："虞帝巡百越，相传葬九嶷。精灵游此地，祠树日光辉。禋祭忽群望，丹青图二妃。神来兽率舞，仙去凤还飞。日暝山气落，江空潭霭微。帝乡三万里，乘彼白云归。"描写虞舜传说故事。宋陶弼诗："石壁深深绕县衙，不离床衽见烟霞。民耕紫芋为朝食，僧煮黄精代晚茶。瀑布声中窥案牍，女萝阴里劝桑麻。欲知言偃弦歌处，水墨屏风数百家。"描写县衙周围的田园牧歌风情。明曹学佺《桂林风谣十首》，其一曰："楚粤流皆仰，湘漓水自分。易生阶面草，难度岭头云。素节龙舟竞，冥搜鼠穴熏。水东街最盛，游女曳罗裙。"其五曰："箫鼓沸中秋，肩挑水族稠。饗飧临顿办，节序竞时修。月兔灯俱上，风鸢瘴易收。官街青石路，醉倒滑如油。"① 均记载和表现桂林民俗民情，为民俗研究提供可资参考、佐证资料。

近年来，民俗学及民俗美学研究取得令人瞩目的成就，为其他学科研究提供资源与条件，更为审美人类学研究打下良好基础，推动审美人类学研究深化发展。审美人类学研究必须夯实民俗学理论与方法论基础，推动审美人类学的民俗学研究视角建构及民俗学研究的深化发展。民俗学研究亦须依托审美人类学研究平台及审美人类学研究视野，夯实审美人类学研究理论与方法论基础，这会对民俗研究的深化发展起到积极推进作用。

第五节　生态学及生态美学研究方法

生态学研究视角的审美人类学及生态美学理论与方法论建构原因主要有三：一是自然地理区位的沿边沿海、丘陵山区的独特地貌，以及南方亚热带的独特气候条件，人文地理区位的百越、骆越、岭南、粤西、八桂文化的独特风貌，构成人与自然的存在、生存空间及其关系结构逻辑，具有得天独厚的自然特色与人文优势。二是少数民族及多民族聚居地区的区位特色，历史上构成少数民族文化之间、少数民族文化与汉文化之间、本土文化与中原文化长期交往交流传统，族际、人际、区际关系和谐融洽，常被誉为民族团结模范，形成颇具特色的区域民族文化生态。三是作为经济欠发达、后发展的西部地区，在现代发展中面临全球化与现代化的挑战和机遇，经济发展与生态环境保护发生冲突，生态危机与环境破坏问题日益凸显，生态理念及自觉意识日益强烈，生态文明建设成为党和政府及全社会共识，生态学崛起并成为显学是社会与时代发展的必然结果。

审美人类学既需要以生态学视角及理论方法论作为研究基础，也需要对其理论方法论应用于区域研究中的性质特点加以研究，将审美人类学研究与生态学研究结合，构成审美人类学研究的生态学方向，或生态学研究的审美人类学方向，成为彼此追求的共同

---

① 樊平：《历代桂林山水风情诗词400首》，漓江出版社2004年版。

目标和奋斗方向，以期达到生态文明社会建设的目的。

一、生态学学科性质、类型及研究对象

相对于传统哲学与人文社会科学的其他学科而言，生态学是一门新兴的现代科学。英文生态学"ecology"一词源于希腊文"oikos"（原义为房子、住所或家务）和"logos"（原义为学科或讨论），原指研究生物住处的科学。"1866年，德国动物学家黑克尔（Haeckel）首次为生态学下的定义是：生态学是研究生物与其环境相互关系的科学。他所指的环境包括非生物环境和生物环境两类。"① 生态学属于生物学的一个分支，与生物学、环境学息息相关，学科归属于自然科学。生态学被社会科学与人文科学所利用，形成跨学科综合的社会生态学、文化生态学、人类生态学、民族生态学、文艺生态学、审美生态学等，或称谓生态社会学、生态文化学、生态人类学等，生态学理论方法论及生态精神、意识、观念成为各学科必备的基本内容，生态学因此成为一门重要学科和显学。这也说明生态学是一门综合性、基础性、跨科际性很强的学科，其基本理念、理论与方法可为各学科所借鉴，也可与各学科研究结合形成跨学科、交叉学科、新兴学科，由此形成学科新的生长点与增长点。

生态学一般可以分为理论生态学与应用生态学，或生态学基础理论研究与生态学应用研究两大类。理论生态学中的普通生态学主要是对生态学原理、原则的基本理论研究，通常包括个体生态、种群生态、群落生态、生态系统四个研究层次。理论生态学依据生物类别可区分为动物生态学、植物生态学、微生物生态学等；理论生态学依据生物栖居地可区分为陆地生态学、海洋生态学、森林生态学等。应用生态学主要是将生态学理论方法应用于生态实践对象及现实生态问题研究，包括污染生态学、放射生态学、热生态学等。②

生态学的理论与方法，既可应用于生物，也可应用于人类及其社会行为活动。现代生态学发展趋势注意到自然科学与人文社会科学的交义关系，作为生态学研究对象的生态不仅仅指称以生物为主体的自然生态，而且也指称以人类为主体的人文社会生态，两者结合就包含人与自然关系构成的生态含义。由此可见，生态不仅包括自然生物生态系统，而且包括人类生态系统，两大生态系统构成更大的生态系统。从这一角度而言，生态学不仅具有科学性，而且具有人文性，是科学性与人文性的结晶。从人文社会科学视角确立生态研究对象具有非常重要的意义，生态这一范畴中必然包含人类生态、人文生态、社会生态、文化生态的含义，也必然将人与自然关系作为生态研究的切入点和契合点。如果将生态作狭义与广义之分，自然生物生态可谓狭义生态含义，人类人文生态及人与自然关系生态则为广义生态含义。人文社会科学视野中的生态学研究对象的生态应

---

① 尚玉昌：《生态学概论》，北京大学出版社2003年版，第1页。
② 尚玉昌：《生态学概论》，北京大学出版社2003年版，第2页。

属广义的生态，其内涵与外延都有所扩大和开放，更为重要的是为人文社会科学研究确立新的视野、视域和视角。当从生态学视角确立自然生态、人类生态、文化生态、社会生态等研究对象时，相应地就会确立生态意识、生态理念、生态精神及人文意识与人文精神，也就会在研究对象的生态性上看到生态构成的相关性、系统性、整体性，生态研究的价值意义就会得以彰显。

二、生态学的基本理念及理论基础

生态学作为具有自然科学性质与属性的一门学科，必然具备科学性、客观性与实证性。一方面，生态学在其历史发展过程中与哲学人文社会科学等学科结合，在科学精神基础上融入人文精神；另一方面，基于现代社会发展和时代需要，生态学更多地与社会现实问题及科学发展、可持续性发展精神结合，使之具备现代精神与时代精神特征，成为生态文明、生态精神、生态理念的表征，成为全人类的共识，带有鲜明的突出的价值取向，构成人类共同追求的核心价值。从这一角度而论，生态学的基本理念及理论基础，并非仅为其学科所有，而应为其他学科，包括社会科学和人文社会科学等学科所拥有。

从审美人类学研究视角出发所依据的生态学理论，从其学科理论及科学方法论基础考察，主要有区域特点、现实应用需要和价值取向的观念三个观测点以建构其理论基础。

其一，生态环境理论。考察"生态"的定义，其不仅指称自然生态、生物生态、社会生态、人类生态、文化生态等所属的生态类型与生态系统，而且还指称这些自然物、生物与人类共同存在、生存的环境空间，更为重要的是人与自然构成的关系及各种类型生态关系所形成的立体化、复合化、系统化的环境空间。生态与环境不可分割，生态指涉的是在一定环境中的生态，环境在一定程度上决定生态性质、质量和程度。人类生态状况显然与人类生存环境密切相关，无论是自然环境还是人文社会环境，都会直接或间接影响人类生态状况与发展趋向。因此，生态系统中必然包含环境要素及其关系和结构。考察"环境"的定义，其不仅仅指称人类生存、生活、发展环境，而且还指称包括一切生物、生命在内的存在和生存环境。人类生存、生活、发展环境不仅仅是人文社会环境，而且还是包括自然环境及其与社会环境关系、物质环境与精神环境构成的大环境。生态环境不能局限于狭义的生态与环境含义上，而且应该扩展为人与自然的关系、人与社会的关系、人与人的关系、人与自我的关系（心理环境）及生态与环境的关系上。将生态环境作为合成词理解，强调的是关系、构成、结构、系统的整体性、对立统一性和规律性，实质上是包括人类物质与精神在内的所有自然、生命、生物存在、生存的基础和条件。对于人类而言，是"属人"的与"类属性"的，而非"异化"的人类生存生活的人文环境。对于自然而言，既是自在自为的，又是带有人与自然关系构成的自然性与"人化自然"性构成的自然环境。更为关键的是，生态环境是生态意义上的环境，无论是人文环境还是自然环境，都必须在生态基础上统一为生态环境，因而人文生态环境与自然生态环境在人与自然的关系中构成生态环境整体。

其二，生态和谐理论。当前人类面临的环境破坏危机，其实质是人类生存和自然生物生存所面临的共同危机，也是生态失衡危机及生物链断裂危机。保护环境，保护人类及自然生物生存环境，已成为生态和谐理论与实践的宗旨和目的。针对环境污染、破坏、恶化所造成的生态危机后果与原因的思考，不仅是生态学及所有学科应肩负的重任，而且应该提升为全社会反思和警醒的自觉意识。生态和谐理论立足于生态主义立场，确立起生态保护主义、环境保护主义、生命至上主义及生物循环论、地球中心论的宇宙观与世界观和方法论，建立起生态和谐的理念、观念、观点，反思人类中心论弊端及解决科技开发与经济发展所造成的生态环境失衡问题。生态学及其研究意义在于，不仅树立起生态环境爱护、保护、预警、反思的观念意识及制度、体制、机制、政策、法律保障体系，还需提升到生态文明高度来认识，并针对人类社会发展及生态环境整体发展的现实问题，积极寻找应用对策措施，落实到人类社会实践活动与行为上，将生态学及其生态环境研究成果转化为社会应用成效。因此，生态学不仅重视理论研究与实践应用，而且在现实实践中也成为环境设计、环境保护、环保监测、环保评估、环保立法执法的重要力量，起到合理调节人与自然的关系、缓解生态环境危机、解决工业文明与生态文明矛盾的积极作用。

其三，生态循环理论。作为宇宙空间的系统存在和关系存在的人与自然，并非孤立封闭地独立存在、运动和发展，而是在生态系统的平衡和谐关系中存在、运动和发展。生态系统既具有循环守恒、物种多样性、优胜劣汰、生物链与生态链的自我保护和完善功能，也具有相互协调、协同发展、调节与自调节、控制与自控制的系统论、控制论功能，以维护生态平衡与和谐。这不仅体现出达尔文主义的生物进化论思想的合理性与必然性，也体现出自然之道及自然规律的科学性与客观性，还体现出生态循环及维护生态平衡的自然规律与运行规则。

生态循环，首先表现在生态系统中形成的生物链上，一环扣一环，彼此依存，互为因果，形成时间性的季节更替、生命轮回、空间性的物种关系与利害平衡的生物链与生态圈，构成生态循环规律与自然法则。其次表现在生态系统中的对立统一规则上，生物进化在优胜劣汰的丛林法则基础上，也存在着千丝万缕的相生相克、取长补短、循环往复的生物间性，在一物降一物中也存在着一物顺一物的内在逻辑。从相对主义角度看，优劣、强弱、长短、大小、多少等都是相对的和可以转化的，对立与统一、冲突与和谐、矛盾与关联也是相对的和运动的，构成生态循环规律与自然法则。再次表现在遵循生态循环规律推动循环经济发展上，这是基于生态保护、环境优化、节能减排、资源合理利用策略而采取的现代经济发展方式和新的生产模式，无论是工业循环经济还是农业循环经济，都能获得生态经济的多重效益，形成经济发展的生态循环规则。最后表现在人类社会发展的螺旋形上升的规律上，所谓"因革""通变"所阐明的继承与创新的辩证关系，以及"民族复兴""国学振兴""文化传统弘扬""人文精神重振""人类命运共同体"等，无疑都在一定程度上说明历史循环、社会循环、传统循环的规律，其循环特点在于螺旋形循环上升态势，尽管生物进化论与人类文明进步论有所区别，但在生态循环论基础上有殊途同归的一面。

生态循环理念在自然生态循环与人文生态循环及循环经济中生成与建构，更在自然与人文关系中发展生态循环理念。不可否认的是，由于人类中心论及人与自然关系的对立，不遵循自然法则与自然运动规律，导致资源匮乏、环境破坏、生物危机、自然灾难频繁。生物链和生态链断裂，造成生态失衡、人与自然关系恶化的严重后果。因此，生态学应着力于生态循环规律研究，在理论上解决生态循环中的自然循环与人文循环及循环经济的学理性问题的同时，更应该在实践上解决现实问题，体现生态学理论的实践品格与现实性、应用性、对策性效应。

其四，人与自然关系理论。人与自然的关系是生态学中的一个重要命题。自人类从自然中走出来而独立于自然之后，人与自然始终处于对立统一、相反相成的矛盾且复杂的关系中，这是历史形成与人类认识发展的结果。在生产力低下和人类对自然认识尚不完备的原始社会，人类的弱势与自然的强势构成巨大反差，人与自然的矛盾既导致对立与亲和的矛盾关系凸显，又使人类滋生崇拜自然与征服自然的矛盾意识；当生产力提高与科学技术进步促进人类社会快速发展时，人类的强势与自然的弱势形成新的反差，人与自然的矛盾加剧，人类在改造自然的同时也在破坏自然、消耗资源、浪费资源，当然也遭受自然的报复和惩罚。显然，人与自然的关系具有两面性，两者关系是对立统一的辩证关系。但是，学界过去所持的人类中心论和二元对立观念，未能真正认识到两者辩证统一的关系，也未能将自然真正纳入人类社会构成中，将人类放在自然构成中来相互体认，未能真正做到"天人合一""物我为一""心物交融"。在生态学视野下，人与自然的关系在生态系统中应该是平衡、和谐、协调的辩证统一的生态关系。因此，生态学更为重要的意义在于改变与转换人类的观念和思维，重新调整人与自然的关系，这样才能有效解决全球性的环境、资源、人口、自然、生态及人类生存发展等问题。

其五，跨学科生态学理论。生态学自身具有跨学科性质，带有综合研究与整体研究特征。生态学与其他学科结合形成交叉学科、新兴学科与学科分支，形成跨学科理论方法，如生态社会学、生态文化学、生态人类学、生态民族学、生态文艺学、生态美学等。殷登祥、徐恒醇主编"生态文化丛书"分别设有生态哲学、生态伦理学、生态经济学、生态法学、生态文艺学、生态美学等。曲格平指出："人的生态与人的心态密切相关，生态问题的解决首先有赖于人类生态观和价值观的取向；同时，人类生态环境是一种经济—社会—自然的复合系统，人口、资源、环境等生态问题与人类经济活动息息相关，只有纳入法制轨道，才能实现社会、经济和生态环境的协调发展。"[①] 邢贲思认为："它（可持续发展）的内容可以表述为下述三个命题：其一是人类的发展不应削弱自然界多样性生存的能力；其二是这部分人的发展不应削弱另一部分人的发展能力；其三是当代

[①] 鲁枢元：《生态文艺学》，陕西人民教育出版社2000年版，"序"第2页。

人的发展不应削弱后代人发展的可能性。这便构成了一种新的有机整体的自然观和价值观。"① 厉以宁指出："必须让全民有生态意识、环境意识，要对经济增长有正确的观点。经济增长本身不是目的，目的是让我们这一代和未来各代都能过上幸福的生活。"② 众多学者专家从社会、历史、文化、经济、道德、法律、美学等不同角度丰富和拓展了生态学理论，也开辟出跨学科研究的新的生态理论领域。跨学科生态学研究在学界渐成共识和趋势，国内学者曾繁仁、鲁枢元、徐恒醇、曾永成、张艳梅、王杰、江业国、袁鼎生、朱慧珍、范秀娟、聂春华等致力于生态文艺学、生态美学、生态批评、生态艺术学领域开拓，扩大了生态学理论研究视野，取得了多领域、多方面的理论研究成果。

三、生态学方法及其在审美人类学研究中的应用

生态学的跨学科研究及其与其他学科结合的综合性，使其研究方法与社会学、文化学、人类学、民族学与生物学等学科方法交叉，具有方法论意义上的普遍性与特殊性。正如袁鼎生在《超循环：生态方法论》中所云："学术方法也理当超循环。哲学方法，探索学术研究的理念与观念，形成学术研究的原理。科学方法，探索学术研究的路径与图式，形成学术研究的原则。技术方法，探索学术研究的程序与模型，形成学术研究的方式。三者双向对生，成环回旋升态势。"③ 说明方法论系统构成主要分为形而上的哲学本体论方法论层次、形而中的科学方法论及学科方法论层次、形而下的具有具体性和可操作性的应用方法论层次。生态学方法不仅是科学研究方法与人文研究方法的统一与综合，更是各学科研究所确立的一种视角和视野，以及学术研究的理念和观念及价值取向。因此，生态学方法论应该包括科学研究方法与哲学人文社会科学研究方法，如社会调查方法、田野工作方法、实验方法与实证方法、个案研究与案例研究方法、宏观与微观研究方法、文献与文本研究方法、计量与数据研究方法、定量与定性研究方法、系统论与控制论方法等。

其一，田野工作方法及其调研方法。生态学与社会学、文化学、人类学、民族学等学科研究都十分注重田野工作方法，将调查、考察的材料与实证视为科学及学科生命。可将田野扩大理解为自然生态与人文生态及两者关系构成的大田野，也将田野工作对象视为广义文本，是在宇宙空间与历史时间基础上扩展延伸的大文本、复合文本与活的文本。一方面，田野既呈现自然生态与人文生态的基本状态；另一方面，田野也是展示两者关系及其生态运动运行状态，构成材料与实证的客观性和科学性，提供生态学研究的可靠对象和实践依据。

从生态学研究角度而言，调查方法包括自然生态状况与人文生态状况的调研方法。

---

① 鲁枢元：《生态文艺学》，陕西人民教育出版社 2000 年版，"序"第 3—4 页。
② 鲁枢元：《生态文艺学》，陕西人民教育出版社 2000 年版，"序"第 8 页。
③ 袁鼎生：《超循环：生态方法论》，科学出版社 2010 年版，"前言"第 vii 页。

在内容上，可以划分为类型调查与专项调查、区域调查与抽样调查、典型案例调查与个案调查、过程调查与时段调查、样本调查与计量调查等内容；在形式上，可以划分为访谈法、问卷法、座谈法、观察法、试验法、实验法、测量法、测评法等。生态学方法十分注重数据和指标，无论是调查研究还是实验，都会依据一定的原则和标准，设计评估体系及评价指标，形成一定的调研方式与评估模式。

其二，系统论方法。将生态作为系统来对待，旨在说明自然、人类、生物、事物、环境、资源之间存在一定的关系，采用系统论方法以说明系统内部与外部、这一系统与其他系统、子系统与大系统之间的存在、运动、功能、作用关系。因此，生态学提出的"生态系统"是"指在一定的空间内，生物的成分和非生物成分通过物质的循环和能量的流动互相作用、互相依存而构成的一个生态学功能单位"[1]。生态系统研究需要运用系统论方法。"系统论方法便是要求人们从系统这个有机整体的观点出发，从系统与要素之间，要素与要素之间，以及系统与外部环境之间的相互关联和相互作用中考察对象，以达到处理和研究问题的最优目的的科学方法。"[2] 系统论着眼于系统与子系统、关系与结构、层次与要素、功能与能量、作用与反馈等研究，形成方法与方法论，其基本观念、方法、原则主要有以下几点。

一是整体性原则，强调"整体大于它的各部分的总和"[3]。整体构成中的各要素有其自身独立功能，同时还具有在整体中的各要素之间的关系功能及所产生的系统功能与整体功能。

二是动态性原则，强调"从系统的生成、演化、发展、运动等方面去观察和把握系统的属性"[4]。系统是建构、变化和发展的，是一个动态系统、开放系统、能量交换系统。

三是结构性原则，强调"在一定层次中形成一定结构的基础上的整体性"[5]。系统作为一个有机构成与系统构成的结构，其结构性、构成性使系统具有意义；同理，要素只有在构成与结构中才能产生作用及产生结构功能，结构使要素具有意义。

四是层次性原则，强调系统相对分有不同层次和级次，"任何有机体都是按照一定的秩序和等级组织起来的"[6]。系统层次具有相关性、有序性、开放性，系统内部各层次、系统与子系统、各系统之间都遵循层次性原则。

五是相关性原则，强调系统、层次、要素不仅具有差异性与普遍性，而且具有相关性及因之带来的对应性、交叉性、逻辑性，通过组合、调节、协调使关系平衡和谐，形成整体系统。也要求在关系中扩大视域，"要把研究对象投入到一个更大的更高层次的系

---

[1] 尚玉昌：《生态学概论》，北京大学出版社2003年版，第194页。
[2] 傅修延、夏汉宁：《文学批评方法论基础》，江西人民出版社1986年版，第239页。
[3] 傅修延、夏汉宁：《文学批评方法论基础》，江西人民出版社1986年版，第240页。
[4] 傅修延、夏汉宁：《文学批评方法论基础》，江西人民出版社1986年版，第241页。
[5] 傅修延、夏汉宁：《文学批评方法论基础》，江西人民出版社1986年版，第242页。
[6] 傅修延、夏汉宁：《文学批评方法论基础》，江西人民出版社1986年版，第245页。

统中去考察，也就是要求人们去考察被研究对象与周围系统的联系"①，从而形成对生态系统的系统论及系统方法研究视角。

其三，控制论方法。控制论与系统论相关，控制论可以说是一种系统控制理论方法。"控制论是一种研究系统的控制过程的横向科学方法。所谓控制，是指有组织的系统根据内部和外部条件的变化而进行调整，以克服系统的不确定性，使系统稳定地保持或达到某种特定状态，或者使系统按照某种规律变化的一种过程。"② 控制论方法和原则主要有以下三点。

一是运动、状态、结构、行为、功能的系统控制方法。控制论研究系统中的控制，不仅自身具有控制系统，而且具有系统控制功能。认识和把握控制系统和系统控制，首先必须认识和把握系统的运动、状态、行为、功能的整体性、结构性与构成性。系统构成与结构具有动态性和控制性，通过内部自控制和外部控制作用形成稳定又开放的结构，"控制论所观察的结构是系统中控制和被控制的结合方式，也就是说，控制论要观察和认识系统中部分和整体关系"③。

二是重视输入和输出的黑箱分析方法。针对一些需要认识和控制的对象，由于种种原因和条件限制，对其内部结构和机理难以认识和把握，如同一个密封的黑箱，需要采用黑箱分析方法。"所谓黑箱方法，就是通过考察和研究一个系统的输入、输出及其动态变化过程，进而推断出系统行为规律的一种科学方法"④，形成输入和输出的黑箱分析方法与系统控制模式。

三是通过反馈以调节和协调系统控制的方法。"所谓反馈，指的是系统的输出通过一定的通道返回到输入端，以此对系统的输入和再输出发生影响的过程。用反馈来对系统进行控制的方法，或者说用系统活动结果来调整系统活动的方法，主要由控制器、执行机构、控制对象和反馈装置等部分组成。"⑤ 反馈具有调节系统偏离目标的控制功能和维护、保存系统的作用。

其四，区域生态研究视角下的生态学研究方法。广西是一个生态资源十分丰富的民族地区，具有南方自然生态资源与民族人文生态资源特色与优势。广西学界长期以来重视运用生态学理论与方法进行科学研究，无论是在自然科学领域还是在人文社会科学领域都取得了优异成绩。对于人文社会科学研究，尤其是民族文化研究而言，广西学界积极倡导生态哲学、生态文化学、生态人类学、生态美学、生态文艺学、生态诗学、民族生态学、社会生态学等跨学科理论与方法，取得文化生态学研究的系列成果，在学界形成重要影响。广西民族大学长期以来形成民族学、人类学、生态学三足鼎立并交叉融合

---

① 傅修延、夏汉宁：《文学批评方法论基础》，江西人民出版社1986年版，第246页。
② 傅修延、夏汉宁：《文学批评方法论基础》，江西人民出版社1986年版，第263页。
③ 傅修延、夏汉宁：《文学批评方法论基础》，江西人民出版社1986年版，第264页。
④ 傅修延、夏汉宁：《文学批评方法论基础》，江西人民出版社1986年版，第268页。
⑤ 傅修延、夏汉宁：《文学批评方法论基础》，江西人民出版社1986年版，第270页。

的发展态势,近年来以袁鼎生为代表的生态美学研究群体取得令人瞩目的系列成果,如袁鼎生《生态艺术哲学》《审美生态学》《生态视域中的比较美学》等著作,与其生态美学团队的系列著作和论文,构成学界生态学及生态美学研究的重镇,与以曾繁仁为代表的山东大学生态美学研究群体和以鲁枢元为代表的苏州大学生态美学研究群体,形成南北遥相呼应,构成生态美学研究的基本格局。江业国《生态技术美学》等著作,从生态美学与技术美学结合视角,阐发生态保护与科技发展之间的矛盾,并尝试立足于美学将两者有机统一。廖国伟长期以来致力于桂林山水自然美研究,将生态美学作为其研究的理论与方法论基础,取得自然美及山水美学研究的系列成果。更为重要的是,他们将生态美学理论应用于本土文化及民族文化研究中,将生态学与民族学、文化学、社会学、历史学、教育学、文艺学等学科结合,创新本土文化及民族文化研究成果,使广西民族生态文化研究在全国学界享有重要声誉。生态美学及广西民族生态、自然生态、人文生态研究构成地方性学术研究的方式,对于桂学研究而言非常重要,不仅是桂学研究的重要组成部分,而且具有在跨学科综合研究基础上寻找新的学术生长点的重要的方法论意义。

第六节 比较研究方法及比较美学

人文科学及其各门学科最为常见的研究方法就是比较方法,审美人类学研究方法亦如此,既有基于彼此共同性与普遍性的比较,亦有基于彼此特殊性与差异性的比较。比较方知异同,比较方能鉴别与借鉴,比较方晓取长补短、扬长避短,比较方能交流会通。比较方法常见于日常生活中,最初在语言修辞及文学创作与文学研究中广泛使用,此后引入自然科学。社会科学、人文科学的各学科研究中,几乎任何学科研究都离不开比较方法。

一、比较作为思维方式与科学方法的本体论

本体论探讨的是事物的本原、本源与本质问题,一方面可以通过形而上的哲学思辨进行探讨,另一方面也可从源流及渊源关系的追根溯源与发展脉络进行探讨,再一方面可通过揭示本质、特征、功能、价值与意义进行探讨。对于比较方法的本体论探讨,则可从思维方式、方法论与学科形成三个研究视角加以分析。

其一,比较作为人类思维方式的本体论。比较作为人类思维及认知世界的一种基本方式,是与其存在、生存、生活、发展密切相关的。从人类思维发展过程来看,最初的表象思维是基于人的身体器官的五官感觉,即视觉、听觉、嗅觉、味觉、触觉而发生的原始思维,往往是通过重复与回忆的方式进行表象思维与感觉认知,其中就蕴含着比较

的萌芽。人类表象思维对象及认知经验积累到一定程度，就会进一步思考事物之间的关系与联系，从而就会从相同、相似、相近、相反事物的异同中进行归类与分类，并从个体的表象特征的描述中概括出具体所指的概念名称，如水果的桃、梨、杏、枣、橘等，其后再从这一类型事物的比较中抽象出一定的普遍性与共同性，形成通过抽象归类的"水果"这一概念，将这一类事物的特殊性与普遍性通过概念命名及关联比较表现出来。人类思维从归类、分类到概括、归纳的发展，从具体表象到抽象逻辑的发展，无疑包含了比较的表象思维到逻辑思维发展的结果，也可谓形成比较思维。从这一角度而论，比较推动了人类思维的发展与进步，比较是思维的基础，也是推动思维发展的重要原因之一。从人的个体成长过程来看，个人思维能力及认知能力的形成，固然有生物遗传基因所起的重要作用，但仍是基于人对外部世界对象事物的感触、感觉、感受的认知与自我认识。刚刚出生的婴儿对其周遭陌生世界的分辨，恰巧就是从其感觉到的表象特征及表象间的差异性与共同性开始的，与生俱来的无意识中就潜藏着比较因素。现代精神分析理论中拉康的"镜像理论"很大程度上说明婴儿对照镜子时所产生的从"异己"到"同一"的所谓"镜像"，乃是其自我认识及外部世界认识的原始思维开端，无疑也是不自觉的、下意识的本能比较的结果。此后，人的个体成长始终伴随着这种比较方式的思维和认知，只不过逐渐走向自觉与能动而已。由此可见，人类的思维及认知能力无论如何发展、变化和提高，始终都离不开比较这一基本方式，都会带有无意或有意的比较思维及比较认知痕迹。因此，只有在这种不自觉的、下意识的比较基础上才能够发展为自觉的、有意识的、有目的的比较方式及思维方式。从原始思维发展到文明思维，从表象思维发展到逻辑思维，从具象思维发展到抽象思维，从感觉到知觉，从感性到理性，从自发到自觉，比较在人类思维发展中无疑起着至关重要的作用。人类比较思维及其认知世界方式的形成、发展，使人类认知世界不仅依赖于表象及其感觉，而且更依赖于思维经过抽象概括而符号化的概念。概念的形成，很大程度上也是比较思维认知的结果。水果概念对具体的桃、梨、杏、枣、橘等共同性与普遍性的抽象概括就意味着比较方法运用所形成的认知。桃、梨、杏、枣、橘等具体概念的命名，显然不仅基于各自自身特征所在，而且基于各自的差异及其关系所在，也就意味着通过比较方法所形成的彼此构成相对性的认知。也就是说，桃的概念命名不仅是依据桃自身的性质特征而确定的，而且是在桃与梨、杏、枣、橘等比较的差异性中相对形成的概念。色彩亦如此，红色既是由其自身性质特征所决定，又是相对于绿、黄、蓝、紫、黑、白等不同色彩的差异性比较中相对而确定。先秦萌发于殷周时期的《易经》与成书于战国或秦汉时期的《易传》统称《周易》，是先秦儒家重要典籍之一。作为中国最古老的占卜之书，《周易》也是当时人类思维方式及认知方式的朴实而深刻的阐发，其中包含有比较思维与比较认知的基本元素。《周易·说卦》："昔者圣人之作《易》也，幽赞于神明而生蓍，参天两地而倚数，观变于阴阳而立卦，发挥于刚柔而生爻，和顺于道德而理于义，穷理尽性以至于命。昔者圣人之作《易》也，将以顺性命之理。是以立天之道曰阴与阳，立地之道曰柔与刚，立人之道曰仁与义。兼三才而两之，故《易》六画而成卦。分阴分阳，迭用柔刚，故《易》六位而成章。"《周易·系辞下》："古者包牺氏之王天下也，仰则观象于天，俯则观法于地，观鸟兽之文与地之宜，近取诸身，远取诸物，于是始作八卦，以通神明之德，以类万物之情。"其中所蕴含的深刻的比较思维随处可见。因此，比较不仅仅是一种方法，更是一种思维方式，是人类认知世界、认知对象、认知自我的一种重要方式。

其二，比较作为表现方法的方法论。人类在异同比较的基础上形成比较的各种方式，如正比、反比、类比、对比、比附、比喻、暗喻、隐喻、比兴等，广泛运用于认知世界及社会生活中，成为思维方式、认知方式、表述方式、审美方式、交流方式、语言表达方式、文艺创作方法、表现方法、修辞手法、研究方法等的基础。从中国最早的文献典籍《尚书》始，关于比较方法运用的记载在历代文献中不绝如缕。《尚书·舜典》："帝曰：'夔！命汝典乐，教胄子，直而温，宽而栗，刚而无虐，简而无傲……'"其中以"而"连接两两相对或相反句式。此后，这种用连词以连接两两相对、相反、相同、相似概念的词组和句式成为最为常用的语言表述方式。《论语》中采用比较方法来论述与例证举不胜举。《论语·先进》："先进于礼乐，野人也；后进于礼乐，君子也。"《论语·学而》："贫而无谄，富而无骄。"《论语·雍也》："质胜文则野，文胜质则史。"不仅运用比较以区分事物及其关系，而且上升到辩证逻辑的比较思维的高度。抽象事物及抽象概念的表达往往也运用比较方式相对而论，相对而举，形成相对范畴及辩证关系。如常用于文艺理论阐发的对举范畴，如情理、文质、意境、情景、雅俗、通变、因革、道器、形神、虚实、心物等，在构成一对范畴基础上进而构成相辅相成关系，形成艺术辩证法理论命题及对文艺规律的认识，如情景交融、心物交感、文质彬彬、形神兼备、雅俗共赏、意与境偕、虚实相生等。比较更多地表现为文艺创作方法与技巧，如《诗经》中对比兴方法的采用比比皆是，不仅"比"含比较要素，"兴"亦含比较要素。《关雎》："关关雎鸠，在河之洲。窈窕淑女，君子好逑。"《桃夭》："桃之夭夭，灼灼其华。之子于归，宜其室家。"其"兴"的内在逻辑与实际功能无疑在"比"。比较也常用作评论方法，如《左传》"季札观乐"中就内含比较因素。季札出使鲁国，"请观于周乐。使工为之歌《周南》《召南》，曰：'美哉！始基之矣，犹未也。然勤而不怨矣！'"其后所连续观乐之赞语也都是通过比较而获得的美誉之辞。

中国古代文学批评的比较法是最为常用之法，古代文论也予以总结概括。刘勰《文心雕龙·序志》在总结概括其研究方法时提出"原始以表末"之溯源法中就暗含比较法，因为溯源无疑将"始"与"末"加以比较以辨明其渊源关系。此后，钟嵘《诗品》在评价作家作品时无一例外使用溯源法，无形中在辨析渊源时加以比较。如评李陵："其源出于《楚辞》，文多凄怆，怨者之流。"评曹植："其源出于《国风》。骨气奇高，词采华茂，情兼雅怨，体被文质，粲溢古今，卓尔不群。"评刘桢："其源出于《古诗》。仗气爱奇，动多振绝。真骨凌霜，高风跨俗。"以此形成中国古代文学批评中的比较批评模式及比较研究传统。

其三，比较作为学科的科学方法论。现代西方兴起并传入中国的比较文学学科，虽然与通常所说比较法不可同日而语，但其在方法论价值意义上则高度一致，只不过此时的比较就不仅仅是一种方法，而是独立成为一门学科、学问和知识体系，比较变成了学科对象及研究对象。比较方法从经验上升为理论，从理论上升为科学，形成比较文学学科，使比较方法的方法论意义及理论意义更为凸显。当然，作为方法论意义上的比较，并非仅仅所指比较文学学科或比较文学与世界文学学科，而是渗透到任何学科之中，尤其是人文社会科学学科，诸如比较文化学、比较社会学、比较人类学、比较民族学、比较美学、比较诗学等。作为现代学科及其现代方法的比较，其视域与视角更为扩展与延伸，不仅仅局限于具体事物的微观比较，而且更在于宏观、整体、系统的跨文化比较及其跨时空比较。跨文化比较是比较文学学科建立的基础和依据，也是赋予比较现代意义的关键所在。在现代语境下，跨文化比较已经成为人文社会科学研究的常态，也是各学科常用的一种研究方法。尤其在全球化与多元化语境下的学术研究，更需要具有跨文化比较的视野、思维和方法。

中国比较文学学科及其跨文化比较视域建构，经历了一个漫长而艰难的发展历程，几乎是伴随着中国现代化进程而逐渐发展起来的。中国现代新文化及新文学发端于辛亥革命、五四运动及其现代化思潮。新文化相对于旧文化而言，固然有其内在原因及内驱力推动，但无疑也有外来因素介入，从而在新旧比较视域基础上形成中西比较视域，由此导致中国文化及文学的现代转型。当时西方列强殖民主义侵略及西方文化的强势入侵，国人经历了从清政府大一统的闭关自守泡沫破灭到北洋政府卖国求荣的倒行逆施，反省反思意识强化，倡导新思想、新文化的先驱们几乎无一例外都曾致力于中西文化的比较研究。但在"欧洲中心论"及"全盘西化"的影响下，强势与弱势文化的不平等地位使跨文化比较难以公正准确。新中国成立后，在自强自立、独立自主的基础上的比较和交流，无论是在视角设置上，还是比较范围上都存在环境、时代和观念上的局限性，并未形成真正意义上的开放交流语境下的比较视域。改革开放以来，在对外开放与市场经济发展中，中国对外引进和向外推出的力度比以往任何时期都大。中国大国崛起及经济崛起，不仅极大地推动开放交流，而且树立起中华民族自强自立的自觉性与自信心。对外开放潮流极大地推动比较文学学科的建立和发展，也极大地推动比较文化学、比较诗学、比较美学及各学科跨文化比较方法的普遍运用，跨文化比较成为一股强劲的学术潮流。方汉文指出："近年来首先要提到的是季羡林、乐黛云等学者在比较文学与比较文化方面的论著，他们结合文学与文化，注重原理建设，成就突出。乐黛云主编的《比较文学原理新编》（北京大学出版社，1998）中就把跨文化研究作为比较文学研究的重要新阶段，而季羡林先生为这本书所写的序中，就说明自己要谈的是'中西比较文化'的研究。"[①] 因此，从比较文学到比较文化学，已成为学界的一大特点和发展趋势。

---

① 方汉文：《比较文化学》，广西师范大学出版社2003年版，第25页。

二、比较文学及跨文化比较理论

文化交流的前提是比较,比较的前提是彼此间存在异同,共同性是比较的基础,差异性是比较的条件,求同存异、取长补短、扬长避短、互动双赢是比较的宗旨和目的。因此,没有比较就没有交流,没有交流就会缺乏活力、动力与发展。由此可见,比较是具有充分理由、原因、目标与价值取向的,有其合理性与合法性、必要性与重要性。基于比较研究及比较文学与跨文化比较的需要,探讨比较理论、比较文学理论、跨文化比较理论理所当然。

其一,比较文学与比较文化学的跨文化比较理论。跨文化比较与以往运用比较方法研究不同地域文化的异同及相互交流交融的研究方式有所区别的一个重要原因,是近代工业文明的商品经济及殖民主义扩张打破了封建社会小农经济生产方式的自给自足的封闭自守状态。马克思、恩格斯在《共产党宣言》中指出:"新的工业的建立已经成为一切文明民族的生命攸关的问题;这些工业所加工的,已经不是本地的原料,而是来自极其遥远的地区的原料;它们的产品不仅供本国消费,而且同时供世界各地消费。旧的、靠国产品来满足的需要,被新的、要靠极其遥远的国家和地带的产品来满足的需要所代替了。过去那种地方的和民族的自给自足和闭关自守状态,被各民族的各方面的互相往来和各方面的互相依赖所代替了。物质的生产是如此,精神的生产也是如此。各民族的精神产品成了公共的财产。民族的片面性和局限性日益成为不可能,于是由许多种民族的和地方的文学形成了一种世界的文学。"① "世界文学"这一概念的产生,意味着文学的跨时空传播和影响在工业文明社会已成为事实,文化交流与文学比较在国际市场与国际关系及殖民主义扩张语境下已成为常态,故此,比较文学与世界文学紧密相关,在中国该学科命名被确定为"比较文学与世界文学"。从这一学科延伸扩展,形成比较文化学。比较文化学是一门跨文化、跨学科的新兴学科。方汉文在《比较文化学》中对其进行了界定:"比较文化学是对于不同类型文化进行比较研究的学科,所谓不同类型的文化指的是不同的民族、不同的地域、不同的国家所具有的不同文化传统、文化特性、文化发展史与文化形态等。比较文化学的特性是通过不同文化的同一性和各自的差异性的辩证认识,达到发现和掌握文化发展规律的目的。比较文化学是以比较意识、比较思维方式和比较方法为特征的研究学科,而不是简单的形式比较或比附,这就是比较文化学的本体论、方法论和实践论的统一。"② 显而易见,比较文化学由比较文学发展而来,但比比较文学有了更大的拓展和发展,尤其在文学批评向文化批评转型的背景下,比较文学向比较文化学发展已成为趋势。狭义而言,比较文化学以其对象性质确定它是一门有别

---

① 马克思、恩格斯:《共产党宣言》,《马克思恩格斯选集》第一卷,人民出版社1972年版,第254—255页。

② 方汉文:《比较文化学》,广西师范大学出版社2003年版,第29页。

于其他对象类型比较,如比较文学、比较美学等的独立学科;从广义而言,比较文化学以其跨文化比较性质和定位,也就包括比较文学、比较美学等各种对象类型比较在内。同时,作为跨文化、跨学科的比较学学科,比较文化学理所当然与文化学、社会学、人类学、历史学等学科密切关联,这些学科也可作为它们的分支学科或交叉学科。由此可见,比较文化学是一个具有开放性、跨越性、综合性、辩证性、典型性特征的学科,其跨文化比较理论与方法具有基础理论和基本方法的普适性意义。

其二,可比性原则。比较文学非常强调可比性原则,比较文化学亦如此。因为任何比较,无论是影响比较还是平行比较,也无论是类型比较还是形态比较,都是在两者之间或两者以上多者之间的比较,必须保证对象之间应该存在一定的联系或逻辑关系,确立比较的可能性、合理性与逻辑性,只有在可比性得到保证的前提下,才能保证比较结果的可信度和合理性。因此,并非任何对象之间都会具有可比性的,也并非任何对象都可以任意、随意作为比较对象的。马克思、恩格斯《德意志意识形态》指出:"倍尔西阿尼所以是一位无比的歌唱家,正是因为她是一位歌唱家而且人们把她同其他歌唱家相比较;人们根据他们的耳朵的正常组织和音乐修养做了评比,所以他们能够认识倍尔西阿尼的无比性。倍尔西阿尼的歌唱不能与青蛙的鸣叫相比,虽然在这里也可以有比较,但只是人与一般青蛙之间的比较,而不是倍尔西阿尼与某只唯一的青蛙之间的比较。"①这既说明了比较必须遵循可比性原则,也说明了比较的原因、理由、目的和意义。当然,可比性也并非仅仅表现在外部形态、外表形式上,更重要的是表现在精神、内涵、实质的内在逻辑的可比性上,因此在遵循可比性原则的形式逻辑基础上还应该遵循可比性的辩证逻辑,有些表面上似乎毫不相干的事物,在宇宙时空的系统性、整体性、结构性、综合性中可能会有某种内在或潜在的关系,人类思维及其发展也会有殊途同归、约定俗成的某些交叉点、契合点和暗合点。这就为可比性拓宽了视野和思维,也为比较奠定了基础。

其三,文化通约性理论。通约性指相同和不同事物之间因为某种联系与关系而具有相互沟通、对应、比较、交流的属性和可能性。不同文化形态之间既具有差异性,也具有共同性;既具有文化多样性,也具有文化共生性。这就为文化通约性奠定了基础。不同文化形态之间之所以能够通约,主要是因为人类及人类文明发展都遵循一定的历史规律和社会规律,都有一定的共同目标和价值取向,都体现出殊途同归、多元共生的人文精神。文化通约性主要通过三个渠道体现:一是语言的通约性。文化通过语言文字工具表征,语言文字的翻译其实就是基于不同语言文字之间的通约性才具有可能性和现实性。也就是说,语言文字作为工具、符号、文化载体,在其不同的表现形态后面都有语言文字所遵循的普遍规律和特殊规律在起作用,都受制于人类思维、心理、行为、需求等要素作用,作为不同文化符号的语言文字之间是具有通约性的,也是可以互相翻译从而通

---

① 《马克思恩格斯全集》第 3 卷,人民出版社 1960 年版,第 517—518 页。

过语言文字工具交流沟通的。《礼记·王制》载:"五方之民，言语不通，嗜欲不同，达其志，通其欲：东方曰寄，南方曰象，西方曰狄鞮，北方曰译。"因此，比较文化学及其跨文化比较方法首先表现为跨文化语言比较，以奠定文化比较学的基础。二是物质文化及科学技术的通约性。从文化差异性与共同性的关系看更为侧重于共同性，所谓全球化及工业文明、经济共同体、科学共同体、技术标准等均已说明其文化通约性道理。三是精神文化的通约性，从文化差异性与共同性的关系而言显然侧重于差异性和多样性，但也具有共同性和普遍性，或者具有文化发展的共同指向性和趋向性。对文学而言，无论是黑格尔还是席勒，无论是马克思、恩格斯还是西方马克思主义，都曾相对于民族文学提出"世界文学"这一概念。这充分说明最能体现出精神文化本质特征的文学具有人类共同的审美价值取向，因此不同民族、不同地域、不同时空的文学是具有文化通约性及可比性的。

其四，文化差异性与共同性理论。任何一种文化形态的发生、变化、发展都是基于一定的地域、环境和时空背景下人类某一群体的存在、生存、生活及行为活动而形成的，当然也是在文化传播、交流、相互影响下形成的，因此，文化具有差异性和共同性，不同文化形态之间也会形成差异性和共同性。文化差异性和共同性的辩证之处在于同中有异，异中有同，正如黑格尔指出的"我们所要求的，是要能看出异中之同和同中之异"①。跨文化比较的原因和依据在于此，其作用和意义也在于此。从比较的发生学和动机论而言，为什么需要比较，究竟是因为文化差异性还是共同性，其实差异性和共同性都应该成为比较的理由。共同性从可比性和文化通约性角度确立了比较的合理性根据；差异性从他者身上反观和自省以确立自身特点和特殊性，也是在认清比较双方之间的差异性中确立各自特点与优势，从而为交流互补创造条件。从比较的功能、作用、意义来看，比较的目的无论是寻找差异性还是共同性，其实质应该是在找到差异性与共同性的辩证关系基础上达到交流互补的目的，其意义在于增强文化自觉性和自信心，更好推动文化建设和发展。历史证明，文化发展主要体现在三方面的推动力上：一是文化自身规律及内在的因革、通变的推动力；二是社会综合要素影响和制约的外部推动力；三是文化形态之间交流互补的推动力。从这一视角看，通过文化比较以达到推动文化发展的目的，既符合文化发展规律，又充分体现出文化自觉和文化自信精神，更利于文化发展和繁荣。

三、比较作为方法的研究类型及方法论

比较方法丰富多彩，形态类型多元化。既有基于彼此双方共同性的比较以强调认同、共识的需求，又有基于彼此双方差异性的比较以强调互补、互动的需求；既有基于历时性发展过程与阶段的纵向比较以厘清渊源传承关系的需求，又有基于共时性系统构成的

---

① [德]黑格尔：《小逻辑》，贺麟译，商务印书馆1980年版，第253页。

横向比较以辨析要素之间结构关系的需求；既有个案、类型、模式等多种形式的比较，又有如跨文化、跨地域、跨学科此类的比较。探求各种比较方法的共同性，无疑须从方法类型及方法论研究入手。

其一，比较方法。比较作为方法古已有之，人们在日常生活及交往中就形成了比较思维方式和认识方式，往往在比较中鉴别、区分和分类，以确立事物类型与性质特征。文学创作大量使用比较方法，从《诗经》到《楚辞》，从文人诗词到民间歌谣，文学表现手法常用的比兴方法中就含有比较因素。文学语言修辞方法中的比喻，包括明喻、暗喻、借喻、转喻等修辞格，也含有比较因素，以借景抒情，托物言志。文学表现方法上的类比、对比、正比、反比等比较可以塑造人物典型形象，凸显人物性格特征。从广义比较含义出发，或者说从比较视域出发，作家创作应是其生活体验、经验与创作体验、经验的综合与积累的结果，是在比较和选择基础上的创造行为；读者的阅读效果也是在阅读体验、经验积累及之前阅读所构成的阅读间性和文本间性中实现的，其中不乏比较因素；批评家的文学评价也是依据一定的标准和一定的评价经验，从而在比较中确定作品价值及特点，评价中不乏比较因素；文学史对于作家作品的历史评价和定位，更离不开作家间、作品间的比较和选择。从这一角度而言，比较是文学的基本思维与方法。跨文化比较方法就是在日常生活中的比较和文学中的比较方法大量运用的基础上拓展、扩大和转移、挪用的结果，其比较方法的普适性作用价值是一致的，其方法论意义具有普遍性。

其二，影响比较方法与平行比较方法。比较文学方法在可比性前提下一般运用影响比较与平行比较两种主要方式。所谓影响比较，主要指历时性过程中的比较双方具有影响与被影响因子的逻辑联系，构成比较的可比性依据，从而立足于其影响进行比较的方式。所谓平行比较，主要指在共时性或历时性语境下，比较双方具有某种普遍性与相似性，或者立足于比较双方的某一共同角度及研究视角，以此形式逻辑和辩证逻辑统一的内在逻辑性保障平行比较的可比性原则，形成一种基本的比较方法。跨文化比较方法在影响比较与平行比较基础上进一步扩大为跨时空、跨地域、跨文化比较视域、思维和方法，更具有开放性、灵活性、多样性。从文化所包含的对象内容来看，文化不仅在传播、传承、发展中必然会有异质文化的影响、交流、渗透、变化、融合，从而进行自然而然的比较，而且也会自觉从源流、规律、特征、观念、思维、功能、作用等方面进行比较，提升文化发展的自觉性和自信心。

其三，跨文化比较视域与比较思维方法。比较作为方法受制于思维、观念、逻辑，因此比较更重要的表现为"视域"。也就是说，比较作为学术知识背景和语境成为研究视野与学术规则，形成科学共同体与学术共同体的重要组成部分。如外国文学研究，尽管在研究中并未刻意进行中外文学比较，也并未着意采用比较方法，但不能缺少中外文学知识背景，也不能不具备跨文化比较的视野，将外国文学研究放置在比较文学与世界文学的学科视域中才能更为准确把握外国文学。从这一角度而论，其实任何人文社会科学的学科研究和学术研究，都应该具备跨文化比较视域及跨文化学科知识背景，以便更有利于研究。同时，这种跨文化比较视域与思维方式、观念方法紧密相关。比较思维既是一种逻辑思维方式，也是一种形象思维方式；既是源于原始表象思维而着眼于具体现象、形象、形式的直观感悟的对比、类比方式运用的思维，又是通过思维发展过程进而通过概括、归纳、演绎、推理的逻辑思维方式与分类、类型、整体、系统的抽象思维方式，从而形成形象思维与逻辑思维结合的更深层次的比较思维。因此，比较思维建立在思维系统的整体性、系统性、结构性基础上，集中、融合、整合了各种思维要素，成为学科研究和学术研究必须具备的比较视域、比较思维、比较观念和比较方法。黑格尔指出："我们今日所常说的科学研究，往往主要是指对于考察的对象加以相互比较的方法而言。不容否认，这种比较的方法曾经获得许多重大的成果。"① 当代所言说的全球化视域和语境，其实包括了跨文化比较的视域、思维、观念和方法。所谓世界文学，其实也包括了跨文化比较的视域、思维、观念和方法。所谓科学共同体、学术共同体，其实也包括了跨文化比较的视域、思维、观念和方法。正是在这个意义上，跨文化比较视域与比较思维方法彰显了其存在的价值。

第七节 跨学科的研究方法

随着科学技术、知识经济及现代大工业的高速发展，在全球化和多元化语境中人文社会科学学科研究越来越呈现出两大发展趋势。一是学科研究越来越科际化、专业化和体系化，学科分类及分工越来越精细化、专门化和严密化，不断出现分支学科、学科方向和新兴学科，形成如树干分布生长出的无数旁逸斜出的枝杈和枝繁叶茂的分支。二是学科研究越来越走向跨学科综合、整合和结合，不断涌现交叉学科、复合型学科和综合性学科，或者多学科综合研究势头，形成如涟漪似的或蜘蛛网式的由中心向四周边缘扩展的过程，构成互相关联、互相作用的网络系统。博曼指出："在一个迄今为止相当漫长的历史时期内，人们努力把自然科学和人文科学的特征结合在一起，努力把自然科学的说明与人文科学的解释的相互混合视作社会科学的特点。"② 目前，自然科学与人文社会科学结合、文科与理科互渗、文科各学科交融的跨学科综合研究已成为趋势，多学科综合研究与整体系统研究成为学术研究趋向。

罗钢、刘象愚强调"提倡一种跨学科、超学科甚至反学科的态度与研究方法"③，形

---

① ［德］黑格尔：《小逻辑》，贺麟译，商务印书馆1980年版，第252页。
② ［美］詹姆斯·博曼：《社会科学的新哲学》，李霞等译，上海人民出版社2006年版，"前言"第1页。
③ 罗钢、刘象愚：《文化研究读本》，中国社会科学出版社2000年版，"前言：文化研究的历史、理论与方法"第1页。

成后现代语境下文化研究的跨学科综合研究指向和特点。从审美人类学学科性质和定位来看，显然是具有综合性的学科，包括人文社会科学的多学科构成特征，以学科研究和跨学科研究两种基本方式展开。即使在分学科研究中，也需要其他学科或多学科配合，以达到资源整合、共享和学科优势、特点互补的最佳研究效果，形成学科间性、学科群逻辑和跨学科研究态势。由此可见，当代学科研究趋向非常需要整合、利用其他学科资源，才能推动学科研究发展和创新。至于跨学科和多学科综合研究方式在现代科技协同发展、当代学科协同创新、科学研究集体攻关理念指导与时代语境中更成为研究的一种主要方式，也能更好更快地产出科研成果并使之转化为行之有效的应用效益。

一、跨学科研究的学术渊源及传统

审美人类学的跨学科研究取向，必须建立在跨学科研究的合理性与学理性基础上，应从理论与实践上探讨跨学科研究规律和特点。跨学科研究之所以成为可能，既有外在原因，也有内在原因；既是社会时代发展的必然结果，也是学科发展和学术发展自身运行的结果；既是学术传统的历史必然，也是学术研究的内在逻辑所致。

中国古代学术传统历来就有跨学科研究渊源和传统。早在先秦时期，无论是四书五经还是诸子百家，都应该涵盖文、史、哲的综合性内容，甚至所谓"乐"也是指诗、乐、舞为一体，并未划分出明细的分科和类型。毋庸置疑，先秦时期的这种混合或综合的大学科类型与学术综合性研究造就了先秦时期诸子百家及"百家争鸣"的中国学术发轫期和学术成就高峰期，为中国学术发展奠定了基础，形成了优良的学术传统。尽管此后由于汉代学术的经学化、儒学化、职业化所导致的专门研究，划分出经学、玄学、史学、文学四馆，魏晋南北朝"文的自觉时代"，通过言意之辨与文笔之辨推动文史哲、诗乐舞分离，以及文体分类及文学分类意识的强化，学科独立、分离、分化趋势逐渐强化，但在分科发展和分科研究中仍然保持大文学、大历史、大哲学特点和传统，仍然呈现出整体上的学科间结合、综合与互补的态势。

梁朝刘勰《文心雕龙》虽被誉为"体大思精"的文学理论体系，但其所言之"文"，并非仅仅为狭义的文学，而是指广义的文学，即所谓大文学，其文体论20篇所论34种文体，既包括"文"与"笔"，也包括诗赋、乐府等文学类体裁，以及颂赞、铭箴、诔碑等应用类体裁和史传类体裁，还有不少是杂体或交错混合的文体，如杂文、谐隐、论说等体裁。这种大文学理论指导下的文学研究与学术研究必然带有跨学科综合研究特点，形成中国学术研究及文学研究基本范式和大体格局。这种超稳态的学术传统和研究范式一直延续了两千多年，直到晚清王国维的学术研究，既集文学、史学、哲学、文字学、考据学、考古学、语言学、美学等学科研究于一身，又在学科研究中融合了各学科知识与理论。如其著作《宋元戏曲考》，又名为《宋元戏曲史》，显然包括文学、艺术学、史学、考据学、考古学、文献学、文字学等跨学科研究理论与方法；其文学理论著作《人间词话》在继承中国古代文学研究传统基础上，融合了西方哲学、文学、美学思想及理论，其理论核心"境界"说既是中国古代"意境"说集大成结果，融合了中国儒、道、释思想文化传统，在文学理论、艺术理论基础上扩展为美学理论及人生哲学，使其具有现实价值与现代意义。同时又吸收西方康德、尼采、叔本华等的哲学、美学思想资源，使其理论内涵和外延扩展，具有一定的人类理想境界追求的普适性及世界性意义。王国维还从学术研究方法角度，提出"二重证据法"，在传统的文献研究考证方法基础上，引入考古方法、地下出土文物考证方法及甲骨文研究方法，将文献学研究方法与考古学研究方法结合起来。王国维的跨学科、跨地域、跨文化交流视野及综合整体研究方法，是跨学科研究的典范。

鸦片战争以后中国开始进入现代化进程，西方思潮也源源不断涌入中国，现代教育体系与学术体系的学科分类方法及分学科研究也开始引入和应用，中国传统学术研究格局受到强烈冲击，并逐步建立起现代学科研究及科际化研究的学术范式。"五四"时期激烈的反传统、反封建、反孔教斗士的文学家鲁迅、郭沫若、茅盾、巴金、闻一多、朱自清等，对于推动中国社会发展及现代化进程的贡献功不可没，他们骨子里的文脉传统及学术传统则不言而喻，如鲁迅之于中国古代小说史研究，郭沫若之于甲骨文研究与中国历史研究，茅盾之于中国神话研究，朱自清之于"诗言志"研究，闻一多之于"新格律诗"研究，等等，均体现古今中外学术资源整合、跨学科研究方法、多维视域融合的特征，以至成为现代文学与现代学术大家。

中国百年现代化进程中的科际化学科研究与现代学术范式转型，相对于传统学术研究范式来说，是一个进步，有其合理性与必然性，但也带来学科壁垒及某些封闭性、孤立性与排他性，也会失去中国学术传统的优势和特点。因此，从弘扬和传承中国学术传统角度而言，跨学科研究不仅具有时代性和现代性，而且有其渊源和传统，更能体现中国学术传统的特点和优势。

二、跨学科研究的合理性与学理性

20世纪现代学科的建立与学科研究，无疑大大推进了学术研究的深化和发展，一方面有利于专业性、专门性、学理性研究，另一方面为跨学科、多学科、交叉学科、综合学科研究发展创造良好基础与有利条件。但在一定程度上形成跨学科研究的壁垒和障碍，囿于某些学科局限和学科研究偏见，仍存在一些对跨学科研究的质疑和误解，因此有必要对跨学科研究的合理性与学理性进行分析。

其一，人文社会科学研究的内在逻辑性。人文社会科学研究对象是人文社会内容，主要体现于文化构成的方方面面，包括哲学、政治、伦理、历史、宗教、教育、文学、艺术现象等，它们都在人文社会及文化整体系统构成中具有相关性和互动性，因此对其任何方面的学科研究，需要其他学科的协助和支持。这说明，不仅学科对象、资源、内容具有分类性特点，而且具有综合性特点；不仅可作分门别类的学科研究，而且学科之间也具有学科间性和学科研究的研究间性、学术间性，从而提供跨学科研究的综合性。

从现代科学共同体与学术共同体角度而言，所谓共同体，是指在一定意义上规范和确立学科和学术的科学范式及研究范式，在确认不同学科研究具有学科独立性和特殊性基础上，确认学科的共同性和普适性及学科之间的联系，成为学科研究与学术研究的规则和规律。从学科自身构成角度而言，任何学科的独立性、自主性其实都是相对的、有条件的、有限的，都需要在其知识结构与知识谱系中融入其他学科知识和理论元素，才能构成完整、系统的学科知识体系。换言之，学科知识构成中自然含有跨学科、多学科的内容，形成跨学科综合性内容及内在逻辑性。

其二，跨学科研究的学理依据。从系统论理论与场域理论视角来看，任何系统都由彼此相关的要素构成并形成关系结构，各要素在系统中具有结构性、整体性、系统性功能和意义。尽管宇宙间万事万物、人类族群多种多样、社会文化习俗千差万别，构成生物多样性、人类多样性与社会文化多样性的丰富多彩形态，但将世界及人类社会作为系统来认识，在系统中必然生成和建构其结构性、系统性和整体性，各要素构成相互关联、相互作用、相互依存的结构系统和运动场域，在一定的构成系统和运动场域中既形成差异性与共同性，又形成特殊性与普遍性，构成彼此之间的关系性、结构性、互动性的系统，呈现殊流同源、异质同构、殊途同归的发展趋向。系统论的创始人贝塔朗菲认为，普通系统论是对"整体"和"完整性"的科学探索，把世界看作一个巨大组织的机体主义观点。在20世纪80年代中期的方法论思潮中，系统论方法被公认为最具影响力的新方法。傅修延、夏汉宁认为："系统论方法便是要求人们从系统这个有机整体的观点出发，从系统与要素之间，要素与要素之间，以及系统与外部环境之间的相互关联和相互作用中考察对象，以达到处理和研究问题的最优目的的科学方法。"① 系统论具有系统整体性、动态性、结构性、层次性、相关性等特点和基本原则，更为重要的是，系统论不仅仅是研究原则、观念、方法，而且遵循客观存在的内在逻辑、依据事物发展规律而被提升为科学认识与理论方法。从这一角度而论，系统论方法建立在研究对象的内在逻辑与要素结构关系的系统性基础上，实质上也是一种跨学科综合研究、系统研究、整体研究方法，同时系统论也为跨学科综合研究提供理论依据。

其三，跨学科研究是当代学术发展趋向。20世纪90年代以来，在世纪之交过程中学术转向、学科转型、范式革命的呼声与要求不绝于耳，传统学术研究转向现代学术研究、基础研究转向应用研究、理论研究转向实践研究、文学研究转向文化研究、精英文化研究转向大众文化研究、内部研究转向外部研究、中心研究转向边缘研究等，各种思潮此起彼伏，愈演愈烈。虽其中难免有矫枉过正之嫌，或多或少对传统基础研究、理论研究、学术研究带来一些负面影响，但整体上体现社会时代需求，呈现学术研究发展趋势。就其正面积极影响而论：一是更为贴近和顺应社会时代发展潮流，带有明显突出的改革开放意识，推动科研制度与学术机制的创新和改革，形成学术资源整合、学科体系结构调

---

① 傅修延、夏汉宁：《文学批评方法论基础》，江西人民出版社1986年版，第239页。

整、学术队伍集结、集合力量攻关的新局面。二是弥补过去纯学科、纯学术、纯学问研究的某些局限性和不足，强化理论研究的实践性品格、基础研究的应用性价值、学术研究的学以致用功能，同时强化实践意识、现实意识和问题意识，开拓应用性、实践性、对策性研究空间。三是为跨学科综合研究创造基础和条件，使跨学科研究成为学术转向、学科转型、范式革命的一项重要内容，打破学科壁垒，加强学科间联系和交流，使跨学科研究成为一种适应社会时代发展的学术趋向。四是有利于推动高校与社会结合的产学研用平台建设，推动学术成果的社会应用效益转化，推动协同创新机制形成，推动高校服务社会环境的形成。五是体现当代学术发展和社科研究趋向，跨学科研究带动传统学科的现代发展和交叉学科、边缘学科、新兴学科发展，有利于推动学术创新和社科成果创新。

其四，跨学科研究的优势和特色。所谓学科优势，一方面是指某一学科相对于其他学科而言依托自身的性质特点所形成的优势，另一方面是指在学科交流中借鉴吸收其他学科的长处所形成的优势，更为重要的是跨学科整合资源所形成的互补双赢优势。从学术研究发展趋势而言，跨学科研究所形成的优势更为明显。具体而言，跨学科研究优势主要体现于三方面：一是学科资源整合优势。包括学科队伍人才资源整合、学术研究对象及材料资源整合、学科硬件和软件资源整合、学科理论方法整合、学术成果效果整合等。整合既是一种资源合理配置、重组、协调的研究方法，在更有利于发挥出资源的价值作用的同时，使资源在整合配置中产生出新的价值意义；整合又是一种集中力量、聚合优势、协调关系、整体推动的研究思路，是为了更好地达到整体、系统、完整的研究效果。二是学科理论方法整合优势。不同学科都有在经验和传统中形成的学科理论和方法，具有自身的理论方法优势和特点，但也会形成囿于学科独立性所带来的某些局限性，这就需要通过跨学科理论方法整合进行优势互补、资源共享、取长补短，使学科理论方法更为完善，使理论方法在整合中形成新的生长点和突破口。三是跨学科综合研究优势。学科研究和跨学科研究其实并不矛盾，而是协调统一于研究过程和实践中，一方面任何学科研究都必须有更为深厚宽阔的跨学科知识基础与学术视野，另一方面学科之间的相关性和系统性也使学科研究效果得到保障和支持，需要加强的是将这种自发的跨学科性提升为自觉性和主动性，使跨学科研究成为一种学术常态。

三、跨学科研究方法及方法论

改革开放四十余年跨学科研究有了长足发展，20世纪80年代的方法论思潮，推动文学界和其他学界热衷于系统论、控制论、信息论的讨论，开始尝试将人文社会科学与自然科学结合的跨学科研究。20世纪90年代在文学研究转向文化研究思潮中，人文科学研究与社会科学研究联姻成为文学研究的一种趋势。21世纪以来的文学研究更深化扩展到文化学、人类学、生态学、传播学等领域，跨学科研究成为学界的一种自觉行为。但如何具体落实和实践跨学科研究理论方法，确实还有待深入研究和不断探索，需要进一步寻找跨学科研究路径和方法。从桂学研究和审美人类学研究的理论与实践探索来看，跨学科研究的路径与方法具体表现在以下六方面。

其一，多学科学术资源整合的路径。学术资源整合首先是各学科资源整合，在高校现代教育体制与学科建设机制及学术制度下，分门别类的专业性学科研究是必要的，但确实存在学科壁垒、视野狭窄、资源垄断、力量分散等问题，急需建立跨学科、跨院所、跨单位的学科资源整合，建构资源共享、学科协同、团队聚集的平台。其次，高校与社会跨学科研究力量整合，建立高校与社会协同创新平台，高校学科资源与社会研究资源整合，形成跨学科研究团队。再次，民间性、群众性社团进行跨学科资源整合。最后，跨学科资源整合形成学术与应用结合的学以致用的价值取向，一方面旨在使研究更为学术化、专业化、学科化，凸显学术研究宗旨和目标，另一方面旨在通过学术委员会整合学术资源，形成跨学科综合研究力量，再一方面是为了更好地将学术研究成果转化为社会实践与应用效果，建立各类人才汇集平台与产学研用一体化运行机制。

其二，寻找学科内交叉点与学科之间关联点。学科研究本身也存在一些交叉点，如文学研究中的文学史研究与历史研究中的专门史研究产生交叉点和连接点。同时，文学与历史有许多共同点和关联点，历史中含有文学叙事因素，文学中含有历史叙事因素，两者在叙事上具有共同性和交叉点。因此，文学史研究既是文学研究，又是专门史研究，牵涉文学知识与历史知识，带有学科内的跨学科研究因素。但是否能够在学科交叉、联系和共同性中寻找到新的生长点，这就需要进行跨学科理论方法运用，以强化学科交叉点和跨学科综合研究，在跨学科研究和交叉学科研究中寻找到新的生长点，体现出学术创新和学术自觉精神。

其三，在学科边缘及边缘学科地带找到跨学科突破口。跨学科研究的突破口往往存在于学科边缘及边缘学科地带，即存在于被边缘化和被忽略的学科边缘或学术边缘地带。例如，通常文学史是文人、经典、纯文学化的主流文学史，民族文学、民间文学、通俗文学、大众文学被边缘化或矮化，处于文学研究及文学史研究学科的边缘。同时，民族文学、民间文学、通俗文学、大众文学作为学科往往也被边缘化，得不到应有的重视。其原因之一就是中心与边缘及大学科与小学科的划分，边缘学科、小学科被学界边缘化。因此，跨学科研究必须将立足点和落脚点放在边缘研究上，不仅因为边缘的遗漏需要弥补，而且因为边缘最容易产生新的生长点和突破口。广西桂学研究和审美人类学研究将重点放在地方文化研究上，既改变了地方文化研究格局，又大大提升了地方文化研究的方志学、方言学、民族学、民俗学、民间文学等边缘学科的地位，在其学科边缘的跨学科研究中寻找到新的生长点和突破口。如歌圩及歌仙刘三姐的民间山歌与民间传说故事，过去从来未能进入文人、学者视野，桂学研究和审美人类学人研究的跨学科多维视野，将被边缘化的民族、民俗、民间文化意义，以及人类学、文化学、社会学、民族学等学科研究意义充分发掘出来，使刘三姐从边缘走向中心，形成地方文化和民族文化品牌与经典。

其四，在新兴学科中寻找跨学科研究路径。全球化与多元化及科学技术发展必然带来多学科、综合学科、跨学科、新兴学科的大发展。许多新兴学科就是跨学科发展的必然结果，同时又推动跨学科研究进一步发展。诸如生态学、传播学、信息学、文化产业学、地缘政治学、区域经济学等新兴学科及新知识、新科学、新技术，大多是通过跨学科整合而产生的新兴学科。这些新兴学科必然带来跨学科研究的新视域、新理念、新方法。生态学的生态平衡、环境保护、循环经济、和谐社会等理念集中反映出科学主义与人文主义结合、历史逻辑与辩证逻辑统一、多元化与整体性融合的跨学科研究视野，这对于作为欠发达、后发展的广西而言，生态学学科视野及研究方向是十分必要和重要的。如广西民族大学袁鼎生等长期坚持生态美学研究，不仅总结提升广西生态文化建设的实践经验，而且夯实生态美学的理论与方法论基础，使这一新兴学科在跨学科研究视域中取得了丰硕成果，强化了广西学术的自觉性与自信心，在国内学界形成一定的影响。更为重要的是生态学与生物学、环境学、生命科学、地理学等自然科学的学科密切相关，本身就是一门跨学科综合构成的新兴学科，后来成为显学，影响人文社会科学，甚至哲学。近年来涌现的生态哲学、生态文化学、生态社会学、生态人类学、生态文艺学、生态艺术学、生态美学等，构成自然科学与人文社会科学的跨学科研究趋向，形成多样的交叉性科与新兴学科。

其五，在学术活动与科研活动中进行跨学科研究。跨学科研究不仅通过学科人才、团队、资源整合等方式体现，而且通过学术活动与科研活动方式体现，尤其是针对研究对象的不同角度、层面、要素构成的立体研究和整体研究，更需要在活动中构成跨学科研究队伍与综合研究方向。广西花山岩画是距今两千多年壮族先民绘制在左江沿岸高山悬崖峭壁上的岩画，尤其是宁明花山岩画，画幅庞大，气势恢宏，引起历代骚人墨客的赞叹，也引起学界及各学科研究的高度关注。广西学界先后三次对其进行大规模的考察，由考古学、历史学、文化学、社会学、人类学、民俗学、民族学、美术学、文艺学等学者组成考察团队。1985年花山崖壁画的大规模考察活动主要通过政府组织各学科专家形成大型考察团队，形成《广西左江流域崖壁画考察与研究》这一成果。考察组组长张声震指出："经过这次考察和学术讨论会，许多学者、专家对一些主要问题的见解已经渐趋统一。更重要的是通过多学科综合考察，找到了一条揭开崖壁画迷宫的途径。因为以往的经验已经证明，单一学科考察于揭开崖壁画之谜是不够的。"[1] 这次考察和研究的成果的作用和意义在于："左江流域崖壁画，是壮族先民骆越在大约两千年前后所创作。它在壮族民族史研究上的重要地位是不言而喻的。经过多学科综合考察，学者专家们公认，左江流域崖壁画就其分布之广，作画地点之陡峭，画面之雄伟壮观，作画条件之艰险，都是国内外所罕见，在国内国际的美术史上应享有崇高地位。"[2] 2018年，花山岩画申遗

---

[1] 张声震：《广西左江流域崖壁画考察与研究》，广西民族出版社1987年版，"序"第1页。
[2] 张声震：《广西左江流域崖壁画考察与研究》，广西民族出版社1987年版，"序"第1—2页。

成功，被列入世界文化遗产名录。

其六，跨学科研究推动学科建设、发展和完善。跨学科研究对学科体系完善和科研制度创新及学术研究方式转换具有重要意义，且对于学科建设发展和完善也具有重要作用。任何学科在与时俱进的不断建设和发展中，必须通过跨学科交流互动才能获得更大进步与完善。皮亚杰指出："所有学科，包括高度发展了的学科，都是以处于不断发展之中为其特征的……任何一门学科都还总是不完善的，经常处于建构的过程之中。"① 学科建构的重要因素之一，就是加强学科间交流和建立跨学科研究视野，这对于学科研究和学科发展都大有裨益。审美人类学是基于跨学科综合研究形成的新兴学科，更需要以跨学科方法整合资源、优化结构、形成特色、凸显优势，为审美人类学发展提供跨学科的理论与方法支撑。

---

① ［瑞士］皮亚杰：《发生认识论原理》，王宪钿等译，商务印书馆1996年版，第13—14页。

第六章　艺术起源的审美人类学阐释

关于艺术起源问题，古今中外文论美学众说纷纭，莫衷一是，流派纷呈，学派林立，形成"模仿说""巫术说""游戏说""表现说""升华说""劳动说"及从"一元决定论"到"多元构成论"等各种学说及理论模式，从不同研究视角奠定艺术起源研究的学理基础与理论资源。人类学兴起之后，又提供了体质人类学与文化人类学研究视野与视角，不仅确立以人类起源作为立足点探索艺术起源的研究思路，而且依托文化学、社会学、历史学、文献学、考古学及田野作业与社会考察等实证性研究方式提供大量历史资源与现实资料，推动艺术起源探索的人类学转向。马克思主义的历史唯物主义与辩证唯物主义世界观与方法论，立足于劳动探讨人类起源及艺术起源问题，在确立劳动创造人的基础上提出劳动创造美、劳动创造艺术的基本观念，为艺术起源问题探讨提供基本思路与指导思想。

第一节　艺术发生学的审美人类学阐释

20世纪80年代中国兴起思想解放与改革开放潮流，对艺术起源问题的探讨更为深入和拓展。邓福星《艺术前的艺术——史前艺术研究》从发生学视角对艺术起源问题进行了有益的探索，认为艺术起源与人类起源都是一个发生、生成、进化的过程，提出在当时可谓惊世骇俗而又颇具争议的艺术起源与人类起源同步的观点。此观点主要基于工具制作导致人类发生，由此认定工具作为人类起源的原发点，进而推断原始工具所具有的物质与精神融合的工具实用性与身心愉悦性相统一的功能性质，认定工具产品具有原始艺术（前艺术）形态及特征，由此得出艺术起源与人类起源同步的观点，从而开辟了艺术起源的发生学研究新领域和新视野。更为重要的是，将艺术起源放置在人类起源的视域中探讨，将艺术起源与人类起源结合的跨学科研究路径，无疑使艺术起源研究具有人类学意义，对于推动文学人类学、艺术人类学、审美人类学兴起与发展产生重大作用和影响。

审美人类学作为美学与人类学的跨学科研究形成的新兴学科，具有交叉、综合、互补等优势与特点。更为重要的是具有美学注重于宏观思辨性研究与人类学注重于微观实证性研究结合而构成的以人为本的人文价值取向及研究视野与视角，更为关注审美发展与人类发展的起源与现状两端，以"原始以表末"的研究方式揭示审美与人类的关系及指向生活审美化与审美生活化的艺术原发点和发展趋向，从而更为深入地揭示美学研究的人类学意义与人类学研究的美学意义。就对艺术起源问题的探讨而言，审美人类学研究能否具有可能性与必要性，能否开拓新的研究空间，能否更好地阐发艺术、审美起源的人类学意义，这是需要思考的基本问题。

一、基于身体的人与世界关系的建构

从审美人类学研究视角探讨艺术起源问题的可能性与必要性在于，不仅能够更为深化拓展以工具制作作为原发点的艺术起源与人类起源同步的观念，而且在于开拓以人的身体作为原发点的以人为本的艺术起源与人类起源同步的研究视域与视角。如果基于艺术发生与人类发生同步的观念认定人类制作的工具为史前艺术发生的原发点的话，那么就此能够进一步推论当劳动创造人的同时也就创造了艺术的双向共生与双向同构观点，证明人与艺术既是同步发生的，又是双向共生与双向同构的。正如劳动创造人的同时人也创造劳动一样，人类制作了工具的同时工具也成就了人类，人类创造了艺术的同时艺术也推动了人类的进化。由此可以认定，人类自身就是劳动创造、人类创造的第一件艺术品。因此，艺术发生与人类发生同步的聚焦点不仅仅是工具，而且也是人类自身，人也是艺术发生的源头与原发点。之所以提出这样一个以人为本的艺术发生学观点，主要是基于马克思的"对象化"理论："只有当对象对人说来成为人的对象或者说成为对象性的人的时候，人才不致在自己的对象里面丧失自身。只有当对象对人说来成为社会的对象，人本身对自己说来成为社会的存在物，而社会在这个对象中对人说来成为本质的时候，这种情况才是可能的。"[①] 从审美人类学研究视角探索以人为本的艺术起源原发点，必须立足于和聚焦于人的身体，因为对于人类起源而论，无论是体质人类学还是文化人类学都需要以身体作为聚焦点与契合点；对于艺术起源而论，无论是主体还是客体、美还是审美、快感还是美感，也都以身体作为聚焦点与契合点。

艺术发生基于人与世界的审美关系，具体表现为人与审美的关系。但正如基于史前人类社会实践活动的物质与精神交织、交融、渗透的整体性状况而指称原始艺术为前艺术一样，审美也融入人与世界关系基础上的人类社会实践活动，亦可称为前审美形态或原始审美形态。将人类发生放置在劳动创造人，艺术发生放置在劳动创造艺术与劳动创造美中理解，放置在史前物质与精神一体化的人类社会实践活动中来认识，放置在人改造世界的同时也改造了人自身的关系中来探讨，就可依据劳动创造人而人也创造劳动的

---

① 马克思：《1844年经济学哲学手稿》，《马克思恩格斯全集》第42卷，人民出版社1979年版，第125页。

双向同构性推衍出劳动创造人的同时创造美而美也创造人的逻辑和道理。人改造世界的目的其实还是改造人自身，改造人类存在、生存、生活、发展的环境和条件，以便更有利于人的生存和发展；人改造人自身不仅推动人类发生、生成、进化和发展，而且使人更为"人化""人类化"，并不断导向诗化、艺术化、审美化的人的生成与建构及人的自由全面发展。因此，将人类发生作为艺术发生与审美发生的源头，将人类发生过程视为人类艺术化与审美化的生成过程，从而可认定人自身及身体就是艺术发生的原发点，人自身就是劳动创造的第一件艺术品，也是人类自我观照及审美观照的第一个对象。如果认定劳动创造人的同时也创造美及艺术的话，就意味着艺术与美就可以涵盖于劳动创造人之中，意味着劳动不仅创造人及缔结了人与世界的关系，而且也创造艺术及缔结了人与艺术及审美的关系，那么毫无疑问人在劳动中改造世界的同时也改造人自身，当人与世界都可以作为劳动对象及人类改造对象的同时，当然也就可以作为艺术与审美对象。劳动创造人及艺术与美，也就是创造了艺术化、审美化的人与人作为艺术与美。由此，在劳动创造人的过程中，艺术与美同步发生和生成，人及人制作的工具就成为"艺术前的艺术"、审美前的审美，人与工具都生成为第一件艺术品与审美品，都应该成为艺术与审美起源的源头与发生点。

二、艺术发生的人与工具关系的审美人类学阐释

将工具制作视为人类起源与艺术起源同步的发生点，则还须讨论人制作与利用工具的需要在何等程度上推动工具的发生与工具在何等程度上推动人类的发生，并由此缔结人与工具的关系。人与工具的关系实质上是基于劳动创造而形成的相辅相成、互相作用、合为一体的关系，亦即人创造了工具与工具推进了人的生成的双向共生、双向同构的关系。因此，当认定工具为前艺术和前审美形态的同时，亦可认定人自身也是艺术对象与审美对象，也是艺术品和审美品，也是艺术与审美发生、生成的原发点。这一观点的论证主要基于以下三方面。

其一，工具制作与利用基于人的需要。一方面，人的需要来自环境条件的外因，达尔文的生物进化论及环境决定论在一定程度上证明物竞天择、优胜劣汰、适者生存的规律与道理；另一方面，人的需要来自千万年人类发生、生成、进化过程的生理、心理积淀与遗传基因的内因，是顺应环境与改造环境双重建构的内在需要，最终以工具制作和利用促使由猿到人的转化。工具成为人之所以为人的重要标志和表征，人也成为能够制作和利用工具，并以之区别于动物，从自然界分离出来的人类起源的发生点。因此，人类对工具的崇拜和依赖心理是基于人的存在与生存的需要，也是基于人类发生与生成的需要，工具从这一意义上说可还原为人之所以为人的标志和表征，以史前工具作为前艺术看待必然离不开制作和利用工具的人。

其二，工具的"对象化"性质与"属人"性特征。即便从人类发生与史前石器工具制作的紧密联系，从而认定工具既是人类创造的物质生产工具及劳动产品，又是含有精

神创造因素的前艺术作品的思路来看，工具的前艺术特征及实质也是指向人及人的艺术化和审美化特征。一方面在于工具是人创造的并以之实现人的存在、生存、发展目标，可谓人的本质力量对象化、人的自我确证、人反观自身的结果；另一方面是工具所具有的"属人"性、拟人化、人格化等特征在一定程度上可作为人的手足及身体的延长，使之成为人的身体及功能的重要组成部分，工具也因此具有人类学本体性意义；再一方面是工具在改造世界的同时也改造人自身，工具制作和利用使人的体质与心智发生重大变化，推动人的发生、生成、进化，使人之所以为人。因此，如果将史前工具作为前艺术来看待的话，将人自身作为艺术发生和审美发生的原发点也在情理之中。

其三，身体作为工具媒介的功能作用。无论是在工具制作前还是后，也无论是在工具利用前还是后，身体既作为工具使用，又是制作和利用工具不可分割的组成部分。从身体作为工具的功能性与本体性意义而论，人以自身身体作为工具，使身体成为人与自然、人与世界、人与人交往交流的手段、媒介、载体，并且随着人类发生、生成与进化，人利用身体改造世界的同时也改造自身，也改造作为工具的身体，既使之更为工具化及强化身体的工具性功能作用与效果，又使之更为"对象化""属人"化、人文化，更能体现人的本质及本质力量，增强人的主体性、自主性和竞争力。从身体作为制作和利用工具的主体、载体、对象角度而论，身体作为工具的功能作用与效果显然与制作和利用工具的人紧密相关，工具价值应该是人使用工具产生的价值，是人与工具关系构成的系统值、关系值。如果身体没有作为工具被使用，如果没有制作、利用与掌握工具的人，如果没有能够熟练、灵巧、灵活运用工具的手及身体，工具就会失去任何作用与意义，也就无法认定为工具。因此，工具一定是人的工具，是人的身体功能的延伸；人一定是能够利用工具的人，利用工具直接与人的身体密切相关；人的身体成为工具不可或缺的构成要素，工具也成为人的身体不可分割的组成部分。

三、身体作为艺术和审美生成的原发点

人类从自然界走出来及与动物界分离出来，主要基于以劳动为中心的人类社会实践活动，既来自对世界的认识又来自对自身的认识，亦即在人与世界的关系中展开认识。一方面以世界作为认识对象从而反观自身，在认知世界的基础上认知自身，通过"他者"认识自我；另一方面以自身认识为基础而推人及物、推己及物地认识世界，既是人自身的"人化""人类化""自我确证"的认知建构过程，又是将对象世界"人化""对象化""人格化"的审美建构过程。因此，以人与世界的关系作为对象所展开的人与艺术的关系，遵循双向共生与双向同构的规律和原则，无疑使身体成为两者的聚焦点与聚合点。身体既是人与世界关系的工具、中介、媒介，也是人的物质活动与精神活动的主体与对象、本体与载体，当然也是艺术与审美的主体与对象及生成的原发点。

其一，身体是人的本质及本质力量的感性显现。从工具对人类发生所起的重要作用中不难看出，工具与人的身体密不可分，同时也还要看到身体本身其实也是人作用于世

界的工具，也体现人的本质及本质力量。人改造和利用自身身体作为工具，无论是在狩猎还是采集、交流还是交往、竞争还是选择、活动还是行为中，都无可辩驳地证明身体作为工具的认识和改造世界与人自身改造的功能作用。身体作为媒介直接沟通人与世界关系，身体作为载体承载人的体质和心智及本质力量，身体作为人的本体聚集和积淀着个体与集体的感觉、体验、经验、思维、方式。从语言发生来说，以体态语言、肢体语言、声音语言作为工具、媒介、载体的语言发生过程，其实质就是口耳相传的身体交流，其中负载着这些语言形式中的艺术与审美要素，导致原始艺术与口头文学，包括歌谣、神话、传说故事及原始绘画、音乐与舞蹈的发生。

其二，缔结于身体的人与"文"及"体"的关系。从"文"起源的发生过程来看，最早发生的所谓"人文"，其实就是在身体上图饰的文身，其中所包含的复杂多元的模仿与表现、巫术与宗教、信仰与崇拜、神灵与鬼魂、敬畏与禁忌、自我确证与自我保护等功能作用中不乏美化与装饰意义，也是借助身体作为人与世界、人与人、人与自我关系的纽带及交流媒介，导致绘画、音乐、舞蹈、文字及文学艺术和审美的发生。从"体"起源的发生、发展过程来看，缘起于人的身体而产生对于身体构造与构成的认知，无疑既从原始崇拜的信仰系统中延伸出图腾、神鬼、灵魂、自然等原始思维及意识观念，又从本体论意义上延伸出天体、宇宙、道、气、生命等认知观念。最为重要的是，从人体的身体之"体"所蕴含的艺术与审美要素中延伸为文学、艺术与审美的移情化、拟人化和人格化的创造方式，形成诸如文体、体裁、体式、体性、体势、体貌、体态、体味、体验、体察、体会等附着于"体"的文艺审美范畴，并推衍于身体部位，形成诸如文心、文脉、文气、文眼、诗眼、形神、风骨、主脑、骨架、肌肤、肌理等"人化"的文艺审美范畴概念。当然，这些概念的产生是文明、文化发生、发展的结果，但并不意味着与原始思维发生过程的断裂，也不意味着对身体的原发性及依附于身体而产生对图腾、神鬼、灵魂、自然等体认的无知。其追根溯源与一脉相承的贯通性不仅揭示出身体在艺术与审美发生学中的作用和意义，而且也昭示出身体对于艺术与审美的发展，以至于发展至今仍然具有深远意义。

其三，美感发生依存于人身体的生理、心理基础。从美感发生所依存的身体生理、心理功能来看，人所具有的能够感受和反应及产生快感与美感的眼、耳、鼻、舌、身所产生的视觉、听觉、嗅觉、味觉、触觉等功能，其实都会随着人类进化中的"人化""人类化"进程而不断提升和发展为"属人"的眼睛与耳朵。马克思认为："只是由于人的本质的客观地展开的丰富性，主体的、人的感性的丰富性，如有音乐感的耳朵、能感受形式美的眼睛，总之，那些能成为人的享受的感觉，即确证自己是人的本质力量的感觉，才一部分发展起来，一部分产生出来。因为，不仅五官感觉，而且所谓精神感觉、实践感觉（意志、爱等等），一句话，人的感觉、感觉的人性，都只是由于它的对象的存在，由于人化的自然界，才产生出来的。五官感觉的形成是以往全部世界历史的产物。"① 由此可见，人的五官与身心及感觉都应是在人类社会实践活动及审美活动中建构起来的，并逐步由依托生理基础向心理发展，依托快感基础向美感提升，从而构成身心一体的身体感觉与反应，在人与世界关系中，身体不仅成为快感与美感的发生点，而且也成为审美及艺术的发生点。马克思认为："动物只是按照它所属的那个种的尺度和需要来建造，而人却懂得按照任何一个种的尺度来进行生产，并且懂得怎样处处都把内在的尺度运用到对象上去；因此，人也按照美的规律来建造。"② 人不仅遵循"美的规律"创造客体，而且也遵循"美的规律"创造主体，即人自身，使人也成为美的创造物及审美主体与审美对象。人作为美与艺术的原发点与原生点从发生学角度阐释艺术发生与人类发生同步的缘由和根据，揭示人的身体作为艺术审美主体与客体双向同构的建构与生成意义。恩格斯指出："在人用手把第一块石头做成刀子以前，可能已经经过很长很长的一段时间，和这段时间相比，我们所知道的历史时间就显得微不足道了。但是具有决定意义的一步完成了：手变得自由了，能够不断地获得新的技巧，而这样获得的较大的灵活性便遗传下来，一代一代地增加着。"③ 因此，人类对于自身及身体的认识，无论是出于自我保护和发展的需要还是适应和改造外界环境的需要，无论是出于实用功利性的需要还是精神愉悦性的需要，无论是出于生理需要还是心理需要，都曾采取过各种各样的使其"人化""对象化"与"修饰化"的方式，如文身、涂脸、面具、披发、束发、头饰及形形色色的装饰物和佩戴物，以强化和凸显身体功能，在功利性中蕴含艺术与审美要素，身体因此也被艺术化和审美化，人因之既成为审美主体又成为审美对象。

伊格尔顿指出："美学是作为有关肉体的话语而诞生的。在德国哲学家亚历山大·鲍姆加登所作的最初的系统阐述中，这个术语首先指的不是艺术，而是如古希腊的感性所指出的那样，是指与更加崇高的概念思想领域相比照的人类的全部知觉和感觉领域……因此，审美是朴素唯物主义的首次冲动——这种冲动是肉体对理论专制的长期而无言的反叛的结果。"④ 这充分说明了美学何以又称为感性学的缘故，也说明审美发生与身体、感性、感觉密不可分的关联。这对于探讨艺术与审美起源问题也是颇有启发的。在阐发史前工具制作与利用在人类发生进化过程中的人之所以为人的标志性作用及艺术起源与人类起源同步的观念时，工具从其制作与利用的主体与对象而言，都离不开人的身体，而且就工具的功能性与本体性意义而言，工具无疑是人的身体及身体功能的延伸。更为重要的是，无论是在制作与利用工具之前还是之后，人的身体既是人改造世界和改造自

---

① 马克思：《1844年经济学哲学手稿》，《马克思恩格斯全集》第42卷，人民出版社1979年版，第126页。
② 马克思：《1844年经济学哲学手稿》，《马克思恩格斯全集》第42卷，人民出版社1979年版，第97页。
③ 恩格斯：《自然辩证法》，《马克思恩格斯选集》第三卷，人民出版社1972年版，第509页。
④ ［英］特里·伊格尔顿《审美意识形态》，王杰、傅德根、麦永雄译，广西师范大学出版社2001年，第1页。

身的工具，又是人自身之所以为人的本体，既是在劳动中及人类社会实践活动中创造和改造的产物，又是身体"人化""人类化""对象化"的产物。据此可以认定，身体与工具都在人类起源与艺术起源的同步发生中产生重大作用，如果将工具视为艺术前的艺术的话，或者说是艺术和审美的原发点的话，那么在人类起源的发生学过程中，人及其身体亦可视为艺术前的艺术，或者说是艺术和审美的原发点。由此，艺术起源与人类起源同步的发生学原理才具有人类学意义，才能为审美人类学研究提供更为广阔和深入的空间。

第二节 艺术起源的主客体双向同构性

审美人类学在美学与人类学跨学科综合研究上，一方面着眼于在两者双向同构的交叉点与契合点上寻找学术生长点与新的增长点，另一方面着手于从学术边缘、盲区与空白点探寻理论研究的突破口，为理论创新提供实践经验支撑点，再一方面着重于区域性民族、民间、民俗审美文化生态考察研究，在案例研究、实证研究、应用研究基础上拓展理论研究空间。因此，审美人类学更为关注美学研究中的人的问题与人类学研究中的审美问题，关注艺术经验、审美经验与人类社会实践经验、民族经验的关系问题，关注艺术活动、审美活动在人类社会实践活动的关系问题。这一研究取向和价值目标往往形成侧重于艺术、审美发展与人类社会发展的关系研究，聚焦在起源缘起和现实发展两端。正如刘勰《文心雕龙·原道》将"文心"放置在"人文"中来认知，以"观天文以极变，察人文以成化"来探索"文"发生与发展之道一样，其《序志》提出"原始以表末"的研究方法，一方面通过"原始"才能更好"表末"，另一方面扣紧"原始"与"表末"两端，无疑抓住了整个活动过程及发展脉络。因此，应着眼于从审美人类学研究视角探讨艺术起源问题，并作为深化与拓展这一问题研究的路径。

一、艺术起源的审美人类学研究可能性及研究基本思路

艺术起源研究主要基于三个视角：一是基于艺术史的历史研究视角，主要依据历史文献史料及历史文本研究，以追溯艺术起源的历史渊源和缘由；二是基于史前文物及历史文物考古发掘的出土文物资料，从考古学、体质人类学、史前历史学从旧石器时期、新石器时期到文明时期的人类发展史角度探索艺术的起源问题；三是基于发展至今仍保留和保存某些原始形态痕迹和原始文化"活化石"的族群或群类生存、生活的原生态状态的田野考察，从中窥探艺术发生的奥秘。对艺术发生学的研究，主要从艺术起源角度进行探讨，形成"劳动说""模仿说""巫术说""游戏说""表现说""升华说"及从"一元决定论"到"多元构成论"等各种学说及理论模式，从不同研究视角奠定艺术起

源的理论基础与实践依据。尤其是"劳动说",马克思主义给予历史唯物主义与辩证唯物主义的阐释使之成为经典学说。恩格斯在《劳动在从猿到人转变过程中的作用》中指出:"政治经济学家说:劳动是一切财富的源泉。其实劳动和自然界一起才是一切财富的源泉,自然界为劳动提供材料,劳动把材料变为财富。但是劳动还远不止如此。它是整个人类生活的第一个基本条件,而且达到这样的程度,以致我们在某种意义上不得不说:劳动创造了人本身。""只是由于劳动,由于和日新月异的动作相适应,由于这样所引起的肌肉、韧带以及在更长时间内引起的骨骼的特别发展遗传下来,而且由于这些遗传下来的灵巧性以愈来愈新的方式运用于新的愈来愈复杂的动作,人的手才达到这样高度的完善,在这个基础上它才能仿佛凭着魔力似地产生了拉斐尔的绘画,托尔瓦德森的雕刻以及帕格尼尼的音乐。"① 马克思主义着眼于从劳动讨论人及艺术起源问题,将劳动作为连接人与自然界关系的纽带,形成主体的合目的性与客体的合规律性统一的人类社会实践活动性质与特征,确立艺术起源说研究的基本指向与指导思想。

马克思主义之前的各种起源说存在的问题在于:一方面,各种学说基于各自不同的研究视角会囿于自身孤立的视角形成二元对立观念,既具有一定的合理性又存在一定的片面性,即便"多元构成论"有辩证综合的特点但也存在折中、中庸,甚至模棱两可的不足;另一方面,将艺术发生学仅仅归结为起源问题,无疑使复杂问题简单化和单一化,艺术起源问题的实质是发生学问题,即艺术是一个发生、生成、建构过程,是一个内部结构与外部形态构成自身运动的进化与转化过程,也是一个内在基因积淀、孕育、遗传的构成和过程;再一方面,以传统或现代艺术形态及艺术观念来套认艺术发生的原始形态及原始观念,简单从艺术与非艺术划分视角分析起源问题,忽视艺术发生于物质活动与精神活动浑然一体的原始时期特征,忽略艺术与非艺术界限模糊的特征,忽略前艺术、大艺术、亚艺术、准艺术所表达原始艺术的普遍性与特殊性。更为重要的是,各种起源说都不同程度地忽略从人及人类社会实践活动的角度考虑艺术起源问题,更未能将艺术发生与人类发生联系起来,未能揭示艺术发生学的人类学内涵与意义,留下艺术起源研究的一些误区和盲点,为审美人类学在这一问题上的探索研究提供契机与条件。从审美人类学视角研究艺术起源的发生学,首先必须确立研究的基本思路与理论依据,形成以下三个基本观念。

其一,系统论、控制论、价值论的关系论观念。系统论着眼于从较为宏观的系统构成角度,包括要素、结构、层次、关系构成及系统的结果性、整体性、协调性特征,凸显以关系作为研究对象或研究视角的优势。控制论着眼于系统关系间的平衡与协调,强调系统控制、调节与自控制、自调节的互动共生关系及功能。价值论从立足于微观的价值现象研究到着眼于宏观的价值哲学研究的发展,在确立价值主体与客体、需要与价值、

---

① 恩格斯:《自然辩证法》,《马克思恩格斯选集》第三卷,人民出版社 1972 年版,第 508、509—510 页。

价值与评价关系中，凸显以价值关系作为研究对象的意义。由此可见，审美人类学立足于美学与人类学跨学科结合的重要基点在于，作为美学研究对象的美与作为人类学研究对象的人类在人类审美现象的交叉点上确立了人与审美的关系，进一步凸显人在审美关系中的位置及功能，也凸显审美在人类社会关系中的位置及功能价值，以及在人与审美关系中所凸显的美学意义与人类学意义。从审美人类学研究的美学视角而论，将美学研究对象确定为美与美感构成的审美关系研究，导致从关注美的本质论转向审美价值论及美感研究，从审美客体研究转向审美主体研究及主客体关系研究，从美的形态与类型研究拓展为人类审美现象及审美实践活动研究，由此将美学放置在人类学大视野中而确立人类学美学价值取向。从审美人类学视角的人类学研究而论，将人类学对象聚焦于人类审美现象所构成的审美人类学视野，不仅有利于将体质人类学与文化人类学结合的确立，而且有利于深化和拓展人类学研究视野，由此在科学客观研究基础上更为注重主客体关系、主位与客位关系研究，在事象、现象、案例的实证性研究基础上向文化内涵与意义的理论阐释性研究，在人与环境关系及自然环境与社会环境关系研究基础上进一步深化为人文生态与环境生态关系研究。由此，以关系论拓展、深化审美人类学研究及视野。

其二，确立发生学的生成论与建构论观念。无论是对人类起源还是艺术起源、审美起源的探讨，以往所执的各种起源说观念及理论形态都是立足于起源说的时限及理论推断而假设的，问题不仅仅在于缺乏文献资料与科学实证，而且在于将起源视为产生或蜕变的断裂性质变和截然对立的分化，是与非界限分明，前与后互不相干，以本质界定似乎就可以划分区别。从人类起源而论，依据达尔文进化论观念，人类进化并非产生过程而是发生过程，是一个生物遗传基因积淀与转化及人类逐渐脱离自然界而"人化"的发生、生成、建构过程。在这一漫长而复杂的进化过程中，要想找到从猿到人的分界线及猿与人的划分点，几乎是不太可能的，因为不仅时限难以确定，而且从猿到人经历过古猿、南方古猿、能人、直立人、智人（早期、晚期）及旧石器时期、新石器时期等阶段，人类始终都处于生物进化过程中。从艺术起源而论，艺术与审美的起源也是发生、生成、建构过程，非艺术与艺术界限、前艺术与艺术划分及审美现象、审美意识发生的分界，由此模糊而交织，其时限、构成、形态处于混沌与复杂状态。特别是作为人类社会实践活动的艺术与美的人类创造物，在人类发展早期的实践活动所呈现的物质与精神不可分割的浑然一体状态下，既包含或交织于人类社会实践活动中及创造物中，又具有物质与精神、功利性与非功利性、实用性与装饰性、快感与美感交织为一体的特征。即便随着劳动分工的发展与人类认识世界能力的提升，艺术与审美逐渐从物质与精神交织中分离出来，使其非功利性、装饰性、美感性日益显现，但并不能否定其物质性、功利性、实用性、快感的基础及要素构成，在认定艺术与非艺术、审美与非审美界限的同时也必须承认其界限的相对性。由此可见，艺术与审美的起源与人类起源一样，也是发生、生成、建构的过程，应该遵循发生学所执的生成论与建构论观念。

其三，在破除二元对立思维的同时确立双向同构观念。辩证唯物主义确实是正确指导与科学认识世界的世界观及方法论,坚持物质第一性的"一元论",对于反对唯心主义及"二元论"具有重要意义。辩证唯物主义在认识论与反映论上遵循对立统一规律,其中蕴含深刻的辩证法思想与方法论,在正确认识相对而言的范畴、事物、矛盾中既认清其具有对立性又具有统一性,既具有相对性又具有绝对性,既具有普遍性又具有特殊性。但如果将唯物主义推向极端化与简单化,那么往往会在世界观上缺乏辩证思维,在方法论上缺乏辩证法,导致机械唯物主义与庸俗唯物主义偏向。所执二元对立及单向或单一决定论、狭隘认识论、被动反映论观念,必然导致对物质决定精神、存在决定意识的简单化、片面化、绝对化的理解。辩证唯物主义之所以不同于以往唯物主义的缘故,一方面在于辩证理解物质与精神、存在与意识、主体与客体的关系,强调两者相辅相成、相互渗透、互为作用的相对构成关系;另一方面在关系中强化人的主体性、能动性、积极性;再一方面在于"哲学家们只是用不同的方式解释世界,而问题在于改变世界"①,亦即在以劳动为中心的社会实践活动中改造世界与改造人类自我。具体表现在艺术、审美的基本关系构成中,更为强调人类社会实践活动及人类创造物的"属人"性质及艺术、审美的特殊性,推动文艺美学的哲学基座的认识论向价值论转向,或主张价值论、认识论、实践论三位一体构成的哲学基座,由此在物质与精神、存在与意识、主体与客体的关系上形成双向同构观念,在艺术、审美性质与特征的认识上,形成相对而立、双性同体、双向共生的同构性、系统性与整体性。在人类发生、艺术发生、审美发生规律及缘由的探讨上,不再局限于环境决定论而强化人类在适应环境与改造环境中的能动作用,而且更为重视人类社会实践活动对于人类发生及艺术、审美发生的作用。

关于起源问题,以往人们常困于到底是鸡生蛋还是蛋生鸡的悖论而长期存在纠结、困惑与争执,用双向同构理论解释,可以得出在鸡生蛋的同时蛋也生鸡的结论,其实就是将发生、生成、建构过程视为双向共生与双向同构过程,将鸡与蛋关系视为逻辑构成性和历史建构性的整体关系,这样就使鸡与蛋的起源及究竟谁决定谁的争执在发生学的双向同构理论解释中迎刃而解。具体落实到关于人类起源及缘由问题的讨论,也面临一个难以绕开的悖论:是劳动创造人还是人创造劳动。如果将劳动界定为人类自觉的、有意识的、有目的的、创造性的行为活动的话,那么劳动既创造人同时也是人创造的结果;如果将人与劳动关系视为不可分割的整体,而非执二元对立观念,也就可以避免劳动创造人还是人创造劳动的悖论。事实上就是在劳动创造人的同时人也创造劳动。从人与劳动的发生学及建构论与构成论而言,两者无疑相辅相成、互为作用、双向共生,所谓人即劳动及社会实践活动中的人,所谓劳动即人类社会实践活动的劳动,人与劳动的关系在起源说与发生论问题上可用双向同构理论加以解决。由此而论,建立在价值论哲学基座上的文艺学、美学理论,在坚持辩证唯物主义基础上,依据文艺、审美规律及其特殊

---

① 马克思:《关于费尔巴哈的提纲》,《马克思恩格斯选集》第一卷,人民出版社1972年版,第19页。

性，在解释文艺、审美的物质与精神、存在与意识、主体与客体的辩证关系上适用于双向同构理论。

二、原始工具作为艺术发生点的审美人类学阐释

关于艺术起源的发生学探讨，自 20 世纪 80 年代以来，国内学界着眼于艺术发生学理论与方法论，将各种起源说进一步深化与拓展，同时也努力探索，另辟蹊径，取得了一些令人瞩目的成果。邓福星的《艺术前的艺术——史前艺术研究》从发生学视角对艺术起源问题进行了有益的探索，基本思路就是从发生学研究视角将艺术发生与人类发生联系起来，一方面将艺术起源视为一个发生、生成的建构过程，由此将关注点放在对艺术前的艺术，亦即史前艺术发生的探讨上。同时建构起与之相应的艺术观与审美观也是一个发生、生成的建构过程的双向同构理念。另一方面将艺术起源不仅放置在人类社会实践活动中来认识，而且将艺术发生与人类发生结合形成双向共生性，使艺术发生具有人类学及审美人类学意义。更为重要的是，提出在当时可谓惊世骇俗而又颇具争议的艺术起源与人类起源同步的观点，从而开辟了艺术起源的发生学研究新领域和新视野。

认定艺术起源与人类起源同步观点的主要支撑点是工具，也就是说，原始工具是原始艺术的发生点。制作和利用工具在人类起源及发生学中具有重要意义，甚至作为由猿向人转化的转折点、人与动物的本质区别及人类走出自然界的分界线。因此，能够制作和利用工具成为人之所以为人的立足点所在，成为定义人的必要构成条件与要素。从体质人类学研究对史前人类遗骸的考古发掘与科学探测，依据原始人与类人猿、猿人、猿猴的体质构造比较，从而得出人与猿的区别的结论，固然有其道理和根据。但是，依据这些道理和根据，原始人与现代人也会存在体质上的差异，包括人类发生、生成、进化过程中的人的建构，同样也具有阶段性的特点和差异，甚至人类至今还会遗留某些动物性的遗传基因及痕迹。恩格斯指出："我们的祖先在从猿转变到人的好几十万年的过程中逐渐学会了使自己的手适应于一些动作，这些动作在开始时只能是非常简单的。最低级的野蛮人，甚至那种可以认为已向更加近似兽类的状态倒退而同时身体也退化了的野蛮人，也总还是远远高出于这种过渡期间的生物。"① 因此，关于人类起源问题还需要通过文化人类学研究角度对人类社会实践活动进行考察，特别是推动人类从猿到人的转化中工具制作与利用的作用。也就是说，考察最初人类制作石器工具的发生也许更为切近人类发生的源头。石器工具的产生对于人类起源的发生学意义不言而喻，对于艺术、审美发生是否也具有意义，能否从原始工具制作中获得艺术发生与人类发生同步的结论，则需要从审美人类学研究视角进一步加以论证和探讨。

其一，工具的工具性与目的性关系的本体论意义。无论是原始工具还是现代工具，本质上都是在人与自然及人与对象的关系中借助一定的工具、媒介、手段以便更好达到

---

① 恩格斯：《自然辩证法》，《马克思恩格斯选集》第三卷，人民出版社 1972 年版，第 509 页。

目的的方式。工具是人类改造世界的武器，也是人与世界、主体与客体、人类与社会实践活动对象构成关系的中介和桥梁。人类借助工具不仅更为有效地提高活动效果以更好达到目的，而且通过制作和利用工具使人类成为人，推动人类发生并不断提升人类进化水平及素质与能力。因此，人类发生与工具制作形成双向同构关系，一方面工具制作必须依赖于人类的进化，即打磨工具的手的生成及灵巧程度的发展，而手从作为爬行跳跃前肢的转变又与足及直立有关，而直立又与整个身体运动有关。正如恩格斯指出："但是手并不是孤立的。它仅仅是整个极其复杂的机体的一个肢体。凡是有利于手的，也有利于手所服务的整个身体……"① 正是人的手及身体的进化才能保证工具制作的条件，同时人类手艺的不断提升才能推动工具制作及改进和改良。另一方面，也正是因为制作和利用工具，人类在生物进化过程中才会进入基于制作工具和改造世界的人类发生、生成进程，使工具成为人类、史前原始文明及人类社会实践活动发生的标志。也就是说，如果没有人的身体的生物进化也就不可能有工具制作，如果没有工具制作也就没有人类的起源发生及人类文明的开启。这就构成人类发生与工具发生相辅相成的双向共生和双向同构的关系。从这一角度而论，人与工具的关系还具有同化与异化的对立统一性。同化指人与工具合为一体的人化，工具实际上成为人的身体器官及其功能的延伸，原始工具的石斧、石铲、石刀无形中是人的手的延长与增力，以及身体与心脑的整体扩充，工具所具有的"属人"性使之成为人的身体构成部分及人的本质力量对象化。异化指工具的物化性与工具性使其具有超人和超自然力的特征，因为依赖工具而造成某些器官或功能的变化或弱化。如利用工具狩猎与赤手空拳狩猎，显然在人的体力程度上有很大差异，但利用工具造成人的体力减弱的同时必然形成体质及体能技巧与心智能量的增强，尤其是大脑的发育。由此可见，工具的功能性既具有工具性又具有目的性，既具有中介性又具有交流性，既具有物化性又具有"人化"和"属人"性，由此产生的辩证关系使工具具有人类学本体论意义。工具不仅使其成为人类发生、生成的必要条件，而且成为人类自身不可分割的重要构成部分。

其二，工具功能在实用性与适用性关系中的价值论意义。对于工具的认识不能将其孤立起来或仅仅停留在工具技术层面，而是将工具放置在人类社会实践活动及人与世界、人与对象、人与劳动的关系中进行研究。人类基于存在、生存、生活和发展的基本需求而制作和利用工具，以便更好地达到人类改造世界与改造人类自身的目的。因此，工具的功能性导致其实用功利价值凸显，工具制作必须考虑实用性与适用性两方面需要：一方面需要适用于工具对象，以便更快更好、更准确地达到自身目的。诸如在原始狩猎活动中，相对于捕杀野兽而制作的石器工具，无论是石斧、石刀还是投掷的石弹、石镞，都应该实用于对象，也就是说，必须将石器工具在形态与形式上打磨得尖锐、锋利、强硬，以便有利于捕杀野兽，实现工具的实用功利作用。另一方面需要适应和适用于人的

---

① 恩格斯：《自然辩证法》，《马克思恩格斯选集》第三卷，人民出版社1972年版，第510页。

利用与运用，尤其是使用工具的手的适用需要，也就是必须将工具打磨成人的手能够适应掌握和投掷，能够有利于发挥人的体力活动、动作的作用，以及身体的生理心理运动节律、节奏、韵律的效用。也就是说，为了使工具适合于人的使用就必须将工具打磨得更适应人的需要，能够在使用中产生合适感、适应感，以至产生快感和愉悦感。当然，更需要将工具的实用性与适用性结合起来，既考虑工具作用于对象的需要和实用，又考虑工具在运用中主体的需要和适用，亦即获得客体的合规律性与主体的合目的性统一的效果。这说明，工具的功利性既具有客体的实用功利性价值，又具有主体的适用功利性价值，从而在价值论意义上构成价值关系，价值生成于主体的需求与客体能够满足需求所提供条件的价值关系中，工具功能价值的功利性在实用性与适用性关系中统一，也在人的价值需求及价值目标实现的实用功利性与适用功利性关系中统一。

三、人类实践活动中主客体关系的双向同构

原始工具的制作不仅具有明显的实用功利性目的，这可从工具的功能、用途、作用、价值等性质特征中标示，亦具有十分明显的适用性，针对人利用工具以达到目的的适应性、适合度、适用度而进行工具制作，这可从工具打磨时对其形态、形状、形式的要求及其所产生的功能中标示。也就是说，工具制作必须遵循内容与形式统一的规律和原则。内容与形式关系在一定程度上可表现为功利性与功能性、实用性与适用性、目的性与工具性关系。内容与形式是相辅相成、互为渗透、互相作用、不可分割的统一体，正如黑格尔所言："内容非他，即形式之转化为内容；形式非他，即内容之转化为形式。"① 也就是说，没有无形式的内容也没有无内容的形式。内容与形式具有相对性，既表现在两者相对而言、相对而立，又表现在两者在一定条件下可以相互转化，内容可以转化和积淀为形式，形式可以转化和积淀为内容。从双向同构理论分析，与其说内容决定形式与形式反作用，不如认定当内容决定形式的同时形式也决定内容，内容与形式的共生性与同构性不言而喻。从原始工具的制作来看，对于石器形制、形状、形态、形式的要求既是实用功利性的内容要求，也是适用形态性的形式要求。具体落实在石器工具的打磨上，就是其形式的构造与生成，一方面旨在有利于实现其功能的内容及实用功利性目的，另一方面旨在体现工具作为"有意味的形式"②的自身功能性与本体性目的。

工具形式的价值意义在于：一是工具形态的形成及形式化发生过程，是基于人的实用与适用的双重功利性需要驱动及人的本质力量对象化行为和创造性活动，将其放置在人类社会实践活动中进行定位。工具形式的建构同样具有人化、属人性、人格化特征，不仅使工具形式具有人类发生学及人类学意义，而且使工具形式具有形态化、形式化和形式美的审美人类学意义。二是与工具形式相对而言的形式感及意识、观念、精神，其

---

① [德] 黑格尔：《小逻辑》，贺麟译，商务印书馆1980年版，第278页。
② [英] 克莱夫·贝尔：《艺术》，周金环等译，中国文联出版公司1984年版，第6页。

发生与生成显然与形式同步。依据双向同构理论,在打磨工具形状的同时人的形式感同步发生,工具形式生成就意味着人的形式感生成。在人类早期的社会实践活动中,人的意识、观念、精神渗透和融入劳动及社会实践活动,物质活动与精神活动融为一体,形式与形式感同步发生。三是工具形式中所蕴含的形式美与形式美感的双向建构,使工具具有审美及艺术发生意义。从工具形式构成的基本要素形状而论,一方面其实用功利性必然带来对此形状的认可并由此带来生理与心理快感,另一方面工具形状由一定的形式构成,包括圆形、菱形、矩形、方形、三角形、锐角等几何形状及其构成形式,由不规则到规则,由简单到复杂,由粗糙到精细,逐步抽象化、形式化、形状化,由此构成形式中的形式美要素及形式向形式美的生成和转化过程。从工具使用角度而论,一定的工具形状要求必须符合与合适于人的掌握和使用工具的要求,即有意识地将工具打磨成符合人的手及身体的舒适度与投掷工具运动的合适度需要,进而逐步完善的形状及形式,在突出其功能性与功用性之外还要强化其外观形式适合于人的生理、心理及行为运动的需要,不仅要能够更好地达到效果,而且能够给人带来舒适性与愉悦感。因此,这既是工具形式所带来的形式感,形式美所带来的形式美感,快感所带来的美感,又是形式与形式感、形式美与形式美感、快感与美感双向同构的结果。从这层意义上推导出人类制作的第一件工具就是第一件艺术品(前艺术)、艺术发生与人类发生同步的观点,既使审美人类学阐释成为可能,又使艺术起源的发生学研究得以深化和拓展。

综上所述,艺术起源问题是审美人类学重要的研究对象及研究视角,基于艺术发生学思路观念,必须将其放在人类社会实践活动中人与对象的主客体关系中来认识,如果将原始工具作为"艺术前的艺术"的发生点来理解的话,就必须破除二元对立观念,应执双向同构、双向共生观念。由此,基于人类社会实践活动生成人与对象、主体与客体、存在与意识、物质与精神、美与审美及原始艺术功用性与审美性的双向同构性,回归美是人的本质力量对象化及自我确证的源头。

第三节 身体作为原发点的审美人类学阐释

当下审美文化发展与文化研究思潮的兴起,一方面对推动文化实践发展以形成生活审美化与审美生活化趋向产生重大影响,另一方面对推动学术转向与理论创新以形成多学科综合研究与跨学科交叉研究的趋势产生重要作用。审美人类学正是在这一背景与思潮中兴起的美学与人类学跨学科结合所形成的交叉学科、综合学科与新兴学科。审美人类学更为关注以人为本的价值取向,更为关注跨学科综合、整合、互补、协作、同构的研究思路与方法,更为关注古今中外贯通、学与术结合、学以致用的视野与视角,更为关注审美发生发展与人类发生发展同步的起源与现状。这种扣其两端、首尾照应、彰显

"原始以表末"的研究思路与研究方式，更有利于揭示审美与人类的关系及审美发生发展的人类学意义与人类发生发展的美学意义。

审美人类学以"原始以表末"的研究方式探讨艺术发生发展，往往聚焦在身体问题上。身体作为人的发生发展的原发点而言，是人的需要与欲望、感性与感觉、生理与心理、肉体与灵魂的载体，也是人与世界关系及联系的工具、媒介与中介，更是人的生命及存在、生存的本体。身体作为艺术与审美的发生发展的发生点而言，是审美主体也是审美对象，是审美工具也是审美目的，是美与艺术创作的动力源也是快感与美感的结合点。因此，基于艺术与审美发生发展中的身体问题探讨，阐发以身体作为艺术与审美发生点的以人为本的艺术发生学原理，继而发掘身体对于人及人与世界的审美关系建构的功能和作用，进而揭示身体的人类学及审美人类学意义。

一、身体的建构性、构成性与整体性

身体在当下社会思潮及学界研究中早已形成讨论热点。其社会时代背景主要有三点：一是大众文化、时尚文化、广告文化兴起，身体在需要、欲望、感性、性感、肉体等话题的推波助澜下凸显；二是影视文化、网络文化、动漫文化等新媒介与多媒体生产、展示、传播方式兴起，身体借助传播媒介而聚焦与放大；三是图像时代及视觉文化时代感觉方式与感受方式，推动人体艺术的流行，包括人体绘画、人体摄影、人体艺术表演（舞蹈、杂技、艺术体操等），强化身体的艺术与美学体质及身体文化、身体美学、视觉文化的功能。其学术背景主要有五点：一是文化研究及审美文化研究以文化唯物主义、物质与精神交融、生活审美化与审美生活化的研究视角切入身体政治、身体话语及审美意识形态等话题；二是女性主义及性别批评以女性及性别视角切入身体写作与阅读、身体解放与身体权利等话题；三是后现代主义在解构逻各斯中心主义之后对感性、感觉、感受、体验、经验的注重昭示身体的回归与重构；四是精神分析及心理学方法对潜意识发掘及生理心理的构成与建构，引发对身体的本体性与工具性的关注；五是人类学兴起从体质人类学与文化人类学研究视角交叉于身体及身体文化研究，民族学、民俗学、文化学、考古学等也从不同学科视角聚焦身体问题。依托这些社会时代背景和研究背景，身体研究首先应该进行元研究，明确身体性质、特征、渊源、定位，才能知其功能、作用、价值、意义及与之相关的关系。这需要解决身体元研究的三个基本问题。

其一，身体的建构性。正如人类起源与艺术起源、审美起源不是产生而是发生、生成、进化的建构过程一样，身体也是建构的。体质人类学及史前考古学研究资料表明，人类发生经历了史前几万年乃至几十万年的漫长的新旧石器时期，从时间序列中根本无法认定人类起源的发生点。从猿到人的几十万年的进化更是根本无法确定非人即猿或非猿即人的划分点，因为经历古猿、南方古猿、能人、直立人、智人（早期、晚期）及新旧石器时期等人类发生阶段，都处于生物进化与文明进化过程中。由此可知身体与人类起源发生、生成、进化同步，是一个生成、建构过程。身体无疑指人的身体，而任何个

体的身体虽然表面看来是生而有之、生而俱来的身体,但毫无疑问个体身体都会带有人类的类本质、类特征、类属性。这说明人类身体并非生而有之、生而俱来的,而是千万年人类发生、生成、进化的建构结果,也是在劳动及人类社会实践活动中创造和改造的结果。恩格斯指出:"我们的祖先在从猿转变到人的好几十万年的过程中逐渐学会了使自己的手适应于一些动作,这些动作在开始时只能是非常简单的。最低级的野蛮人,甚至那种可以认为已向更加近似兽类的状态倒退而同时身体也退化了的野蛮人,也总还是远远高出于这种过渡期间的生物。在人用手把第一块石头做成刀子以前,可能已经经过很长很长的一段时间,和这段时间相比,我们所知道的历史时间就显得微不足道了。但是具有决定意义的一步完成了:手变得自由了,能够不断地获得新的技巧,而这样获得的较大的灵活性便遗传下来,一代一代地增加着。"① 劳动创造人其实包含着创造人的手与身体。当作为猿猴爬行、跳跃、攀援的前肢在几万年甚至几十万年的劳动改造与人类进化中转变为能够制作和利用工具的双手,当作为猿猴爬行、跳跃的后肢转变为双足而使人直立及行走,这或许就是猿到人的转化及人之所以为人的标志和表征,其中必然包含身体由猿到人的转化及身体也是人之所以为人的标志和表征。因此,基于身体是劳动创造及人类进化的产物,身体既具有自然属性又具有社会属性,既是自然的身体又是文化的身体,既是生成的又是创造的,既是"属人"的又是"人化"的。身体的建构性,不仅可以从人类起源的发生学原理及人的个体身体的发生、生成中验证,而且可以从人类进入文明社会后几千年发展历程中身体经劳动改造与文化创造仍还在不断建构中见出。直至今天,身体建构过程并未结束,只不过几千年的文明建构相对于几十万年的人类进化而言,在身体建构上打下的烙印程度不同而已。从这一角度而论,人类社会发展必然包含人的建构及身体的建构,这一建构过程是不断完善、完美、健美的全面发展过程。

其二,身体的构成性。身体构成指其要素构成与结构构成。首先,身体构成从"身体"范畴而言,无论是"身之体"构成还是"身"与"体"构成,都应该有其内在结构及构成关系。"身之体"构成既强调"身"之为"体"的功能性作用与本体论意义,又强调"身"之为人之"体"的重要作用,人无"身"便无"体",身体是人的生命载体与本体,是人的存在、生存之所,也是人的本质及本质力量所在。"身"与"体"的并列关系构成同义性和同一性,"身"即"体","体"即"身",两者具有互文性,互为阐释,互为一体。如果说两者含有一定程度的差异性的话,那么"身"侧重于人之外观形态之身体,"体"侧重于内在结构之身体,两者一同形成人之身体的内外结构并构成整体。其次,身体的构成从其"形"的外观形态与呈现状态而言,具有形体、形态、形貌、形状、形象、形式等构成,在表现身体的外形构造的"属人"性、人类性的群体普遍性、一般性基础上,突出作为个体身体的外貌特征与个性特点。再次,身体的构成从"形"的特征所体现"神"的内在品质上形成形神关系,无论是形神兼备还是以形赋神

---

① 恩格斯:《自然辩证法》,《马克思恩格斯选集》第三卷,人民出版社1972年版,第509页。

或离形得似,虽各有侧重,但都指向身体构成的形神关系的认定及协调。身体构成还内在呈现为身与心、灵与肉等关系构成,由此深化对于身体构成的理解范围与深度。最后,身体作为人的整体构成,既是人的自然与社会、生理与心理、物质与精神、存在与意识、群体与个体等"类属性"与"类特征"的载体与本体,也是表现形态与呈现方式,身体构成实质上表征为人的整体构成,是人的本质和本质力量的感性显现方式及人的存在方式与自我确证方式。之所以提出身体的构成性问题,其意义不仅在于辨析"身体"范畴的狭义与广义、内涵与外延、语义与语用等问题,由此摆脱就身体而论身体及单就身体自然性讨论的就事论事的局限性,扩大与拓展身体界定与阐释空间,揭示身体的功能性与目的性的本体意义,而且在于聚焦于"人"的身体及身体的"属人性""类属性""类本质""类特征"讨论问题,从构成论与建构论研究视角还原身体的人类学意义。

其三,身体的整体性。以上所论身体的建构性与构成性已充分说明身体的整体性问题,由此决定身体研究的整体性。以往基于分工及分类的需要,分门别类的分学科研究是必要和重要的,但随着科学技术发展、生产工具创新、大工业生产方式转型及研究对象综合性的需要,跨学科、多学科的交叉研究、综合研究与整体研究势在必行。首先,人类学的整体性研究。人类学划分为文化人类学与体质人类学是必要的,使其各自隶属的人文科学与自然科学研究有所侧重,但也有必要相互协作、相互支撑、资源整合、优势互补,形成有机统一的整体研究。事实上,作为人类学研究对象的人是身心一体的整体的人,既是生物学、生理学、考古学及生命科学意义上的体质人类学研究对象的人,又是社会学、文化学、心理学及人文科学意义上的文化人类学研究对象的人。身体既可作为体质人类学研究对象,亦可作为文化人类学研究对象,身体构成两者的交叉点及人类学整体研究。文化人类学必须具备体质人类学知识才能更好地解释人的自然属性与社会属性的本质构成的整体性。因此,人类学不仅应该在人的整体性中确定研究对象,而且也应该在整体性中确定学科研究方向。其次,以身体作为对象的人的研究应该考虑人文学科及自然科学的整体性研究,必须将长期以来各学科将人进行分门别类的社会学、文化学、历史学、考古学、心理学、生理学研究资源整合起来,通过跨学科、多学科的交叉、复合、综合研究深化拓展研究空间与领域。就此而论,人类学研究应该将文化人类学与体质人类学结合,应该是多学科、跨学科资源整合才能做到人的整体性研究。再次,审美人类学开辟美学与人类学结合及交叉研究途径,美学研究必须运用人类学、生物学、生理学、心理学及考古学知识才能以实证方式更好地阐释美与审美、美的本质与感性显现、快感与美感等关系。人类学研究也必须具有审美视域与哲学思辨才能使其研究对象的意义及实证研究的意义深化,拓展人的存在论、价值论、本体论研究空间。因此,审美人类学研究不仅应该使美学与人类学研究结合起来,而且应该使文化人类学与体质人类学结合,以深化拓展人类学研究空间。最后,确立身体研究的整体性。基于审美人类学跨学科交叉与综合研究视野,确立人的身心一体的整体性观念,身体研究问题就能够迎刃而解。因此,身体问题研究必须确立三个基本思路,一是就人类学研究而言,人的身心构成往往在生理学与心理学研究对象上进行了区分，但并不能否定身心关系及身心一体的构成性。也就是说，人的生理机能与心理机能互相联系，相辅相成，构成整体。二是从身体在人类发生、生成中的历史建构而言，无论是人的生理还是心理机能及人体的身体构造与外观形态，都是在劳动创造人及在人类社会实践活动中发生、生成、进化的结果，也是人类文明、文化、人文进化的结果。人类在进化过程中不仅改造对象，而且也改造人自身，使自身"人化""属人化""对象化"。从猿到人的生成进化过程中，不仅人的身体及生理机能得到改造，而且人的心性及心理机能得到改造。也就是说，人的身体是劳动及人类社会实践的产物，身体打下文明、文化、人文的烙印。从这一角度来说，人的身体是劳动与文化建构起来的，身体既具有自然性、生理性、生物性，又具有历史性、社会性、文化性，是劳动及人类社会实践活动的产物。身体表征出身体文化、身体哲学、身体美学、身体艺术的审美人类学意义。三是从审美及美感发生而言，人的生理与心理基础、感觉与知觉的综合、快感与美感的构成，以及感性向理性的升华、快感向美感的生成，都离不开以身体为对象、载体、工具、媒介，离不开以身体为基础与条件，离不开身体机能与作用。身体既是人的审美需要、审美创造、美感产生的发生点，又是审美主体、审美工具、审美对象的生成基础与条件。由此可见，身体研究不仅提供人类学新的领域与视野，而且提供美学研究新的领域与视野，无疑拓展深化了审美人类学研究空间。

二、身体作为存在与意识的纽带形成艺术审美发生点

以身体作为艺术和审美的发生点，不仅在于回归从人自身阐发艺术起源的发生学原理及艺术与人类发生同步观念，而且在于建构以人为本的人类学艺术观和审美观，还原文学艺术与审美作为"人学"的本原、本源、本质及功能、价值的人类学意义，形成文学人类学、艺术人类学、审美人类学研究价值取向。以身体作为艺术和审美的发生点，其理由主要有以下三点。

其一，身体是人的自我确证与群类认同的重要标志。人之所以为人有许多标志，以标志人类起源，诸如工具、劳动、群居、直立、语言、文明、文化、符号等，使人区别于动物。这些标志无疑都与人有关，甚至直接与人的身体有关，如直立、语言等。由此，身体是人之所以为人的标志，是人的载体和本体，是人类起源的发生点。人类起源于劳动，劳动不仅改造世界，而且改造人自身，改造人的身体。身体既是劳动的产物，也是劳动的基础条件；身体既是人类进化的结果，也是推动人类进化的依据。因此，身体的"人化""人类化""属人性"进化过程实质上也是人类进化过程，身体成为人类直观自身、自我确证与群类认同、本质认定统一的标志。人类发生并非作为个体发生而是作为"类"的发生，在"类本质""类特征""类属性"的自我确证与群类认同中进行的，主要依据人的形态、体貌、形象的身体特征而聚合群居形成人类，继而区分同类与异类。身体成为人之所以为人的载体与本体，不仅使人类逐步从自然界和动物界分离出来，而

且"人以群分,物以类聚",使人类基于自我确证与群类认同而生成和强化了人类性、群体性与主体性。马克思指出:"作为类意识,人确证自己的现实的社会生活,并且只是在思维中复现自己的现实存在;反之,类存在则在类意识中确证自己,并且在自己的普遍性中作为思维着的存在物自为地存在着。"① 因此,人类必须建立在"类"的自我确证与群类认同的基础上,同时也表征为身体的自我确证与群类认同,一方面使身体不断"人化""人类化""属人性",一方面使身体更为优化、优良和强健有力,以保证优胜劣汰的生存力、竞争力与种族繁衍力。拉康曾以"镜像理论"说明婴儿面对镜子中的镜像如何通过直观自身建构自我及自我与"他者"、人与外界的关系,并如何在自我确证基础上建构主体的过程。从这一角度延伸也说明作为群类的人类发生及主体建构过程。其意义在于个体通过自我确证与群类认同而发生"类"意识,不仅在区分同类与异类中强化自我确证与群体认同,而且确立个体与群体、自我与"他者"、人与世界的关系,更为重要的是逐步确立起以人为主体的感觉与认知自我及外界的视角。人从镜像中不仅建构自我意识,而且建构人类意识,一方面在自我与"他者"关系中建构自我,另一方面是源自人的直观自身与自我确证。无论是通过"他者"反观自身还是直观自身,都既包含自省、自觉、自立因素,又含有自我肯定与自我确证的因素,其中也包含直观自身的审美创造与欣赏的因素。明乎此理,大体可知"照镜子"无论是作为人类生活的普遍现象还是作为一种艺术意象与审美意象所蕴含的意义。"照镜子"不仅是为了梳妆打扮、正装正容,而且是为了自我欣赏、自我审美的"审己",实质上人的直观自身与自我确证的"审己"的审美方式正是基于身体并以之作为审美的发生点。

其二,身体作为人的存在与意识的纽带。在史前人类进化过程中,一方面,身体作为猿向人转化的标志,身体标志着人的存在,亦即人的存在表征为身体的存在,身体承载人的存在的所有内容,包括形态与神态、生命与意志、本质与现象、生理与心理、感知与意识、物质与精神等身心一体构成的内容。同时,人的存在必然是人的意向性存在与意识的存在,由此证明人的存在与意识具有双向同构性,人的存在决定意识,意识确认人的存在,在这一意义上说意识决定人的存在。身体由此成为人的存在与意识双向同构与互相交融的载体和平台。另一方面,身体是连接人与世界关系的纽带,基于身体的劳动及人类社会实践活动必然呈现物质与精神浑然一体的状况,不仅证明表征于身体的人的存在与意识在劳动及人类实践活动中同步发生,而且也证明依托于身体的美与美感同步发生。因此,基于身体的人的存在与意识使劳动及人类社会实践活动具有"属人"性质与属性,成为"人"的劳动及人类社会实践活动,由此形成人区别于动物、人类社会实践活动区别于动物活动的特征,构成人类社会实践活动的自觉性、意识性与目的性。马克思指出:"最蹩脚的建筑师从一开始就比最灵巧的蜜蜂高明的地方,是他在用蜂蜡建

---

① 马克思:《1844年经济学哲学手稿》,《马克思恩格斯全集》第42卷,人民出版社1979年版,第123页。

筑蜂房以前,已经在自己的头脑中把它建成了。劳动过程结束时得到的结果,在这个过程开始时就已经在劳动者的表象中存在着,即已经观念地存在着。他不仅使自然物发生形式变化,同时他还在自然物中实现自己的目的,这个目的是他所知道的,是作为规律决定着他的活动的方式和方法的,他必须使他的意志服从这个目的。"① 劳动作为人的自觉的、有意识的、有目的的人类社会实践活动,不仅使人类活动区别于其他动物活动,而且在于确定人类社会实践活动的主体性、意向性与自觉性的意识作用,将活动导向人预先设置的目标目的,从而在实现实用功利性目的的同时实现人的本质"对象化"及自我确证所带来的生理快感、心理舒适与情感愉悦的目的。同时,人类通过劳动改造世界也改造自身,即不仅按人类需要与意识改造世界,而且按人类需要与劳动需要塑造人自身,改造人的身体,形成基于身体的人的存在与意识双向同构性及身心一体的身体建构性与构成性。

其三,以身体作为艺术与审美的发生点。人的身体,既是人类在劳动中逐渐生成和进化的产物,又是展现人类本质及本质力量的载体与本体,更是人的直观自身与自我确证及"对象化"的产物。因此,人的身体不仅仅是自然的产物,而且是社会的、文化的、劳动的产物,本质上身体应该作为"人"来看待,即身体的"人化""人类化""对象化"。身体既承载了人的欲望、需要、生命、感觉、意识、行为、感性所表征的人的本质与本质力量,又成为人直观自身与自我确证的对象,成为回归"审己"的审美发生点。马克思指出:"人作为自然存在物,而且作为有生命的自然存在物,一方面具有自然力、生命力,是能动的自然存在物;这些力量作为天赋和才能、作为欲望存在于人身上;另一方面,人作为自然的、肉体的、感性的、对象性的存在物,和动植物一样,是受动的、受制约的和受限制的存在物,也就是说,他的欲望的对象是作为不依赖于他的对象而存在于他之外的;但这些对象是他的需要的对象,是表现和确证他的本质力量所不可缺少的、重要的对象。说人是肉体的、有自然力的、有生命的、现实的、感性的、对象性的存在物,这就等于说,人有现实的、感性的对象作为自己的本质即自己的生命表现的对象;或者说,人只有凭借现实的、感性的对象才能表现自己的生命。"② 人作为存在,身体既是存在的本体,也是存在的载体与实体;身体既是感觉感受存在的对象,也是存在的意识主体。故此,身体是身心一体的人的存在与意识的统一。以身体作为直观自身与自我确证的审美原发点,以身体作为审美对象与艺术对象,身体就成为人类创造的审美品与艺术品。伊格尔顿认为:"美学是作为有关肉体的话语而诞生的。在德国哲学家亚历山大·鲍姆加登所作的最初的系统阐述中,这个术语首先指的不是艺术,而是如古希腊的感性所指出的那样,是指与更加崇高的概念思想领域相比照的人类的全部知觉和感

---

① 马克思:《资本论》第 1 卷,《马克思恩格斯全集》第 23 卷,人民出版社 1972 年版,第 202 页。
② 马克思:《1844 年经济学哲学手稿》,《马克思恩格斯全集》第 42 卷,人民出版社 1979 年版,第 167—168 页。

觉领域。"① 这充分说明了审美发生与身体及其感性、感觉的关系，尤其对于史前人类及前艺术、前审美而言更是如此。史前人类更多地基于身体来认知和把握世界及人自身，其观照与体验方式构成人与世界关系中最基本的感觉与体验方式。其中既包含审美观照与艺术体验因素，又逐步转化为审美观照与艺术体验方式，由此在对人与世界的双重观照与体验中达到改造世界与改造人自身的目的，进而达到人的本质对象化和自我确证的目的。这种基于身体的审美观照与艺术体验方式，通过身体的"人化"和"人类化"的发生和进化过程，在人类生理与心理、体貌与形象、体质与本质的普遍性与差异性关系中确立人类优化和选择的价值取向与审美取向。人类在改造世界过程中确立以人为本的价值取向的同时，建构起改造人自身的以人为美的审美价值取向，形成建立在人与世界关系上的审美观照与艺术体验方式，也形成基于身体的审美建构的艺术发生机制。在人类发生过程中，劳动创造人也意味着改造和创造人的身体及身体感觉，劳动创造美也意味着创造以身体为载体的人体美，劳动创造艺术也意味着创造以身体为载体的人体艺术。因此，基于艺术起源与人类起源同步的发生学探讨，艺术与审美的发生无疑指向人及身体的原发点。这既有利于更好地推动人类的种族繁衍和优胜劣汰的选择，也有利于推动人类的自我完善与自身完美。

三、由内向外的推己及物的人与世界审美关系

以上讨论身体问题侧重于从人改造自身及身体内部结构的探讨，但并未脱离身体在人类社会实践活动中所缔结的人与世界关系的语境。接下来侧重从人类改造世界所构成的身体与外部世界关系视角，讨论以身体作为媒介的由内向外的推人及神与推己及物的人与世界关系建构方式的生成。

其一，身体作为人与世界的接触媒介及感知世界的工具。身体既是人存在及本质力量的感性显现的本体，又是人接触世界的工具及人与世界关系的媒介与中介。人类除制作和利用工具以便更好接触和改造世界外，身体本身也具有工具性功能与作用，尤其是史前人类更多地借助身体为工具直接面对世界，并以之接触且改造世界。身体作为工具的理由在于：一是人必须依凭身体及五官感觉与手足动作接触与体验世界，以人工、手工改造世界，身体成为人可资利用的最为直接的工具，而且通过实践活动使身心一体，更为灵活灵巧，更为聪明智慧，更好地实现工具性与目的性直接统一的效能。二是工具制作与利用都离不开人及其身体，身体与工具的配合与协调构成两者密不可分的关系，从这一角度看，身体是工具不可缺少的构成内容。三是工具按照人的需要、人与世界关系的需要、人改造世界的需要来制作与利用，工具实质上是人的本质和本质力量的"对象化"和"人化"，工具可谓人的身体及五官与手足的延伸，是身体功能与作用的扩展。

---

① ［英］特里·伊格尔顿：《审美意识形态》，王杰、傅德根、麦永雄译，广西师范大学出版社2001年版，第1页。

由此可以认定，身体是人接触、感知、改造世界的最原始、最基本、最直接的工具，同时也是制作与利用工具的主体，以及与工具不可分割的统一体。

其二，身心一体的原始崇拜中推人及神的接触世界方式。在史前人类与自然的对立统一关系中普遍产生的"泛神论"意识，以及自然崇拜、图腾崇拜、神灵崇拜等原始巫术与原始宗教观念，固然能够反映出人类因自身力量弱小及认知局限性所产生对自然的敬畏之情与神秘之感，但也可以从中窥见人类其实是按照自身形象及需求与愿望建构图腾、神灵、自然等拟人化形象的。史前人类崇拜敬畏意识发生的心理机制，一方面源自人与自然的矛盾冲突，基于人自身的存在、生存、发展需求而希望获得神灵相助以缓解与解决矛盾；另一方面源自人与自然关系的对立统一性，人既力图摆脱自然又试图回归自然，既敬畏自然又亲近自然，既顺应自然又改造自然，既依赖自然又独立于自然，因此对于身体的认知既是自然的又是人类的，既是神灵赋予的又是人自身的，既是弱者又是强者；再一方面源自人与自然密不可分的相关性及表象思维认知，以"天人合一""物我为一""心物交感"的浑然一体状态，生成人神一体的图腾、神灵、自然意识。因此，人与自然的关系一方面折射出人自身及人与自我的关系，是人的身心一体与形神兼备的关系；另一方面人与自然的矛盾也折射出人自身的矛盾及身心、形神的矛盾。协调矛盾以导向和谐，使人与自然的关系与人自身的身心、形神的关系具有双向同构性。人的身心、形神"对象化"为神灵，赋予其"人化"及人格化、拟人化特征，神灵向人的身心、形神生成，构成人神一体的关系。由此可见，人类对图腾、神灵、自然的原始崇拜不仅是为了解决人与自然的矛盾，而且也是为了解决人自身的矛盾。从人与自然的关系而言，这既是为了解决人与自然的矛盾而借助于神灵力量使人具有超自然力，由此增强人的本质力量及改造自然的能力，又是借助神灵保护以调和人与自然的关系，使之导向协调与和谐。从人自身的身心、形神关系而言，这既需要在人与自然的矛盾中借助神灵而获得心理慰藉与精神补偿，以缓解心理压力、焦虑与矛盾，又需要借助神灵而获得人自身的生理与心理协调，达到身心一体、形神具备的目的。从这一角度而论，神灵发生是人与自然关系和人与自我关系的双重推动的结果，人的神灵化与自然的神灵化及自然、神灵的拟人化都是双向同构、互动共生的结果，是人类社会实践活动改造世界与改造人自身的结果。人类自原始进入文明后，史前神灵崇拜的神事逐渐转化为人事，但神灵一方面仍在宗教及民俗中留下痕迹，另一方面转化为人的本质属性及人性构成要素，形成人性构成的自然性（生物、动物、生理性本能，但也带有人的自然性的人性特征）、社会性（伦理、道德、文化构成人性）、神性（宗教、文艺、审美构成的信仰系统与理想追求），由此构成身心一体、形神兼备的人的完整性。由此可见，原始图腾、神灵、自然崇拜的造神运动，都是基于人的需要及按照人的身心、形神以造神，与其说造神，不如说造人，由此缔结人与神的关系。依据人神关系塑造图腾、神灵、自然等崇拜对象，希望神灵能够赋予人以神性、神力与超自然力，由此将神灵人化、拟人化与对象化；依据人与自然的关系，以人的身心、形神将自然人化，赋予天地万物拟人化、人格化与

"对象化"特征。造神、塑神的最终目的是回归造人、塑人,并以造人、塑人而改造自然、塑造世界。也就是说,人是依照自身形象塑造神灵,塑造世界的。人类不仅依据自身需要通过原始巫术、原始宗教产生神灵、鬼魂、图腾,而且在崇拜与祭祀仪式中派生出音乐、舞蹈、绘画、诗歌等祭祀形式,产生敬神、乐神、娱神的功能作用,由此形成艺术起源的发生点,构成前艺术形态,此后从原始宗教巫术及仪式中分离出来,独立成艺术形式。主持仪式的巫师及其崇拜者进入神灵附体、神灵代言、人神交织的如痴如梦的迷狂状态,表面上似乎是人在模仿神灵的言行举止的代言、代步、代身,事实上却是还原人的"对象化"与神的"人化"。与其说人模仿神灵,不如说神灵模仿人而塑形。

其三,推己及物的人与世界的关系建构。人与世界的关系建立在双向共生与双向同构的基础上,而以人的存在及人类社会实践活动为立足点所建构的以人为中心、以人的需要及意向性指向的身体,成为人与世界关系的纽带,从而使世界成为身体体验与感知的世界及人的视域中的世界,建构起以人为本的人与世界关系的视角及艺术与审美的发生点。建立在以人的身体为本体、载体、本原基础上的艺术与审美的发生点,立足于"以人为本"进行人类社会实践活动,由此认识世界与改造世界,并形成推己及人、推人及物的由内向外的内窥—外观的认知方式。"近取诸身,远取诸物"就成为自然"人化"、世界万物"拟人化"与人类社会实践活动"对象化"的人的自我确证与自我肯定的方式,也就成为美与审美关系的呈现方式、理念的感性显现方式与人的本质及本质力量"对象化"呈现方式。如关于形式美发生及原因的探讨,确实需要从世界万事万物现象的千姿百态与变化万千的形态与构成中反映、感受和认识,但必须基于人的身心体验才能接触与感知。当然,更需要基于人对自身的身体体验及功能的认知,以及表象与抽象思维、从直观自身到反观外物再到反观自身的循环往复,逐步形成具象与抽象、表象与本质的概括、归纳、演绎、分类、比较能力,才能获得形式及由形式构成的线条、色彩、形状、声音、节奏、韵律、图形等意识。可见形式与形式感、形式美与形式美感、美与美感是双向共生与双向同构的。如果不具备人类思维与感觉方式的表象与抽象、分类与综合、比较与区别、简化与符号化、归纳与演绎等素质与能力所构建的形式感与形式美感,显然也不可能以此形式作为感受与认知对象,也就难以构成形式及形式美。由此进一步追溯形式与形式感、形式美与形式美感发生源头,终究落实在人自身及身体上。依托于人的形体、形态、体貌等生理构造的人体形象,以及人的行为、动作、活动等人体运动的生理机能与心理节律,不仅在于构成对线条、色彩、形状、声音等形式要素的认知及形式感,而且在于形成形式、形式构成与形式美的发生点。从人的身体构造的双眼、双耳、双手、双足的形态、功能及动作与运动,人类认知对称、平衡、均匀、和谐、协调、节奏、韵律、交叉、错落,以及参差与整齐、多样与统一、复杂与简单、动静与快慢等关系的形式构成与形式美原则,并与之双向同构,相应产生形式感与形式美感。由此以人的形式构成及形式美为原发点,继而推及万事万物及人与世界的关系,由此形成外观世界万事万物的形式、形式构成、形式美的普遍规律和原则。这既是人的形式构成的本质"对象化"与"人化"的结果，又是相应于人的形式感及形式美感双向同构的结果。

马克思指出："正是在改造对象世界中，人才真正地证明自己是类存在物。这种生产是人的能动的类生活。通过这种生产，自然界才表现为他的作品和他的现实。因此，劳动的对象是人的类生活的对象化：人不仅象在意识中那样理智地复现自己，而且能动地、现实地复现自己，从而在他所创造的世界中直观自身。"① 可见，人类在改造对象世界中改造自身、复现自身、直观自身，通过劳动创造世界与人自身，既使人以对象世界作为审美与艺术对象，又使人自身成为审美与艺术对象。人类审美活动不仅以对象世界作为审美对象，通过移情、想象、象征、比兴等方式塑造艺术形象，使其拟人化和对象化，由此反观自身与确证自我，而且直接将自身作为审美对象以直观自身，通过文身、服饰、装饰、化妆、美容、健体、养身、修养等方式塑造人的身体及自身形象，既达到身心健美的目的，又获得身心愉悦的效果，以达到人类身心审美建构的目标。由此可见，审美人类学研究旨在以艺术与审美作为人类生成发展的重要驱动机制，推动人类不断进化、完善、完美，由此回归和导向以人为本的原发点与落脚点。

---

① 马克思：《1844年经济学哲学手稿》，《马克思恩格斯全集》第42卷，人民出版社1979年版，第97页。

第七章　审美人类学批评实践

　　审美人类学是跨学科交叉融合的新兴学科，也是美学与人类学、理论性与实践性、基础性与应用性结合的学科。审美人类学不仅具有鲜明的理论性及学术性品质，而且具有突出的实践性及应用性品格。审美人类学不仅是一种理论模式及学术范式，而且是一种批评模式及实践经验。因此，基于审美人类学理论与实践结合的有机统一性，提出审美人类学批评是应有之义。批评是理论运用于实践及指导实践的体现方式，也是以实践探索经验、不断丰富完善理论的"运动的美学"发展方式，更是理论与实践联系的桥梁、纽带及平台。就批评而论，审美人类学不仅可以作为批评的理论基础及学术依据，而且可以作为一种研究视域及批评视角、阐释视角、评价视角；审美人类学不仅可以作为一种价值取向及评价导向，而且可作为一种批评准则及批评方法。审美人类学创始人范丹姆曾提出语境主义、审美经验、跨文化比较的审美人类学三位一体支撑点，这些既是审美人类学的理论基础及核心范畴命题，又是审美人类学方法及方法论，为审美人类学批评提供理论与方法论依据。就审美人类学研究对象及批评对象而论，一方面应涵盖人类社会实践活动及人类社会生活的一切审美文化现象，另一方面应涵盖可资阐发审美人类学意义的古今中外文学艺术作品及文艺审美现象，尤其是可侧重于在现代化与全球化背景下面临挑战与危机的处于边缘化、弱势化、沉默化的地方文化、少数民族文化、民间文艺、民俗文化及文艺审美现象。基于此，审美人类学研究及批评实践探索，更为关注及聚焦于地方性、民族性、民间性的审美人类学资源的田野考察、社会调研及现象分析与文本阐释。针对广西沿边、沿海、沿江的区位优势及少数民族地区与自然人文生态特色，持续开展合浦汉墓、铜鼓、花山岩画、那坡黑衣壮、靖西绣球村、三月三歌节、刘三姐山歌、龙脊梯田等民族、民间、民俗文化考察调研及现象分析与文本阐释，开拓及扩展审美人类学研究及批评领域，进而取得一批研究成果及批评经验，为审美人类学批评实践的一些个案研究及文本阐释提供路径。

第一节　花山岩画图像原型的审美人类学批评

　　花山岩画是距今 2500 年左右壮族先民在广西宁明花山悬崖峭壁上绘制的岩画，是左江流域岩画群的代表作。新中国成立后，花山岩画研究受到国内外学界关注，黄增庆《谈桂西壮族自治州古代崖壁画及其年代问题》（《广西日报》1957 年 3 月 9 日）、《广西明江、左江两岸的古代壁画》（《文物参考资料》1957 年第 4 期）率先开展花山岩画研究。1963 年出版了广西少数民族社会历史调查组编《花山崖壁画资料集》。改革开放 40 多年来，广西学界多次组织跨学科专家学者考察调研花山岩画及左江流域岩画群，相继出版《广西左江岩画》《广西左江崖画》《广西左江流域岩画考察与研究》《花山文化研究》《左江崖壁画艺术寻踪》《花山申遗论谭》等 20 多部著作与图册，发表大量研究论文，主要对花山岩画的作画年代、内容形式、性质内涵、族属身份、功能作用、工具材料、艺术特征、审美风格及保护开发、申遗战略等问题进行了大量的科学考察和学科研究，取得了令人瞩目的成绩，形成了花山岩画研究热潮。

　　花山岩画所在地崇左及宁明地区的壮族人口达 88%。从 2012 年开始，每逢三月三歌节，宁明举办崇左（宁明）国际花山文化节，隆重举行骆越始祖公祭大典。祭祖大典仪式分为同根共土、骆越圣火、净手上香、颂祖昭恩、行祭拜礼、乐舞告祭、源远流长七部分，旨在通过祭祖大典表达、传承、弘扬骆越精神及骆越文化传统。"骆越根祖，岩画花山"成为花山文化节主题，也为花山岩画研究提供了一个重要视角与思路。这些活动着重从骆越根祖文化研究视角探讨花山岩画人像造型的内涵与功能，阐发壮族先民的百越文明及骆越文化创造对中华文明及中华文化的贡献与意义。

　　"根祖"是指中国人落叶归根和认祖归宗观念意识所形成的宗族文化传统。一个家族有家族根祖，一个族群有族群根祖，一个民族有民族根祖，中华民族有中华民族根祖。在共同拥有的中华民族根祖和中华民族共同体意识基础上，各少数民族也有自身起源发展的根祖渊源和民族意识，形成各少数民族的根祖文化。中华文明诞生后，各部落、氏族、族群逐渐融合统一，形成血脉相连、生生不息、殊途同归的多民族组成的中华民族大家庭，构建一脉相承、薪火相传的根祖文化传统和中华民族共同体意识。中华民族既表现为各民族形态的多样性，又体现出中华民族的统一性，既从史前文化的自然崇拜、图腾崇拜、神灵崇拜、祖宗崇拜、英雄崇拜中建构族群缘起、起源、发生的民族渊源的血脉传统，又从历史文化传统的宗法文化、宗族文化、宗嗣文化、宗祠文化、家族文化中不断建构与强化民族渊源及血脉纽带关系，形成传承至今的寻根问祖的根祖文化传统。

　　壮族的骆越根祖文化源远流长。据文献记载，先秦时期长江以南地区为古越人活动区域，古越人泛指分布于苏、浙、皖、鄂、湘、赣、闽、粤、港、澳、桂、琼等地的古老族群,因族群众多,故通称"百越"。其后逐渐向南发展,所称百越地区主要包括今浙江、福建、江西、湖南、广东、广西、海南、云南等地区。《汉书·地理志》注引臣瓒曰:"自交趾至会稽七八千里,百越杂处,各有种姓。"百越所属的骆越一支主要分布在广西西南部左右江流域及越南北部地区,"骆越分布在南越之西,西瓯之南,即今南宁的邕江及其上游,相当于秦时的象郡,汉代交趾、九真、珠崖等郡,其活动中心在左江流域至越南的红河三角洲"①。《交州外域记》:"交趾昔未有郡县之时,土地有雒田,其田从潮水上下,民垦食其田,因名为雒民。设雒王、雒侯,主诸郡县,县多为雒将,雒将铜印青绶。"由此可见,"骆"是因垦食"雒田"(骆田)及岭南地区多"雒田"而得名,是当地人利用潮汐的涨落以灌溉水田而称为骆,将这种潮田称为骆田,将耕种骆田的人称为骆民,将治理这些骆田、骆民的人则称为骆王、骆侯、骆将。花山岩画所在的崇左宁明及左江流域正是当时的骆越地区,所绘制时间考古与考证为战国至东汉时期,也正是骆越活动时期。因此,无论是从空间还是从时间推定,花山岩画为骆越人所为毫无疑义。当然,更为重要的是要从花山岩画所表现内容与形式分析中确定其族属定位及性质特征,从而阐发其作为骆越根祖渊源及骆越文化遗产传承的功能作用与价值意义。

花山岩画作为百越文明及骆越文化创造产物,从中能够获得哪些更为详尽的远古信息?体现出百越文明及骆越少数民族文化创造的哪些特征?作为骆越根祖的标志性文化符号有何根据?这首先需要对花山岩画内容所表现的人物画像特征进行分析。花山临江的整个悬崖峭壁裸石上画满了大大小小上千个人物画像,人像正是花山岩画所表现的主要对象。这些人物画像大体呈现三个显著特征,标志着画像的骆越身份及其文化内涵。从原型分析角度进行形象辨析及骆越根祖文化探讨,有助于厘清这些问题。

一、蛙状人形之人物图像造型的"踞蹲式"特征

花山岩画早在南宋时期就已引起人们的重视,历代文献中对此有所记载。宋代李石《续博物志》:"而广深溪石壁上有鬼影,如澹墨画。船人行,以为其祖考,祭之不敢慢。舟人戒无指,有言之者,皆患病。"明代张穆《异闻录》:"广西太平府有高崖数里,现兵马执刀杖,或有无首者。"清代光绪《宁明州志》:"花山距城五十里,峭壁中有生成赤色人形,皆裸体,或大或小,或执干戈,或骑马。"历代歌咏花山岩画的古诗句有"是谁挥得笔如椽,乾坤写此大诗篇""鬼斧神工输技巧,风吹雨打犹鲜妍"等,表达对花山岩画的赞美与惊叹。历代文献记载所凸显的花山岩画"鬼影""如澹墨画""赤色人形""裸体"等画像特征早就引起人们的敬畏与关注,花山岩画遂成为千古之谜。

远观花山岩画感受如此,近观更是如此。花山岩画中的人物画像造型有正身与侧身两种姿势,以正身人物画像为主。正身人物画像一律呈两手分开弯曲高举、两腿叉开弯

---

① 蒋炳钊:《百年回眸——20 世纪百越民族史研究概述》,载蒋炳钊主编《百越文化研究》,厦门大学出版社 2005 年版,第 19 页。

曲下蹲的蛙状造型，构成立马式造型姿势，岩画研究界一般称为"踞蹲式"画像造型。侧身人物画像一律呈两手平伸、两腿叉开弯曲下蹲，构成立定跳跃式，实质上与正身人物画像姿势基本相似，均为"踞蹲式"画像造型，只不过分为正面与侧面而已。"一些学者认为，左江流域崖壁画所绘的是剪影式模仿立蛙动作的群体舞蹈场面，是壮族先民蛙图腾崇拜的再现，其源于稻作农业，是'那'（稻作）文化的一种表现形式。"① 花山岩画几乎一律作"踞蹲式"的画像造型究竟传递出什么信息呢？

其一，"踞蹲式"人物画像造型与青蛙姿势非常相似，可谓人与蛙结合的蛙状人形的人物画像造型，与原始部落的图腾崇拜密切相关。弗洛伊德《图腾与禁忌》指出："在对图腾观的本质做进一步探讨时，要是我们暂时把某些后来附加上或消失的因素抛开不予考虑，那么，我们将发现它的原来的特性是如此：本质上，所有的图腾都是动物，它们被视为许多不同种族的祖先，图腾的传递仅经由母系。禁止杀害图腾（或者，在原始的社会里，禁止食用它）和属于同一图腾的族民之间严厉禁止发生性关系。"② 原始图腾崇拜往往基于人与自然的亲和关系，选取与自身环境与利益密切相关的某个自然物作为自己的祖先加以信奉崇拜，由此构成部落图腾。原始图腾及图腾崇拜中包含"泛神论""万物有灵论"等观念，以及自然崇拜、神灵崇拜、祖先崇拜、生殖崇拜等意识，既是原始巫术、原始宗教及原始信仰系统缘起、起源、发生的表达方式，也是血亲、血缘关系及认祖归宗的族群意识的建构方式。壮族先民与其生存、生产、生活的自然环境及自然现象、自然物紧密相关，以此作为图腾崇拜对象，如蛙图腾、雷图腾、花图腾、蛇图腾、鸟图腾等，其中蛙图腾崇拜尤盛。蛙（当地称为蚂𧊅，至今还有蚂𧊅节、蛙婆节等民间节庆风俗）具有生命力强、跳跃力大、运动力足、繁殖力旺、鼓鸣声响、扑食害虫等特征，以及预兆风调雨顺、丰衣足食等含义，寄托和蕴含着骆越族群对祖先的尊崇敬仰心理与对美好愿望的精神追求。花山岩画蛙状人形画像正是骆越蛙图腾崇拜的表征，从骆越青铜器上的蛙形铜饰、铜鼓上的蛙纹饰、壮锦上的蛙纹饰、壮族服饰上的蛙纹饰、干栏建筑上的蛙形木雕木刻、铜鼓擂响如雷声蛙声共鸣，以及壮族舞蹈的蛙状造型、手舞足蹈的蛙形动作及蛙跳式节奏等可窥见一脉相承的历史文化遗迹。

其二，"踞蹲式"蛙状人形的人物画像造型带有类型化、模式化与重复性特点。花山岩画中的人物画像几乎千篇一律，一方面表现出原始岩画简单、朴素、粗拙的特点，另一方面透露出这有可能表现的是一个原始巫术、原始宗教的仪式化祭祀场景，通过蛙状人形的图腾崇拜表达人与自然、人与神灵、人与祖先沟通的意愿、期盼与祈祷。因此，仪式化的祭祀场面需要简单、朴素、粗拙的表达方式，需要千篇一律而又不断重复反复的姿势与动作，"踞蹲式"人物画像造型由此才能达到原始巫术、原始宗教祭祀的仪式

---

① 覃乃昌等：《左江流域文化考察和研究》，载唐华主编《花山文化研究》，广西人民出版社2006年版，第7页。

② 弗洛伊德：《图腾与禁忌》，杨庸一译，中国民间文艺出版社1986年版，第137页。

化、神圣化、神秘化效果。更为重要的是,千篇一律的类型化、模式化与重复性是为了表达原始祭祀仪式场面,从而更好表达族群万众一心的共同心愿与祈祷。因此,千篇一律与其说是重复反复,不如说是整齐一律,使族群在图腾崇拜仪式中展示凝聚力、向心力与认同性。弗洛伊德认为:"在某些重要的场合里,原始民族们常会特别强调他们与图腾间的相似性。例如,在外形上装扮得类似于它,或者,在自己的身体上刻划上图腾的形态等等。这种与图腾之仿同作用可以在出生、成人礼和丧礼中明显地看出来。在具有传奇和宗教目的场合里,所有的族民都必须装扮成图腾的模样,同时,模仿着它的行为。最后,当图腾动物经由庆祝仪式加以杀害时,整个仪式也达到了最高潮。"① 因此,无论是重复还是反复,其实意味着人与自然、人与神灵、人与祖宗的灵魂沟通与交融,意味着生死轮回、灵魂永恒,意味着生生不息、绵延不已。

其三,"踞蹲式"蛙状人形的人物画像造型分为正身与侧身两种姿势。正身画像造型面对花山脚下的明江,如果认定这是祭祀场景描绘的话,那么极有可能主要是祭祀水神,具有祈祷保佑风调雨顺、稻作丰年之义,蛙图腾正是沟通人与自然、人与神的中介与桥梁。侧身画像造型面对青山绿野,那么极有可能主要是祭祀山神与土神,具有祈祷保佑居所安定、五谷丰登之义,作为两栖动物的蛙图腾也正是沟通人与自然、人与神的中介与桥梁。因此,"踞蹲式"蛙状人形的人物画像造型作为图腾崇拜对象被对象化到人物画像身上,既赋予了两栖于水陆的蛙图腾具有人格化、人性化及人的本质力量对象化特征,又赋予人具有蛙神灵性、祖先神灵、超自然力的神圣力量,从而在敬畏自然、敬畏神灵、敬畏祖先的同时产生出对人及对自我的肯定与自身力量的确认。

二、粗线条轮廓之人物图像造型的影象化特征

花山岩画及左江流域岩画群的绘制手法是粗线条涂抹而成一定的人体、物体的轮廓和形状,均无具体描绘与细部刻画,近看可辨人形物态,远看则如"鬼影"一般的星星点点的影子。有专家指出:"远远望去,那崖壁上一个个人物形象,宛如一个又一个人的影子!其含义就在这'影子'里。原来,对于人的影子,原始人并不认识到那是对光的物理否定,而是把它跟神秘的灵魂联系起来了。"② 这种粗犷、朴实、模糊的绘图手法,除因环境条件及工具材料限制等客观因素外,还有骆越先民心理寄托与精神追求的主观因素。

其一,粗线条轮廓式的人影绘图构成影象造型特征。如果认定上文所论蛙状人形的人物画像造型是基于骆越先民图腾崇拜及祭祀仪式所呈现的行为状态的话,那么以粗线条轮廓的绘图方式就极有可能表达的是人影而非人形。因此,这些人物图像是影象而非

---

① 弗洛伊德:《图腾与禁忌》,杨庸一译,中国民间文艺出版社1986年版,第135页。
② 广西壮族自治区民族研究所:《广西左江流域崖壁画考察与研究》,广西民族出版社1987年版,第173页。

形象。张利群认为:"从造型角度而言,不仅着眼于对对象整体的把握而非局部和细部的把握,而且着眼于对对象的灵魂界的把握而非对对象现实界的把握,更着眼于对对象影子形象而非实体形象的把握。从造型者角度而言,似乎对影象的造型才是对人和现实及其两者关系的最根本的把握,才是对人的精神、灵魂、心灵的真正把握,或者说才能真正体现他们所生存、存在和生活的真实世界。从影象造型的动作姿势及其形成的形式而言,两手向上微曲和两腿下蹲微曲的蛙式造型,似乎是人与蛙的叠影的形状,从而构成稳定的形式和构图,也进一步说明影象造型的模糊性、神秘性特征,似乎预兆影象后面的巨大深厚的文化背景和意蕴及幽灵般的影响和氛围。"① 那么,骆越先民何以描绘影象而非形象呢?人影对于骆越人究竟意味着什么呢?将影子视为灵魂也许是最好的解释。

其二,影象造型的骆越先民与祖先灵魂的浑然一体性特征。从骆越人的图腾崇拜、祖先崇拜、生殖崇拜及原始巫术、原始宗教的祭祀仪式所建构的心理结构及信仰系统来看,在万物有灵、灵魂不死、生死轮回的原始观念意识主导下,祖宗虽死犹荣,神灵在天,灵魂永恒,成为保佑子孙后代的神灵,也成为凝聚族群、驱除恐惧的精神支柱及超人与超自然力量。因此,骆越人绘制蛙状人形的影象其实是绘出祖先的灵魂,希望得到祖先神灵保佑,希望传承传播祖先灵魂。从当时先民对自然、自我的现实认知来看,一方面从自然界春夏秋冬轮回、日出日落轮回、白昼黑夜轮回、生命生死轮回中感悟到万物有灵而又灵魂不死的现象,另一方面,倘若在白昼日光照耀下万物皆有影子,水面倒影皆能呈现万物影子,倘若在无月光的黑夜中,万物皆为黑影。由此,对于神秘莫测的影子产生敬畏与神圣之心在所难免。对于人的影子而言,如影随形、伴人而行、影随人动的现象,不免让人想象为祖先灵魂如影随形、形影不离地保佑族群。从这一角度而言,影象造型其实所描绘的就是骆越先民在原始巫术宗教祭祀仪式中的神灵附体、灵魂附体、祖先附体的混沌状态。如此,基于图腾崇拜、祖先崇拜、神灵崇拜、生殖崇拜所产生的影子(灵魂)崇拜观念,骆越人绘制出花山岩画的影象,表达他们对祖先灵魂的敬畏之心及希望得到祖先保佑之意。

其三,影象造型的骆越文化内涵阐释及现实意义。壮族是一个非常重视宗族文化传统的民族,寻根问祖与敬祖祭祖的文化传统历代传承,延续至今。刘建平指出:"左江地区乃至广西其他地区的壮族中,至今仍然盛行祖先崇拜,几乎家家户户的厅堂内都设立有祖先神位,逢年过节都要供祭。由此看来,左江一带的瓯骆人在崖壁画上绘制自己的祖先形象和祭祀祖先的活动场面,是毫不奇怪的,其目的在于祈求祖先之神的保佑和恩赐,祈求消除灾害,五谷丰登,人丁兴旺,功利意义是显而易见的。在他们看来,越是艰险的地方,就越神圣,将神圣的形象绘制在神圣之处,越能感动神灵,以得到更多的恩赐。了解这一点,对于左江崖壁画均处于高峻的悬崖峭壁上就不难理解了。他们将祖

---

① 张利群:《论花山崖壁画影象造型的生命意识及其人类学意蕴》,《贵州民族研究》2003年第2期。

先的形象绘成红色，绘成影子，旨在赋予祖先之神血液、生命、灵魂、力量，以增加其神秘的威力。"[1] 由此可见，壮族一直保护与传承至今的祭祖习俗及祖先崇拜文化传统渊源，与花山岩画所描绘的蛙状人形的原始巫术、原始宗教祭祀仪式所表达的蛙图腾崇拜密切相关。作为人与自然、人与神灵、人与祖先灵魂沟通交流方式与中介的蛙图腾崇拜影像形态，其文化内涵与意义就大大超越岩画及绘画艺术本身，而具有更为深远和深刻的骆越根祖文化意义。基于图腾崇拜与祖先崇拜所描绘的影像，其原型是祖先的影子，因此岩画影像具有模糊性、朦胧性、混沌性特征，由此带来神秘性、神圣性、敬畏性及原始巫术宗教祭祀仪式所产生的痴迷性、沉醉性、执着性的效果。如果将花山岩画所描绘的画面场景认定为蛙图腾崇拜的原始巫术宗教祭祀仪式活动场景的话，那么可以推测这不仅是对社会现实的反映，而且是对现实的理想化的美好憧憬；不仅是对现实语境中的原始巫术宗教祭祀仪式活动的描绘，而且其绘制行为与过程也许就是祭祀仪式的必要构成部分，绘制者其实就是主持祭祀的巫师或长老、头领。此外，花山岩画所在地点的明江对岸是一片偌大的开阔地，可以想象当初这里就是原始巫术宗教祭祀仪式场地，成千上万的骆越先民也许面对花山岩画的蛙图腾及祖先神灵顶礼膜拜，祭祖祭神，由此将花山视为骆越根祖，将花山骆越根祖文化传承至今，形成今天仍保留的敬祖、拜祖、祭祖的祖先崇拜及宗族文化传统，形成薪火相传、一脉相承的骆越根祖崇拜的祭祖文化传统。

三、大小人物图像造型所表现的社会性特征

花山岩画绘制大大小小人物形象上千个，大者最高达2.4米，一般大者高1.5米左右，众多小者围绕大者，最小者高0.1米，一般高0.4米左右。形体大小之别是否意味着年龄大小差异以区分大人与小孩，或试图在人物形象类型化基础上塑造出一定的个性、特殊性与差异性。如果局限于原始岩画的创作动机探讨或许不得而知，或许更能够引发阐释者的各种猜测与想象，但如果将花山岩画作整体系统观的话，那么其中必有缘故，必然包含一定的内容与意义。因此，无论是将其视为骆越先民主观愿望的表达，还是对当时骆越族群的历史记忆与社会风貌的客观反映，都毫无疑问证明这种人物画像造型方式体现出一定的骆越族群社会性内容。

其一，从部落族群的原始祭祀角度看，画像大小之别主要是为了凸显原始巫术宗教祭祀仪式活动中的巫师或长老、头领的地位与功能，因此带有一定的原始巫术宗教信仰系统的人与神、人与巫、族人与族长关系构成的原始社会等级化特征。尽管由于绘图的环境条件与工具材料限制等因素，画像呈现大小之别可以理解，但从绘制时间所定格的战国至东汉时期来看，骆越族群当时出现既聚合而又分化、既均衡而又现差别的现象，

---

[1] 刘建平：《广西左江流域崖壁画述论》，载唐华主编《花山文化研究》，广西人民出版社2006年版，第39页。

那么就有可能通过大小之分以表明一定的身份地位。即便骆越族群尚处于原始部落阶段，也并不排斥部落首领、族长、长老、巫觋、祭师等特殊身份的存在及其所处地位与享有的权利，由此人物画像就有大小之别。如果将这些场面视为祭祀场景，大者画像有可能表示祭师、巫觋身份，也有可能表示部落首领、长老身份，那么在祭祀仪式活动中凸显祭师、巫觋或首领、长老的地位与功能就不难理解。由此能够证明骆越部落及族群所构成社会及内部管理系统的原始形态，也能够证明骆越族群社会形态之上的精神信仰系统的形成与建构。

其二，从骆越古地角度看，画像大小之别主要是为了凸显一方诸侯的"骆国"所形成的一定的等级化制度形态，标示文化身份。骆越在当时百越族群中应该形成较大的族群部落，在先秦、秦汉文献典籍中不断出现"骆""骆越""瓯骆"等概念。当时较大族群及较大活动范围的百越族群主要有"东瓯"（东海）、"闽越"（福建）、"南越"（广东）、"西瓯"（广东西部、广西东北部）、"骆越"（广西西南部及越南北部）。如果从文献典籍所载"骆王""骆侯""骆将""骆民"等不同身份称谓来看，也不排斥当时骆越已经形成一定的方国或诸侯国，以及形成相对独立与自立的王国及一定的社会形态。花山岩画所表现的内容与文献记载相互印证，有可能表明当时确实存在骆越古国，那么将花山岩画所表现的画面视为聚集民众队伍或出征前的祭祀仪式场面，画像大者有可能就是"骆王"或"骆侯""骆将"，小者则为"骆民"。尤其是那些在腰间佩有刀剑者，不仅更能够说明当时族群所面临的战争与祭祀两件大事，而且也能够说明"骆王""骆侯""骆将"与"骆民"的地位差别。一大群小者围绕在一个大者周围，无论正身画像还是侧身画像，似乎都围绕中心，无论是祭师、巫觋还是长者、族长，也无论是"骆王"还是"骆将"，其民众的向心力、凝聚力与首领的神圣性、权威性由此可见。因此，人物画像大小之别，在一定程度上显示出人物画像所揭示的社会等级化特征，也意味着花山岩画具有更为丰富、更为深厚的历史内容与文化内涵。

其三，从祖先崇拜与生殖崇拜角度看，画像大小之别意味着长幼有序、男女有别，其中蕴含祖先崇拜与生殖崇拜内涵。高大雄壮、孔武有力的大者形象，无论是从长者身份还是从巫觋或族长身份而言，都具备祖先、英雄、首领的身份特征，成为被族人紧紧围绕并顶礼膜拜的对象，具有祖先崇拜、英雄崇拜及生殖崇拜意义。此外，一些画像甚至还画出男性生殖器、大肚孕妇及男女交媾的情形，明显表达出生殖崇拜、根祖崇拜及祖先崇拜的观念意识。从文字学的词源角度分析，"祖"由"示"与"且"构成，意味着祭祀与男性生殖器合成，"且"作为象形文字标示男根。如果从字画同源、字画一体角度而论，花山岩画的影象造型姿态亦可作为男根象形文字形态看，与象形文字"且"十分相似。因此，将花山岩画影象造型作为骆越根祖崇拜的产物及表征方式，再结合画像所表现男性生殖器、两性交媾、女性孕妇等生殖崇拜、生命崇拜、祖先崇拜现象综合分析，认为花山岩画缘发于骆越根祖渊源及建构族群祭祖文化传统并非毫无道理可言。

其四，从人物画像与各种物体画像所构成画面场景角度看，花山岩画表现出骆越族群极为丰富的社会内容。花山岩画所表现对象除人物外，还有环首刀、青铜剑、铜鼓、铜钮、舟筏、羊角、狗、鸟、兽等器物与动物，显然与当时主要生产方式狩猎、采集、捕鱼等生产、生活、社会密切相关，更与战争、祭祀及族群生存、繁衍、发展密切相关。因此，对于花山岩画的社会历史文化阐释尤为必要，不仅将其作为画像分析，而且必须作为画面分析，不仅作为事象分析，而且作为活动分析；不仅做静态分析，而且做动态分析，不仅作独立个体分析，而且作结构关系与系统整体分析，这样才能还原骆越社会风貌，把握花山岩画的社会性特征。

此外，花山岩画的骆越根祖渊源探讨应该具备更为广阔深远的研究视野，应该进行多角度、多层次与综合、系统、整体的深入研究。花山岩画及左江流域岩画群地区是壮族的世居地，骆越为壮族先民应该毫无疑问。壮族是世居岭南地区及广西的土著民族，也是先秦典籍及历代文献中所记载的百越分支的骆越族群。壮族从哪里来？壮族先民是何族群？壮族渊源及血脉传承如何？这些问题既是对壮族先民文化身份辨析及族属性质定位的驱动机制，也是追根溯源、寻祖归宗的文化传统传承的动力源泉。壮族远古先民往往通过神话传说、说唱史诗、山歌民谣以保存记忆、传承历史、保护传统，因此就有了壮族《布洛陀经诗》中的创世始祖"布洛陀"与"姆六甲"、民间传说中访天边的"妈勒"、具有反抗精神的"布伯"、壮族英雄"莫一大王"及花山岩画传说中的画神"勐卡"等，传递出壮族人民所崇敬爱戴的民族始祖与族群英雄的远古信息。

随着现代科学技术的发展，还可以通过史前人类考古、文物考古、人类学、人种学、生物学、生命科学及民族学、民俗学、语言学等学科研究与跨学科研究探溯人类、民族、族群渊源与发展的源流问题。对骆越及壮族先民的史前人类学研究表明，其人类学渊源可以远溯到旧石器与新石器时代。王文光指出："岭南两广地区已发现的新石器文化遗址可分洞穴、岗丘、贝丘、沙丘、台地等类型。两广的新石器文化，呈现出较大的个性特征和浓厚的地方色彩，都属于农业种植民族，都存在着通体磨光的有锻石锛、有肩石斧和印纹陶，属于古越族文化，为后来的骆越、南越所继承，是百越民族群体分布的中部地区。"[①] 广西史前考古发掘，有柳江地区的"柳江人""白莲洞人""都乐人"、桂林地区的"宝积岩人""甑皮岩人"、来宾地区的"麒麟山人"、荔浦的"荔浦人"、都安的"干淹人""九楞山人"、田东的"定模洞人"、灵山的"灵山人"等。这些古人类所在区域，正是骆越、西瓯及壮族先民的活动地域，也是今天壮族的聚居区，据此推测壮族及世居广西的其他少数民族应该为这些古人类的后代。就花山所在左江流域的史前考古发现而言，"从崇左市江州区濑湍绿轻山矮洞、那隆独山等旧石器时代遗址看，左江流域早在旧石器时代就有人类居住。从扶绥县江西岸贝丘遗址、敢造贝丘遗址、同正大石铲遗址，江州区冲塘贝丘遗址、丘何村贝丘遗址、金柜山贝丘遗址、更别吞场大石铲遗存，

---

① 王文光：《百越民族史整体研究述论》，载蒋炳钊主编《百越文化研究》，厦门大学出版社2005年版，第35页。

大新县歌寿岩遗址和遍及左江流域的大石铲出土分布点看,新石器时代人类活动已遍布整个左江流域"①。更为重要的是,先秦典籍及历代文献所记载的、文物考古所证实的、传承至今仍留有遗迹的百越及骆越、西瓯族群正是壮族及其他本土少数民族的源头。这些史前人类遗存、考古文物、文献典籍、神话传说、民俗风尚,构成与花山岩画相互印证的更为广阔的视野语境与更为丰富的材料。

当然,对于花山岩画的阐释并非只有一个答案,应该是多维立体、系统整体的开放性、互补性、建构性阐释。如同"诗无达诂"一样,花山岩画阐释也无达诂。基于此,从骆越文化渊源及根祖文化角度阐释其人物画像内涵与特征不失为一个值得学界关注的研究视角。尽管如此,这也并非意味着对花山岩画阐释所做的答案。关键在于作为阐释对象的花山岩画具有神秘性、神圣性、神灵性,使之成为千古之谜。更为重要的是,花山岩画的大大小小的蛙状人形的影象造型至今仍那样鲜活生动,仍能发出来自远古原始的历史回响,仍能在赭红色绚丽夺目的色彩中透视出联结古今的跃动血脉。花山岩画,不仅能使人精神振奋、意气风发,而且能增强文化自觉与文化自信,为壮族先民的百越文明及骆越文化创造与根祖文化传统感到无比自豪和骄傲,为审美人类学提供批评视角及理论与实践支撑。

第二节 《密洛陀》创世史诗的审美人类学批评

任何民族都有着对自身民族的起源、发生、发展过程的历史记忆,也都通过各种形式,包括文学艺术及审美形式来表达这一文化渊源和文化传统,从而确立本民族的特质和特征,确立本民族的精神和民族性格。瑶族分支布努瑶创世史诗《密洛陀》②通过口头传承的民间说唱艺术形式,叙述了该民族在起源、发生、发展过程中的创世活动,不仅具有民族学、民俗学、民间文学的意义,而且具有人类学、社会学、文化学的意义。民族的起源、发生和发展实质上也是人类的起源、发生和发展。创世史诗既是民族的创世伟绩,也是人类的创世伟绩。因此,对《密洛陀》进行审美人类学和非物质文化遗产保护研究是十分必要的,从这一民族创世史诗的文本个案中寻根问祖,可从其特殊性探溯人类起源的普遍性意义。

关于人类起源的问题,在许多民族的不同艺术形式中或多或少有所表现,如神话、传说故事、史诗、原始绘画、原始舞蹈等。因受原始社会当时的历史文化条件限制,绝

---

① 覃乃昌等:《左江流域文化考察和研究》,载唐华主编《花山文化研究》,广西人民出版社2006年版,第2页。

② 蓝怀昌、蓝书京、蒙通顺:《密洛陀》,中国民间文艺出版社1988年版,本节该书引文均出自此。

大多数关于人类起源的认识都带有神化、想象、比拟、象征及理想化色彩，正如马克思指出的"任何神话都是用想象和借助想象以征服自然力，支配自然力，把自然力加以形象化；因而，随着这些自然力实际上被支配，神话也就消失了"①，因而都不可能是对人类起源的科学认识和本质反映。但就其所表现的民族文化心理和民族文化传统而言，就其所表现的民族历史记忆和传承的文明遗痕而言，它在一定程度上折射出人们对自身诞生和身份的认识和评价，从而表达出人们与对象之间所构成的关系，从中真实而准确地表达民族的思想、心态、精神和性格。

《密洛陀》作为布努瑶民族创世史诗，由于是口传文学，在不断传承过程中内容有所增减，也在时代发展和历史变迁中打下时代和历史的烙印，因而在史诗中就包含有神话、传说故事、民族、历史等各种因素和不同时代的精神、文化因素，在描述民族起源和人类起源时就会呈现出绚丽多彩的特色。《密洛陀》主要围绕族群、民族、人类起源的创世来讲述故事，创世就是在创造民族、创造人类、创造文明的同时创造宇宙自然、创造万事万物。与其他史诗、神话、传说故事的人类创世故事的不同点在于，密洛陀将民族、人类创世的故事过程划分为三个阶段，以说明人类创世过程的完整性、复杂性、阶段性，从而反映人类创世过程的艰难和曲折。《密洛陀》的人类创世三阶段，即密洛陀亲神—二十四位男女大神—人类，呈现出逐层递进、逐步发展的推进过程，从而显示出人类起源的阶段性及特性特征。

一、密洛陀母亲神创世始祖的祖先崇拜意识萌芽

密洛陀作为创世始祖，是创造人类及自然万物的源头和创始者。布努瑶民族将密洛陀尊为始祖，不仅因为神灵崇拜、鬼神崇拜、自然崇拜所形成的神鬼观念，而且因为该民族的历史记忆和文化传统中还遗留着原始社会对母系氏族社会的依恋，因而更多地表现为祖先崇拜、始祖崇拜、英雄崇拜意识观念，从而将密洛陀视为本民族的始祖，将她视为生养子孙万代的母亲，也就是将她作为人而不仅仅作为神来看待，由此才有母亲神的称谓。可以说，密洛陀作为始祖，她是人与神的结合，她是原始社会各种崇拜观念和意识的对象。在密洛陀的性格和言行中，不乏神所具有的神力和神威，但也不乏作为人所具有的人性化、人情化、人格化的人类特性特征。

《密洛陀》"序歌"中叙述道："母亲的恩最大，/阿妈的情最广。/没有她布努难以出生，/没有她东努怎么成长？/是洛陀给了我们智慧，/是洛西给了我们力量。/她使我们勇敢、勤劳，/她使我们诚实、善良。"这些属于人类特点的智慧、力量、勇敢、勤劳、诚实、善良等，都应首先是始祖神密洛陀具备的性格、品质、人性特征，然后才传承给后代子孙。密洛陀不仅创造了民族、人类，而且创造了民族、人类的性格、品质、人性，创造了属人的类特性、类特征。这就是因为在密洛陀身上也具备这种属人的类特性、类

---

① 《马克思恩格斯选集》第 2 卷，人民出版社 1995 年版，第 29 页。

特征。因此,密洛陀造民族、造人类的动机和目的是使人成其为类,使人类能生育繁衍,生生不息。就密洛陀个人而言,是因为她害怕孤独,害怕寂寞,她不愿独自一人,而希望自己有一个群类。因此,在面临着孤独、寂寞的困境时,她开始创造自然,创造人类,以摆脱孤独、寂寞,以传承子孙后代,以使人成为群类。《密洛陀》第二章"造二十四位男女大神"中叙述道:"洛陀总是天天愁闷,/洛西总是夜夜忧烦。/大地只有她一人,/凡间就是她一个。/千辛万苦无人体谅,/形影孤单有谁相怜?/我造太阳了,/太阳有云陪;/我造月亮了,/月亮有星伴。"密洛陀造天地日月,一方面是为了创造出人类所需要的宇宙自然环境,另一方面是为了创造宇宙万物的生态圈、生态链,以构成生物之间相生、相亲、互动、互利的生态环境。也就是在史诗中反复唱到的,不能使创造出来的天地日月孤单,太阳需要有云陪,月亮需要有星伴,才构成宇宙万物的和谐运行。密洛陀创造天地万物的动机和目的就蕴含着生态平衡和生态发展的问题,考虑不使天地日月孤独,这就必然会促使密洛陀考虑人类的创造问题,考虑孤单的密洛陀也需要有一个属人的群类。密洛陀唱道:"我能造天地,/我会造日月。/我不是独身人,/我不是孤单女。/先辈是勒防赊,/先祖是勒防风。/同伴靠它们帮造出,/同伙靠它们帮养起。/依它们造未来,/靠它们繁子孙。/我寂寞我应有小孩,/我孤独我理当生子。/有小孩才能替我开创一切,/有儿子才能代我繁衍人类。"显而易见,密洛陀面临着孤独的现实困境,从而激发了她创造人类的意图。其动机和目的一是传承祖先的优秀品质和精神,二是繁衍子孙后代,三是形成民族、人类,四是构成相生相亲、互动互利的生态环境,五是摆脱孤独、寂寞,获得人类作为类存在与类生存的权力。

由此可见,密洛陀身上充满了人性化、人情味、人类性的特质和特征。密洛陀除在创造天地日月、创造二十四位男女大神、创造人类、创造宇宙万事万物的创世过程和创世方式上带有神化的神力和神威外,她的性格、品质、心态、精神及言行都充分人性化,是人类的类特性、类本质、类特征的具体表现。从这一角度而言,密洛陀的创造是按人类的创造来设计的,具体而言是按人类的始祖、人类的母亲形象来创造的。只不过她在创造人的同时也创造了自然万物,她创造自然万物的目的也是按创造人类的思路和原则来创造的,都赋予了自然万物人性化的特征和拟人化的表现手法,都是在人与自然的关系中确立自然的位置和自然对人而言的作用和意义。

那么,既然密洛陀是人而非仅仅是神,或者说是人与神结合的人类始祖、人类母亲,那么其创造者是谁?她又是如何被创造出来的呢?在人类早期的原始社会,囿于客观条件,人类与自然处于一个既矛盾又亲和的多重复杂关系中。因为人类既需要利用自然条件生存,又受到自然灾害威胁,故此产生出自然崇拜的观念。在此观念影响下,形成自然创造神、自然创造人与神创造自然、人创造自然的双向共生、互为因果的复杂矛盾的关系。因此就产生出由自然之风、自然之气的交合而创造了密洛陀的始祖缘起的故事。《密洛陀》第一章"造天地日月"中叙述道:"暖风又吹动来造化洛陀,/热气又飘流来孕育洛西。/不知多少个百年呵,/不觉多少个千载呵,/洛陀才从风里诞生,/洛西才从气中出世。/没风吹拂洛陀难以成人，/没气孕育洛西不能成长。"虽然这样叙述是为了说明因自然之风和气才产生出密洛陀，但如果从表面深入到内核就会发现，密洛陀的诞生有着更为深刻内在的缘由。

马克思指出："自然界的人的本质只有对社会的人说来才是存在的；因为只有在社会中，自然界对人说来才是人与人联系的纽带，才是他为别人的存在和别人为他的存在，才是人的现实的生活要素；只有在社会中，自然界才是人自己的人的存在的基础。只有在社会中，人的自然的存在对他说来才是他的人的存在，而自然界对他说来才成为人。因此，社会是人同自然界的完成了的本质的统一，是自然界的真正复活，是人的实现了的自然主义和自然界的实现了的人道主义。"① 缘于人与自然所构成的复杂多层关系，密洛陀的诞生原因可归总为五个方面：一是由于人类的自然崇拜观念，人类始祖具有自然的神力和威力，诞生于自然而又具有超自然力。但自然始终是自然与人类关系中的自然，是作为自然文化而存在的自然，诚如王学谦指出的："实际上，由于人来自于自然，人在自然中生存、发展这样一个坚固的事实，自然就早已是'人化的自然'了。当人和自然融为一体时，人不知道自然，人还不是人；当人成为人，从自然中分化出来时，人意识到自然，自然就是人所认识的自然，人所感受的自然。自然不可避免地要被人化，一部文明史，也是自然的人化的历史。"② 因而自然创造人从实质上说是自然文化创造人，在自然（文化）创造人的同时人也创造了自然（文化），两者是双向共生、互为因果的关系。二是基于人类的神灵崇拜观念，认为人类来源于自然神的创造，因而自然神赋予人类始祖以神力和威力，从而成为神灵的化身。三是因为人类的祖先崇拜观念，认为人类始祖的诞生方式不同于人类的繁衍生殖，而是由他们认为最为原始、最为本元、最为基础的无形之物和无形力量产生的，因而始祖才具有超越人类的神力和威力。四是因为人类对其起源缺乏科学认识，往往以当下所闻所见的氏族首领、部落酋长、仪式祭师、战争英雄等形象作为始祖的替代物，想象始祖与这些首领英雄一样具有不同于一般人的神力和威力，集中代表了族类、群类的力量和智慧。五是因为民族历史记忆和民族文化传统的集体无意识的积淀创造而构成始祖，始祖其实是民族群体的抽象化符号，是一种精神象征和理想追求。从这个角度看，始祖产生于民族集体无意识的思维定式和心理定势，产生于民族的集体创造。因此，《密洛陀》对人类起源的叙述应从密洛陀诞生开始，从人类始祖从何而来、如何而来、为什么而来展开叙述。只有回答了这些问题，才会对人类起源有一个完整的认识。

---

① 马克思：《1844年经济学哲学手稿》，《马克思恩格斯全集》第42卷，人民出版社1979年版，第122页。

② 王学谦：《自然文化与20世纪中国文学》，吉林大学出版社1999年版，第1—2页。

二、密洛陀创造男女大神的创世叙事记忆生发

《密洛陀》对人类起源过程的叙述，既有理想化的想象、夸张、神化的成分，也有因果逻辑和情感逻辑的成分。从当时创作和流传的原始人类、原始部族而言，他们都会相信这是真实的历史，这是真实的历史记忆，这是真实的情感和态度。因此，他们对人类起源的认识，往往依赖于人类自身的需要和利益，也依赖于因自然和人类认识的局限性而无法解释但又面临的现实问题而所做出的神话化、神灵化的解释。为了解释人类起源的原因和根据，为人类起源寻找创世的根源和人类的守护神，他们创造了创世女神密洛陀，从而完成了人类起源的第一步，完成了人类起源过程的第一阶段的任务。接着按逻辑顺序发展而来的就是由密洛陀创造二十四位男女大神，开始人类起源过程的第二阶段的工作。

尽管创造二十四位男女大神的工作仍然是造神而非直接造人，尽管创造者是始祖神密洛陀，其身份是神而不是平凡的人，但除了神化因素之外，密洛陀创造工作也充满着人化的因素。因为创造者密洛陀不仅是始祖神，也是始祖，是人类的祖先和母亲，带有人类母亲的人性化、人格化、人情化特征。她所创造的二十四位男女大神，从其性别称谓来看就带有人类性别的特征和人类生殖繁衍的特征。因此，无论是创造主体，还是创造对象，都具有人类的属性和特征，都是人类起源的构成部分，也是对人类起源的人性化认识和解释，其人类学的意蕴和意义是不言而喻的，这具体表现在以下三方面。

其一，密洛陀创造二十四位男女大神的过程显示出人类生育的意蕴。与密洛陀诞生是由自然的风和气交合而成的自然诞生说不同的是，二十四位男女大神的诞生是由母亲始祖神密洛陀创造的，因而整个创造的过程几乎就是人类生育的过程。这种生育过程带有神化因素，因为只有母亲而未有父亲，只有女神而未有男神，因此就自然而然地产生出神与自然交配或者说母亲与自然交配从而产生出二十四位男女大神的故事。在第二章"造二十四位男女大神"中叙述道："她又念风，/她又思气。/她腾云到大门口，/她驾雾抵天门旁。/在天门口挡风，/在天门旁遮气。/挡风身受孕，/遮气体怀胎。/受孕转回程，/怀胎返家来。/身往地面降，/脸朝着元些，/转身离天宇，/一跃穿云层。/花带随风飘，/衣裙随雾摆。/轻轻落地面，/慢慢抵家园。/家园是元些，/卧床是雅些。/住在家园好久，/睡在床上很长。/肚子膨胀，/胎儿饱满。/生下十二个女仔，/养了十二个女孩。/十二个女仔是妈的同伴，/十二个女孩是娘的后代。/十二个女孩是十二位女神，/十二个女神有十二个神名。"这生育过程中所描述的在风和气中受孕就意味着人与自然的交配，或神与自然的交合。虽然在自然界也存在着交配而生育的现象，但在密洛陀与风和气的交配中就十分明显地表现出人性化的特征和属人的性质。这是因为一方面密洛陀具有生育的动机和目的，她认为："我寂寞我应有小孩，我孤独我理当生子，有小孩才能替我开创一切，有儿子才能代我繁衍人类。"她创造二十四位男女大神的目的是创造人类，使人能摆脱寂寞孤独而在群类中存在。另一方面，密洛陀创造了二十四位男女大神，

先创造十二位女神,后创造十二位男神,这是因为密洛陀计划男女相配才能繁衍后代。她想到:"十二个姑娘十二朵鲜花,/有女没男使妈高兴不起来。/十二个女孩乖是乖,/可惜她们难以生仔。/十二个女仔好是好,/可惜她们要绝后代。/我还要创造世界,/我还要创造未来。/我必须再繁衍男童,/我必须再养育男孩。"密洛陀的想法是充分人性化的想法,也是合情合理的想法,更是吻合人类创造、人类起源、人类繁衍的想法。因此,密洛陀在创造了十二位女神之后,又用同样的挡风遮气的受孕怀胎方法创造了十二位男神,奠定人类创造的基础和条件。

其二,密洛陀创造二十四位男女大神是为了创世,从而揭示出人类起源和自然起源的人类学意蕴。创世的主题有两层含义,一层指创造人类从而创世,一层指创造自然万物从而创世。密洛陀创造二十四位男女大神的本意和目的是创世,因而两层含义都兼而有之。密洛陀最初创造二十四位男女大神的目的是生育繁衍从而创造人类。她认为:"要创造世界先造万物,/造了万物再创人类。/造人类靠谁?/娘是靠你们。/要唱歌你们在一起,/要玩耍你们做一堆。/姐姐就和弟弟成偶,/弟弟就和姐姐婚配。/助妈繁衍后代,/帮娘创造人类。"但或许是因为《密洛陀》产生和流传的时代已从原始血缘近亲婚姻制进入文明婚姻制,姐弟或兄妹通婚因影响生育繁衍而遭到禁忌。也或许是因为创造人类的任务一定非密洛陀这位人类始祖母亲不可,而其他的男女大神则未能担此重任,密洛陀当初设想的姐弟通婚以创造人类的目的未能实现:"她们忘记了是姐姐,/他们忘记了是弟弟。/弟弟娶上姐姐,/姐姐配上弟弟。/他们生下小孩,/小孩不成人仔。/有的变成石头,/有的变成泥块。/洛陀盼他们生下人类,/洛西望他们繁衍后代。/她们却生的不是人,/她们却养的不是仔。/妈又很苦闷,/娘又很悲哀。/要造人类另出主意,/要造生灵另作安排。"尽管二十四位男女大神因姐弟通婚而生育繁衍人类的目的未能达到,但密洛陀创造了让二十四位男女大神谈情说爱的基础和条件。在《密洛陀》第三章"分当《神恋歌》"中描绘出人类最美好的爱情,男女大神都唱起了情歌:"今天我们同唱恋歌,/今日我们共叙衷情。/来世千载这一次难比,/再生万年这一天难寻。/我们从今天起头,/我们从现在起程。/两条鱼共在一条河里游,/两颗星同把一个夜照明。/两只老鹰同住一座高岩,/两只彩蝶共采一朵花蕊。/下地共条路,/上山同座岭。/半张烟叶共同抽,/一颗猫豆平半分。/用艰辛去夺得幸福,/用勤劳去取得爱情。"这些男女大神的爱情已与人类男女情爱无甚两样,他们所对唱的情歌与后世民间流传的情歌也没有多少差别。由此可见,密洛陀创造二十四位男女大神虽然未能达到生育繁衍的目的,但创造出男女之间产生爱情的目的已经达到。从这个角度而言,密洛陀创造了人类的爱情,才有可能创造出人类,也才有可能使人类繁衍发展。因此,创造爱情就更具有人性化、人情化的属性和特征,对于人类的起源和繁衍更具有价值和意义,从而使爱情及情歌极富人类色彩和极具有人类意蕴。

其三,密洛陀创造的二十四位男女大神构成族群式的大家庭和民族家园。密洛陀因其个人而感到寂寞孤独,从而创造二十四位男女大神,构成了一个大家庭,十二位姐姐和十二位弟弟似乎都摆脱了大神的脸孔而成为以姐弟相称的血缘亲人，成为极富于人情味和人性化的家族、家庭成员，他们在家庭中构成亲情关系。这二十四位男女大神就是二十四位同一家族、家庭的姐弟，在这一大家庭中共同生活相亲相爱、互相帮助。他们像任何家庭的姐弟一样，青梅竹马，两小无猜。年幼时，姐姐背着弟弟长大；稍大时，姐弟表现出亲人间的亲情。第二章"造二十四位男女大神"叙述道："妈有事出去，/妈有事出门。/叫来一群姐姐，/背着一群弟弟。/弟依在姐的背上，/背带绷得牢靠。/姐姐背起弟弟，/强过双手来抱。/弟弟不再哭，/伏在姐背笑。/从此便有背带故事，/从此产生背带歌谣。"亲情也是人性化、人情味的一种表达形式，在亲情中融入了家庭观念、家族观念、氏族观念，直至家乡观念、本土观念、民族观念。同时，在亲情中融入了伦理道德观念、民俗宗教观念、家族氏族观念，乃至社会、历史、文化、民族观念。因此，对家庭和亲人所表达的亲情是具有丰富的人类性和社会性。密洛陀与其二十四位子女所构成的大家庭无疑成为家族、氏族、民族的始点，也无疑成为人类起源、民族起源的始点，其文化人类学的意蕴异常丰富多彩。

当然，由于当时已出现近亲血缘婚姻禁忌，密洛陀所创造的二十四位男女大神因姐弟配婚而未能繁衍出人类，并不是说明密洛陀创造二十四位男女大神就失去了创造力，而是由密洛陀分工让他们创造宇宙万事万物，从而体现出创世精神。从密洛陀为其子女命名中就可见他们的创世神力的分工类型：第一个叫阿亨阿独（指制造之神），第二叫波防密龙（指造江河海湖之神），第三个叫炯公洛班（指造桥造路之神），第四个叫雅友雅耶（指飞翔之神），第五个叫阿波阿难（指造雨之神），第六个叫怀波松（指专门报信之神），第七个叫格防则依（指飞禽走兽之神），第八个叫勒则勒郎（指造五谷之神），第九个叫邮友郁夺（指取名之神），第十个叫桑勒也（指头年射太阳而败者），第十一位桑勒宜（指第二年射太阳取胜者），满儿叫桑勒山（指三年后满神去寻两位兄长归来）。由取名而知，密洛陀创造二十四位男女大神是为了让他们创造宇宙万事万物，创造自然，创造人类生存、生活的环境，并为人类的诞生而战胜一切灾难和困难。这一系列创世的过程和事件足以说明密洛陀创造二十四位男女大神的良苦用心，说明其中所蕴含的人类学意义和神灵的人性化、人情化、人格化的意义。

三、密洛陀始祖创造人类的审美人类学意义

密洛陀在创造人类之前就先创造出天地日月、二十四位男女大神及宇宙万事万物，其用心一方面说明创造人类的艰难，必须克服许多困难，战胜许多灾难，另一方面说明创造人类必须要有适合于人类生存、生活的环境和条件，当环境和条件都成熟后，人类的诞生才理所当然。由此可见，密洛陀的最终目的、最大心愿是创造人类、创造民族、创造世界。她创造天地日月、二十四位男女大神、宇宙万事万物都是为了最终创造人类，因此创世最集中地体现在创造人类上。

密洛陀创造人类是受到大自然的启发，她从蜜蜂酿蜜而想到用花蜡来造人。在《密

洛陀》第二十一章"造人类"中她唱道:"这种东西叫蜜糖,/那种飞虫叫蜜蜂。/蜜蜂会采花,/采花制蜂蜡。用蜡造蜂洞,/洞内酿蜂蜜。/花粉能酿蜜,/花蜡能酿糖。/用花蜡来制造人仔,/看看成不成。"密洛陀为实现创造人类的理想,动员了全家二十四位男女大神,进行了分工,尤其是十二位女神直接分工孕育和生育的工作。"洛陀召来一群女孩,/洛西叫来一群女仔。/她给大家分工,/她给大家安排。/大姐包生育,/二姐包采花。/三姐捏人仔,/四姐接孩来。/五姐包养奶,/六姐打扮孩。"显然,这一系列的孕育、生育、滋育的过程,其实就是人类生育孩子的过程,是生殖繁衍后代的过程。只有经过这种完全人性化、人情化、人类化的生育过程才有可能产生出真正的人类。"这儿在繁生后代,/这里在繁衍人类。/大姐把婴儿孕养,/大姐把婴儿生出。/四姐把孩子接来,/四姐把孩子接住。/共送了十二个男孩,/共接了十二个女仔。/这一代是人不是神,/这一代是努不是鬼。/这下真的造出了人,/这下真的有了人类。"密洛陀创造人类的目的终于达到,她作为创造人类的始祖,作为人类的母亲,面对诞生的人类开怀大笑:"我花了千年的精力,最后造成了人类。我的女儿们出了大力,大家辛苦没白费。"这是母亲对人类发自内心的呵护和关爱,也是始祖对创世结果发自内心的欣喜和兴奋,从这个角度上表达了布努瑶民族及其人民对创世始祖、对母亲密洛陀的崇敬和赞美之情。因此,密洛陀创造人类具有深远的审美人类学意义。

首先,表现在密洛陀在创造人类的过程中历经艰难险阻而仍保持着百折不挠的斗志和坚韧不拔的意志上。她对理想的追求,对目标的奋斗,始终是以其充分人性化、人情味的社会实践活动与极具个性化、典型化和代表性的人类行为落实于具体的过程中。因而过程比结果更显得重要,过程比结果更显出人性和人情的光彩。

其次,表现在密洛陀创造人类是在充分发挥其子女二十四位男女大神,尤其是十二位女神的创造性基础上实现的,以此说明人类的诞生绝非个体、个别的行为,而是群类集体智慧、才华、力量的共同结果。从这个角度而言,人类的诞生寓含是人类自己创造的结果,是人类创世的结果。恩格斯指出劳动创造人,同时也指出劳动是人类的活动行为,是区别于动物的活动行为,是人类自觉的、有意识的、有目的活动行为。从这层意义而言,劳动是人类创造的属人的活动,人与劳动互为因果、双向共生,劳动在创造人的同时人也创造劳动。人在劳动中才成之为人,劳动在人的活动行为中才成为劳动。

再次,说明了人类诞生的属人的性质和特征。由于神话、传说,关于人类诞生的过程和细节增添了不少神化、夸张、虚构的因素,但总体上具有属人性质和特征。密洛陀创造人类的过程,尽管有以花蜡制人的想象发挥因素,但其怀孕、生育、滋养的过程、环节、细节与人类的生育行为极为类似,这不能不说记叙人类诞生的创世史诗中既含有人类的远古记忆的集体无意识和历史文化传统因素,又含有人类对当下自身现实处境表现的因素,历史与现实的交汇才构成这样丰富多彩、精彩绝伦的人类起源故事。

最后,密洛陀创造人类具有鲜明的人作为群类的类意识。密洛陀知道她开始所创造的儿女们——二十四位男女大神是神而非真正意义上的人,其原因就在于神有神性、神力、神威,缺乏人性、人情、人格,但这些男女大神具有"神人以和"的人与神结合的特性特征,是将神性与人性、神力和人力、神威与人情融合为一体的拟人化、人格化、心灵化的神,由此才能从神到神人再到人的人类创世、创生及演化、繁衍的起源发生过程。例如,对姐弟之间爱情的婚配的表现就极富人情味和人性化色彩,但毕竟未能达到生育后代、繁衍子孙的目的,也就是说未能达到创造人类的目的,因而密洛陀最后用花蜡造人从而创造出不是神而是真正的人类,这表明她具有明确的神人区别意识,也表明她逐渐产生出人类意识和民族意识的自觉性,实现神向人的过渡和蜕变。正如谢选骏指出:"对宇宙、万物的渊源如此好奇的人,不可能不关切自身的来历。几乎每一则创世神话,都以人的诞生作为重要环节。造人,成了创世的必然延伸。"① 这是所有创世史诗、神话的内核所在和基础所在。

以上从《密洛陀》对人类起源的创世过程的三阶段的分析,逐步由密洛陀—二十四位男女大神—人类这一完整过程的逻辑结构中认识到人类起源的发生学意义,认识到人类由神到人、由自然到人类、由自然人到社会人的发展历程,也认识到人类起源的创世活动所蕴含的人类学、民族学、文化学的意义。更为重要的是,通过密洛陀这一人类母亲、民族母亲的原型,我们可以窥见这一民族所保留的历史文化传统和集体无意识的远古记忆,由此窥见这一民族的性格特征和民族精神。

正如过伟在《中国女神》一书中指出:"'密洛陀',布努瑶语,'密'即母亲,'洛陀'为名,全名'洛陀洛西',含有创造之意。'密洛陀'意即创造世界的母亲,常常简称'密'(即母亲),在布努瑶民间信仰中是至尊的创世大神、伟大的母亲神。"② 由此可见,《密洛陀》创世史诗及密洛陀母亲神创造人类的人类起源故事和人类发生叙述中包含着极其深厚的人类学意蕴,这不仅是民族创世精神的集中体现,而且具有人类创世精神的普遍意义,也就决定了《密洛陀》的非物质文化遗产保护传承的功能作用及审美人类学批评的价值意义。

第三节 歌圩缘起生成的审美人类学批评

歌圩无疑是广西作为少数民族自治区被称为"民歌之乡""山歌之都""歌海"的一个最为重要、最为突出的表征形式,也是能歌善舞的壮族及其他少数民族的一个最为重要、最为突出的特征。广西少数民族好唱山歌,不仅有歌堂、歌会,而且有歌节、歌圩;不仅有唱山歌、对山歌、赛山歌,而且以歌代言、以歌待客、以歌敬祖;不仅有歌手、

---

① 谢选骏:《中国神话》,浙江教育出版社1995年版,第60页。
② 过伟:《中国女神》,广西教育出版社2000年版,第239页。

歌师、歌王，而且有歌祖、歌仙刘三姐。广西各地都有颇具民族特色的山歌，有山歌就有歌圩，有歌圩就能更好地传播和传承山歌及其文化。韦其麟指出："壮族是一个热爱唱歌善于唱歌的民族。在壮族民间一切庄严的美好的场合，在许多工作和交往中，无论欢乐和悲哀，都陪伴着歌声。从阶级斗争，劳动生产到风俗习惯以至谈情说爱，都离不开唱歌，唱歌几乎成了壮族人民生活中不可缺少的一部分。歌仙刘三姐的传说是家喻户晓的，许多地区，都有传统的唱歌的盛大节日'歌圩'。"① 由此可见，歌圩是山歌赖以生存、存在、发展、传承的载体和形式，歌圩与山歌紧密联系，成为广西民歌文化不可分割的组成部分。因此，研究广西民歌文化就必须要研究歌圩，从审美人类学研究视角探讨歌圩生成条件及原因。

一、歌圩在民歌文化及民间文化中的定位

歌圩是广西壮族及其他少数民族集会、聚集唱山歌、对山歌、赛山歌的一种歌会形式。广西各地少数民族聚居地都有唱山歌的习俗，也都有歌圩这一歌会形式。无论是散居在深山老林中的少数民族，还是群居在壮乡、侗寨、瑶山、苗岭的各个少数民族或杂居民族，都在歌圩之日从四面八方聚集歌圩场上，形成歌圩这一约定俗成的民俗制度和规矩，也形成当地富有特色的民俗习惯，更形成少数民族的风格和特色。因此，歌圩的文化身份和文化定位显然具有民族性、民俗性、民间性、地域性，是广西各地各少数民族在民间约定俗成的唱歌、对歌、赛歌的风俗习惯和文化惯例，有着时间、地点、人员的规定和原则、规则、方法的约定，以及与之相关的社会生活、生产劳动、娱乐休闲、宗教仪式交往交流等活动内容的安排，从而极大地延伸了活动空间。因此，歌圩是一种以民族活动为基础、为依据、为对象、为内容的圩日活动，它既是歌圩活动，又是一种综合的社会活动。由此歌圩在民族文化的语境和民间文化的语境中就应有一个准确定位，处理好歌圩和与之相关的各种因素的关系，确立歌圩在民族文化中的位置，以便更好发挥其价值作用。

其一，歌圩与民歌的关系。广西各地都存在着民间约定俗成形成的圩日，主要是民间经济、商贸物质交流和贸易的一种活动形式，相当于城镇设立的市场、菜市。但圩日不同于市场、菜市那样每天固定交易，而是约定俗成的规定为三日一圩或五日一圩的有规律间隔时间交易，从某种意义而言就是在日常生活时间之外的空余时间或休闲时间设置的交易市场，因而圩日的时间就具有与菜市、市场时间不同的意义。歌圩又与一般圩日不同，它是以歌成圩而非仅仅以商为圩。一般圩日是商贸行为，称为"赶圩"或"走圩"，是民间商贸交易活动。当然，任何民间活动都不可能是单纯某种对象的独立活动，因农村或民间不可能如城市那样有分门别类的商场铺面及各种各样的文娱活动设施，只能利用某种活动而同时展开丰富多彩的综合活动。在圩日里，除商贸交易活动外，还会

---

① 韦其麟：《壮族民间文学概观》，广西人民出版社1988年版，第169页。

有多种多样的其他活动,从而形成圩日的综合活动性质和特征,当地人多称为"赶闹子""逛圩日",视为热闹、玩耍的好去处。在一些少数民族地区的圩日,就会有唱山歌、对山歌的文娱活动,但它还不会形成"歌圩"。因为歌圩必须是以歌为圩,此圩日是专门为唱山歌、对山歌、赛山歌而设立的文娱活动日。在少数民族地区,除有一般圩日外,还有歌圩。尽管歌圩中除了山歌文化活动,还会有商贸、娱乐、饮食、游戏等其他活动,也带有圩日的综合活动性质的特征,但以歌为圩的基本定位和根本性质是不会改变的。当然,歌圩不可能像一般圩日那样频繁密集,时间会间隔很长,甚至是一年一度的歌圩,像过年过节那样热闹,因而歌圩又被称为歌节。

其二,歌圩与歌节的关系。广西壮族及其他少数民族一般约定俗成确定农历三月三为歌节,也有一些地区确定三月十三、三月十四、三月十七、三月二十六等为歌节,但以三月初三为多,歌节实际上就是歌圩,歌节的表现形式和庆贺方式就是歌圩。歌圩或歌节以歌为圩、以歌为节的动机和意义在于以下几点。首先,说明民歌对于这些地区的少数民族而言十分重要,他们以歌代言、以歌代史,民歌是其民族文化、民间文化、民俗文化的集中表现形式之一,民歌传承、传播、交流文化,民歌抒情言志,是他们艺术审美活动的一种形式,民歌以对唱、联唱、合唱等方式构成凝聚民族力、增强团结的一种集体活动方式。其次,民歌作为一种日常生活行为,不仅已成为社会生活、社会活动不可分割的一个组成部分,而且必须通过非日常生活和超日常生活的独立活动形式表现出来,给劳动闲余和日常生活闲余的剩余精力以专门休闲和空闲时间来集中发泄和表现,同时也约定俗成地确定一个集体活动进行交往和交流,包括青年男女的爱情和友谊交往。再次,以歌为节是一种专以文娱游戏形式而设立的节庆,其动机和目的显然不带有其他节庆的实用功利性,尽管其他节庆由于文化惯例的作用而逐渐淡化和消解了实用功利性,更多的是休闲、游玩、饮食等活动,但都不会像歌节、歌圩那样设立文娱为目的、动机、意图和愿望,是一种最为放松、最为自由、最为平等的群众性的民间文娱活动。最后,歌节是该民族的盛大节日,传统的"三月三"歌节是广西壮族和其他少数民族的盛大节日,各地都举行歌圩活动以庆贺节日。2014年广西壮族自治区批准"三月三"为广西的法定假日。歌节作为民族的节日,是民族的形象性标志,通过歌节可以透视民族性格、精神,可以把握民族文化的脉搏,可以确定民族发展的历史、现状、未来。因此,歌圩以歌节的形式确定下来从而集中表现出歌圩的重大作用和意义,同时也稳定和固定了歌圩这一古老的传统文化形式,并增加了节庆的内容和节庆的气氛。除在"三月三"歌节成圩外,还可以在其他节庆形成歌圩。据吴超的《中国民歌》一书指出:"'歌圩'是外族人给壮族歌节所定之名,壮语叫'欢龙垌',意为'到田间去唱的歌';有些地方称'欢窝敢',意为'出岩洞外唱的歌'。解放前,壮乡这种聚众唱歌的日子特别多,以大的节日来算:在春耕以前,就有春节、元宵节、二月十九、三月三、四月八;到夏收以后,又有中元节、中秋节、九月九、冬至节等等。至于日常婚丧喜庆和农闲时聚众唱歌,则难以数计。"① 可见，歌圩除在歌节成圩外，也可在其他节日形成。从这层意义而言，歌圩不完全等同于歌节，歌节必须有歌圩，但歌圩不一定在歌节，在其他节庆中也有歌圩。

其三，歌圩与生活的关系。壮族以歌代言、以歌代史的山歌文化的性质和特征一方面说明了民歌在壮族生存、存在、生活中的重要作用和意义，另一方面也说明了壮族能歌善舞，以唱山歌为能事的突出特长和鲜明特征。这充分说明，民歌与民族社会的紧密联系，甚至具有与生活融为一体的不可分割性，民歌成为壮族生活的一个必要和重要的组成部分。在日常生活中，壮族以歌代言，迎接宾客就唱起迎客歌，请客饮酒就唱起敬酒歌，喝茶就唱敬茶歌，青年男女谈情说爱就对唱情歌。民歌种类很多，内容和用途也有不同。吴超在《中国民歌》一书中仅按民歌题材内容分类就有劳动歌、仪式歌、时政歌、生活歌、情歌、儿歌、历史传说歌七大类型，如再将民歌中的史诗单独出来，就有八大类型了。② 如果按用途来划分，因社会生活的丰富多彩就会有更多的类型，几乎每一种社会生活要素和社会生活行为活动都会有相应的歌。更为重要的是，以歌代言是必须有对话、交流、交往的话语构成及语境，因而民歌在社会生活中最大的作用是人与人的交往、交流、沟通、对话，人与人不同的社会关系和不同的行为活动构成不同类型的民歌。归而言之，民歌在社会生活中的作用主要表现为两方面：一方面与生活一体化，生活是歌，歌是生活；另一方面与人一体化，以歌代言，对话就是对歌，就是人与人的交流和沟通。民歌的这些特点不仅决定了民歌所具有的艺术性、审美性、修辞性外，而且还决定了民歌所具有的民间性、民族性、民俗性、人民性、生活性，因而社会生活中的民歌行为和活动带有明显以歌代言的实用功利性，直接传达和表达了歌者的心意和愿望，也直接沟通了歌者与听者的对话和交流。专门从日常生活时间里抽取出歌圩时间以独立和超脱出一种并不完全贴紧生活，而使之具有一定的民歌独立作用和意义的民歌活动，就有可能淡化和掩饰民歌在社会生活中的实用功利性，而使之具有更多的艺术、审美、娱乐的价值和作用，也就有可能使歌者和听者都忘掉日常生活的重负、精神心理的压力，在歌圩上全身心放松，以更为轻松、自由、平等、博爱的心态去唱自己想唱的歌和做自己想做的事，从而达到对社会现实生活的超越和对自身精神心理的超越的目的。更为重要的是，以歌圩形式构成的民歌活动是一种更大范围的集体活动和社会交往活动，比之日常生活中的民歌行为和活动而言要更具有社会性、群体性、民族性，更易于增强民族凝聚力和向心力，增强民族团结和民族交往，也更易于民歌传播和传承。因此，歌圩不仅具有超越日常生活中民歌行为和活动的独立性和纯粹性，而且具有不同于日常生活中民歌行为和活动的特殊性和更为重要的作用及意义。可以说，歌圩是日常生活民歌的集中表现和典型性、形象性标志，歌圩源于生活又高于生活。

---

① 吴超：《中国民歌》，浙江教育出版社1995年版，第182页。
② 吴超：《中国民歌》，浙江教育出版社1995年版，第59页。

至此，在对以上与歌圩相关联的种种关系的分析中，不难辨认歌圩的文化身份和文化定位，也就不难理解和把握歌圩的性质和特征，从而更好地发挥歌圩的作用。

二、歌圩文化语境及生成条件

歌圩究竟是什么时候形成的已很难定论，况且歌圩的形成是一个不断生成、发生、发展的过程，具体裁定在哪一个时间或时段都不太合适。但歌圩作为一种文化现象，尤其是作为一种民俗文化现象和民间文化现象，能够通过约定俗成的认同和社会历史文化的规范及民族集体无意识的选择固定下来、稳定下来，肯定是经历过千百年的历史和文化选择的结果。无论是从一些文献典籍的零星片段的记载来看，还是从民间传说故事的口头流传来看，都足以说明歌圩的形成是祖辈留传下来的风俗习惯，是一种传统的文化活动形式和节庆活动形式。当然，探讨歌圩的形成可从其形成条件和基础的成熟角度来分析，从中可窥见歌圩形成的一些蛛丝马迹。歌圩形成必须具备以下四个条件。

其一，民歌已相对成熟。民歌从原始民歌形态发展到民间文学、民间文化形态。原始民歌表现的是原始社会的生活内容和原始人类的情愫，其社会生活和思想情感都相对狭窄和单一。少数民族的原始民歌与中原文化或者说汉文化中的原始民歌有一个时间差，即已处于封建社会形态的汉族民歌早已与文人诗歌分离出来而具有民歌的独立性时，地处偏远山区的少数民族因政治、经济、文化、交通的相对滞后还处于原始社会形态，其原始民歌与汉文化地区已分离出的文人诗歌和民间歌谣都共处一个时段，会因为交流和对立受到汉文化诗歌和民歌的影响。因此，少数民族的原始民歌尚未产生出明确的民歌的民间性、民俗性、人民性意识，也未能产生出丰富多彩的民歌内容和形式，因而尚不具备形成歌圩的条件。但当少数民族地区处于汉文化大语境背景时，面临外来文化的渗入和交流时，就会自觉或被迫形成民歌的民族性、民间性、民俗性、人民性意识，也会不断丰富其民歌内容和形式，这样就会逐渐萌发聚会、集合，以强化民族和群体的意识，从而促使歌圩产生。

其二，歌圩形成有赖于圩日形式的产生。就少数民族而言，究竟是歌圩形成在先还是作为商贸交易的一般圩日形成在先，已很难确切考证。但可以肯定，作为商贸交易的一般圩日的形成是一种交流、交往的产物，它不仅是同一地域同一民族的内部互通有无的交易和交往，而且是不同民族间、不同地域间的外部互通有无的交易和交往。作为先进发达地区的汉族和中原文化而言，这种民间的交易和交往应先于少数民族地区，因而圩日这种形式极有可能是由经济、政治、文化、交通相对发达的地区流传入少数民族地区。如果认可圩日形成是外来传入的话，那么圩日就会早于歌圩而形成。但少数民族的歌圩并非是一个产生过程，而是一个不断发生、生成的过程，当歌圩尚未形成之前，类似歌圩这种集合、聚会的唱歌形式可能会以其他形成存在，当然规模、内容、形式会有所不同。在歌圩形成之前，或许有歌会、歌堂等形式，或许有祭祀仪式、广场狂欢仪式等，都很难断定。但可以肯定的是，这种大型、大规模的歌圩形式的形成，是由小到大、由简到繁、由低级形态到高级形态的发展过程。因此，以歌成圩必须有赖于圩日的形成，从而依赖于经济、政治、文化的成熟，有赖于商贸交易和人类交往行为的产生和发展，民歌才可以利用圩日这一形式扩大传播范围和传承效果，最终形成歌圩。

其三，歌圩形成有赖于自觉的民族意识的萌发。处于相对封闭、相对落后的自然环境和社会环境中的少数民族，虽然在其自身文化的传承和发展中能自然地萌发民歌意识和群体意识，以便能处理人与自然、人与人、人与社会的关系，但民族意识的加强更有赖于他者进入及他者的眼光来发现。因为一旦内部封闭状态被打破，或接触了外界，或外界进入，都会一方面在比较中发现差异，另一方面在比较中发生认同或排斥。因而不论是以武力侵略或文化渗透，还是以交往、交流、交易的形式进行互补和沟通，都会产生出自觉的、强烈的民族认同意识，都会考虑以一种什么样的形式来加强民族意识、民族凝聚力和向心力来保持民族精神和民族传统。由此，歌圩这一聚合、集合的形式应运而生。人们正是利用歌圩这一形式来聚集民众、团结民众，同时达到内部交流、交往、沟通、对话的目的。当然，在此后歌圩的发展中，不同民族、不同地域人们的交往、交流也通过歌圩这一形式而获得一定的收效，在自觉增强民族意识的同时也增强了交往意识。

其四，歌圩的形成有赖于民间文化、民族文化、民俗文化的成熟。文化的表征主要通过四个渠道：一是文献典籍所表现出来的精神文化；二是物态化的物质产品所表现出来的物质文化；三是民间风俗习惯所表现出来的风俗文化；四是社会政治、道德、法律所表达出来的制度文化。歌圩是约定俗成的民俗文化的产物，在歌圩形成之前，大约存在着类似歌圩的不同形式、不同时间、不同地点的活动，最后达到约定俗成的认同得益于在社会环境与自然环境下形成的趋同认同的社会意识。除约定俗成外，还需要乡规民约的规范和约定，也就是说除有民俗民间文化的因素外，还应有制度文化因素，使歌圩能以一种权威、权力的形式固定下来、稳定下来，并能得到人们的认同和自觉遵守，从而形成文化传统，形成文化习俗和惯例，形成文化制度和规矩。

当然，歌圩形成还必须依赖于许多社会、历史、文化的条件，依赖于自身的内部条件，依赖于民族、群类的文化需求和审美理想，依赖于民族的文化心理结构的成熟和审美意识、审美观念的成熟。歌圩作为一种民俗形式、民间文化形式和民族文化形式，其形成无法脱离当地的风俗习惯、文化惯例、审美艺术时尚、文化传统积淀和集体无意识积淀，使之成为一种稳定的社会活动形式。

三、歌圩缘起成因的审美人类学阐释

歌圩产生的原因有多种说法。最集中的说法是相传歌仙刘三姐对歌传下歌圩。当然这是人们出于对歌仙刘三姐的崇敬心情而以歌圩这一形式作为表达和纪念，同时也是人们将现实生活与传说故事混淆一体从而寄托自己的愿望和理想的一种表达形式。但如钟

敬文所言,"刘三姐乃歌圩风俗之女儿"①,说明歌圩创造了刘三姐而非刘三姐创造了歌圩。其理由主要有五点:一是因为刘三姐是民间传说故事人物,即民间百姓集体口头创造的艺术形象,生活中是否真有其人值得商榷。二是因为刘三姐是群众文化、民间文化、民俗文化、民族文化的产物,是在社会生活及实践活动的基础上产生出来的精神文化产物,因而歌圩应是第一性的,刘三姐则是第二性的。三是因为歌圩虽为民间民俗约定俗成的文化惯例产生的结果,但当歌圩一旦产生也就成为一种民俗活动形式,推动和促进其他民俗的产生和发展,因而人们只有在歌圩这一民俗活动形式中才有可能产生出刘三姐的传说故事,也就是说刘三姐是歌圩所创,尤其是歌圩成熟时期的产物。四是因为刘三姐是广西民歌、壮族民歌的代表和象征,也是歌圩这一民族活动形式的代表和象征。刘三姐作为标志性形象应产生于她所代表和象征的文化形态和文化形式。五是因为人类的任何行为与活动都应从社会生活实践和人类需要两方面去寻找原因,歌圩形成也应从这两方面去寻找原因,任何个人因素,包括英雄、统治者都无法决定民俗、左右民俗的发展,更无法形成民俗的文化心理定势和文化传统。因此,歌圩的产生并非刘三姐对歌而传下的这一风俗习惯。这正如潘其旭在《歌仙刘三姐的产生是歌圩形成的标志》中指出:"歌仙刘三姐故事原是古代岭南各民族人民的共同创造,是民族文化交流的结晶。而早期的群体歌唱活动形式,亦并非壮族及其先民所独有。那是经过长期历史的发展,并在特定的社会生活环境和随着民族文化心理的形成,自战国时代的'尚越声'至唐代刘三姐式的对歌出现,'歌圩'遂成为壮族尤为崇尚的文化活动形式而著称。也正是由于自古壮族人民好歌善舞,'歌圩'在壮族地区长期盛行,故歌仙刘三姐(妹)也就特别为壮族人民所崇奉。"② 刘三姐应为歌圩所创,是歌圩成熟时期的产物。如果就源流而分的话,歌圩应该是刘三姐的源,而刘三姐是歌圩的流。

但何以人们会不约而同地强调刘三姐是民歌的歌仙、歌圣、歌祖、歌母?为什么会认为歌圩乃刘三姐所传呢?这也有其原因。首先是因为刘三姐作为民歌文化的标志性形象,她代表了民歌文化的所有表现形式和活动形式,也代表了人们的美好愿望和理想,因而刘三姐自然就具有创造一切的神力、威力,歌圩为她所创就不言而喻。其次是因为刘三姐被誉为歌仙,也就是具有创造民歌及民歌活动形式的一切力量。刘三姐不仅被尊为歌仙,且被奉为歌祖,亦即创造民歌的始祖、创造民歌的母亲,因而歌圩应是刘三姐所创造。同时,刘三姐作为歌仙具有神仙的神力、威力,具有超越一般民众的民间英雄的力量,因而具有创造民歌和歌圩的力量。再次是因为刘三姐是壮族民族及其人民的代表,刘三姐作为民族和人民的代表,是集体智慧、民族智慧的化身。当然,歌圩这一民族文化形式应为民族和人民所创,其功绩就集中在民族和人民的代表身上。最后是因为

---

① 钟敬文:《刘三姐传说试论》,载《钟敬文民间文学论集》上,上海文艺出版社1982年版,第113页。

② 潘其旭:《歌仙刘三姐的产生是歌圩形成的标志》,载唐正柱主编《红水河文化研究》,广西人民出版社2001年版,第550—551页。

刘三姐是民族和人民集体无意识创造的结果，同时是民间百姓自觉地通过口头文学、口头艺术将其艺术化、审美化的结果，集中反映出人们的集体无意识和自觉创造意识的结合，是一种完美的最高艺术形象和文化形态。因而认定歌圩为刘三姐所创乃是人们的美好愿望和人们情感与精神的需要。从这一角度讲，刘三姐与歌圩难以截然分开，也难以判断孰先孰后，它们互为因果、双向共生，既是社会历史、文化的产物，又是人民需要的愿望和立场。因此，在民间传说和民间流传中说刘三姐创造歌圩说与刘三姐创造民歌说一样是可以理解的。但作为科学研究就必须讲求事理、情理、逻辑，尊重客观事实和客观规律，应该从刘三姐创造歌圩说中发掘出更为深层和深刻的缘由，对歌圩的起源和形成的原因探讨才更有说服力。

吴超在《中国民歌》中曾专门讨论歌节的起源原因，将其归纳为五类：一是源于劳动，二是源于宗教，三是源于择偶，四是源于对某人某事的纪念，五是源于歌仙传说。该书采取排除法，逐一排除非起源原因因素，最后认定"歌节最早源于原始对偶婚生活"。他认为："人类自从进入对偶婚制代替群婚制之后，同一氏族内禁止同族男女相互通婚，他们必须和别的氏族异性结合，这就需要有相互接触、选择配偶的时间、地点和机会。互相对歌就是这种交往的手段和媒介，而歌节正是适应人类从群婚制向对偶制过渡的这一重大变革的社会需要而产生的。歌圩的最初形态很可能是两个氏族间男女求偶的重要形式。一句话：歌节最早源于原始对偶婚生活，发端于氏族间男女的婚姻往来。在漫长的历史进程中，不断丰富改进，才形成比较复杂的民族盛会。"[①] 这论述很有见地，也很有道理，这是从人类的自身发展，亦即从人类通过婚姻活动而进行人类自身繁衍的基本需要出发来探讨歌圩产生的原因。最早歌圩是为了满足人们谈情说爱的需要和因为近亲婚姻的禁忌而产生异亲交往的需要而产生的。这无疑是歌圩产生的一个重要原因，甚至是根本原因，但是不是唯一原因呢？如果单从对偶婚生活的角度来解释歌圩产生原因，是否会排除对偶婚生活之外的其他社会生活因素？是否会将最初的歌圩功用简单化、单一化？是否会将歌圩起源形式和最初形态只限定为一种而排除了其他形式呢？当然这一观点给人们的启发是，从人类自身发展角度，亦即从人类学角度来解释歌圩现象产生的原因的可能性，比之单从社会生活实践的角度来解释一切现象产生的原因可能更为具体和直接。其实正如艺术和文学起源一样，如果仅仅认定是劳动创造艺术的话，那么劳动创造人，人创造的艺术不是劳动创造的吗？显然，这样讨论艺术起源劳动过于简单化和单一化。其实，艺术起源因地域、民族的时空差异性而会有多样表现形式和多种原因。不同地域、不同民族的艺术，有起源于劳动，也有起源于巫术，也有起源于游戏，还有起源于模仿，等等。因而歌圩的形成也是一个生成和发生的过程，既有历时性的发展过程，也有共时性的不同形态的发生过程，歌圩最初并未形成统一的形式，有多种多样的表现形态和各种功能。从最初民歌的内容、对象、题材来看无疑也是多方面的，

---

① 吴超：《中国民歌》，浙江教育出版社1995年版，第201—202页。

尽管最初原始形态的民歌会因社会生活和人们思想感情的简单和单纯而单一,大概倾向于与生产劳动直接相关的一些活动的直接描绘,如《弹歌》所唱"断竹,续竹,飞土,逐肉",直接描绘原始生活狩猎场景。但由此为起点发展而来的民歌就逐渐扩大了范围,在《诗经》中搜集整理的民歌如"风"诗就显然有了多方面的内容、对象和题材。作为口头文学存在的民间、民族的民歌就更为丰富多彩,有劳动歌、仪式歌、时政歌、生活歌、情歌、史诗等。因此,歌圩的产生也会因民歌的功用、内容、对象不同而呈现出多种缘由,显然对偶婚不是其构成的唯一原因。当然,对偶婚是其中最为重要的原因,因为对偶婚决定了婚姻超出了家族、氏族交往和活动的范围,必须寻求氏族、家族、民族之间和之外的交往和交流,必须建立起一种更为扩大的群类交往活动形式,因而歌圩就应运而生。由此可见,歌圩的产生源于对偶婚制的建立和人类对爱情、婚姻的追求需要和愿望,归根到底是人类扩大交往范围和交往活动规模的需要和愿望。尽管这种社会交往和活动形式可以通过各种渠道和途径表现,但歌圩无疑是最为重要的途径之一。民歌不仅成为人们交往的工具、媒介、手段,用以承载人们的需要、愿望、理想的表达,而且民歌本身作为民族、民俗、民间文化的一种类型和表征方式,其内在文化蕴涵和文化底蕴中就会有人类交往、文化交流的基因,它既是人们的个人心愿和心声,但也在广泛传播中成为群类的心愿和心声,它的集体创作性质和特征决定其是文化交流和交往的产物和形式。因此,民歌这种内在的集体性、社会性、交往性、口头传播性决定了它本身会选择一种社会交往的活动形式来扩大影响和传播,歌圩、歌节、歌会这类活动形式就应运而生了。

同时,人们不仅通过民歌交往交流,从而获得政治、经济、文化、生活、情爱、友谊等方面的交往、交流,而且通过对歌、赛歌,民歌的艺术、文化、娱乐、审美的功能更为强化,人们在活动中获得审美愉悦和享受,获得审美交流和心灵、情感沟通。当然,青年男女通过歌圩而获得爱情和友谊。此后,随着社会交往、交流的形式越来越丰富,歌圩有些功能逐渐分离出去或淡化,谈情说爱的功能逐渐强化,民歌中的爱情歌也逐渐增多,因而歌圩呈现出以情歌为主的多样化发展趋向。何毛堂等专门对黑衣壮的歌节、歌圩进行了实地考察,发现了歌圩中主要以情歌为主的"风流圩"的特征和内容。"在歌圩上,各村屯的男女青年,三三两两的在寻找别的村的青年对歌,对歌的主要形式是两男对二女,一般由男青年主动先唱,观察物色对手,遇上比较理想的对象,便唱起'见面歌''邀请歌',若得到对方答应,便开始唱'询问歌',彼此互相了解,再唱'爱慕歌''交情歌',一般可以彻夜地唱,差不多天亮了,他们便开始唱'送别歌',并交换姓名、地址,有时还要交换一些情物,如女方送男方手帕、布鞋等,男方则送给女方镜子、发夹等之类的礼物,并相约下次见面的时间。"① 可见,歌圩逐渐发展成为青年男女谈情说爱的一种社会交往形式,也成为人们自由表达爱情、歌颂爱情的一种社会活动

---

① 何毛堂、李玉田、李金伟:《黑衣壮的人类学考察》,广西人民出版社1999年版,第182页。

方式。情歌其实不仅仅是青年男女谈情说爱时所唱,而且为少数民族所喜唱、好唱。梁庭望也指出:"倚歌择配既是一种婚俗,也是一种文学民俗。这种风俗通常是在歌圩上完成的。歌圩上,对唱是主要的活动方式,其过程是艺术性很高的文学活动。"① 当然,歌圩只是倚歌择配的一种形式,但足以说明情歌在其中的作用。这样就自然流传开歌圩乃爱情圩、风流圩的说法和传说。历代封建统治者曾采取过"禁歌""禁圩"的压制措施,理由是唱风流歌、赶风流圩有伤风化,这实质是压制和压抑少数民族的民族歧视、民族偏见,是历代封建统治者无视民族团结,阻碍民族的交流、交往和聚集。

由此可见,歌圩作为一种社会文化活动形式,是因人类的社会交流、交往的需要和愿望而产生的一种集体活动形式,尤其在政治、经济、文化、交通相对滞后的少数民族地区,在社会交往活动形式不多的情况下,歌圩应运而生,承担着许多不同性质和形式的社会交往活动的功能和内容,承担起情感交流、审美交流、政治交流、经济交流、文化交流、生活交流等活动的责任和义务,成为社会综合交流的形式。但歌圩毕竟依赖民歌这种民间、民俗、民族文化形式进行交流,因而更多偏重于情感和审美交流,在情感交流中更多偏重于爱情和友情交流。从这个角度而言,它适应了对偶婚姻制建立的需要,更适应了社会发展人们对情感、审美交流的需要和社会文化交往的需要。

现代社会发展提供了前所未有的多种多样的社会交往形式和更为先进的交往工具和媒介,现代社会也为人类提供了更为丰富、复杂的情感和审美需要和精神需要,虽然对歌圩这一古老的传统交流形式造成了冲击,但现代人选择的机会和活动机会更多了,并不影响歌圩的存在和发展。一方面,歌圩作为传统文化、传统民俗,如春节等传统节庆一样,虽然人们的物质生活和精神生活丰富多彩了,几乎天天过年过节,但并不影响人们欢度节日的热情和心境。同理,多样化的文化活动形式也不会影响歌圩的存在和发展。另一方面,歌圩自身也会随社会发展而发展,也会不断调整和改革以适应现代社会和现代人的需要,歌圩的生命力最根本在于内因,在于它的民间性、民俗性、民族性特征和特性,使其具有不可替代性和独一无二性,在于它的深厚的文化底蕴和肥沃的民间土壤,在于它不断活动、不断更新的运动机制及灵活、自由、多样的活动形式和表现形态。当然,对于这一古老的传统文化和民间文化遗产,更应持有一种保护和尊重的态度,维护这一文化生态的生存、存在、发展环境的净化和纯洁,维护这一文化生态的平衡发展和健康发展,使其不仅有光辉的过去,还有灿烂的今天和更为辉煌的将来,这也是审美人类学研究及批评的意义所在。

---

① 梁庭望:《壮族风俗志》,中央民族学院出版社1987年版,第159—160页。

第四节　论左江花山岩画的神圣空间建构及其功能

左江花山岩画中华民族（壮族）文化瑰宝，于2016年成功申报世界非物质文化遗产，具有极高的文化价值和人类学价值，岩画图像、山崖、江流和台地等共同构成了极具魅力的文化空间和文化景观。一些学者认为岩画点与圣地有关，"岩画的空间环境与岩画共同构成了神圣空间"①"岩画点可能是圣地"②。有的学者甚至认为，"贺兰口的山岳、岩石、水和人面岩画以及人在其中的活动共同构成神圣空间"③。那么，左江花山岩画所在的空间是不是神圣空间（具有神圣性）？如果是，这一神圣空间是如何建构的？这些问题历来缺乏认真严肃的探讨。黄亚琪曾指出，"左江流域所在的空间具有神圣空间属性"④，但并没有对此进行详细论证。因此，从文化整体观与文化人类学角度，探讨左江花山岩画的神圣空间属性、神圣空间的构成要素及建构过程具有重要意义。左江花山岩画的神圣空间属性研究不仅能够深化对其文化意义与价值的认识，更能为壮族甚至人类的岩画研究提供一个有益的独特视角。

一、神圣空间的建构及生成

"每一个神圣的空间都意味着一个显圣物，都意味着神圣对空间的切入，这种神圣的切入把一处土地从其周围的宇宙环境中分离出来，并使得它们有了品质上的不同。"⑤ 空间原本是相同的，是神圣赋予部分空间意义，使得该空间与其他空间相区别，由此形成空间的边界。

神圣空间离不开显圣物。显圣物具有双重属性，既具有世俗性，又是神圣的自我表征。例如，一块石头在自然界中只是它自身，但它成为显圣物后，它既是自然物石头，又是属于神圣的某种超自然的存在。山、水、天都是显圣物。神圣通过选择世俗物体降临以展现神圣本身，世俗物体只能被挑选。神圣降临的随机性和神圣的不变性使得某一世俗物体变为显圣物。

---

① 张嘉馨：《岩画的空间环境及其神圣性研究》，《民族论坛》2019年第4期。
② 杨超：《圣坛之石——意大利梵尔卡莫妮卡岩画研究的现状以及启示》，中央民族大学硕士学位论文，2009年。
③ 苟爱萍《贺兰山人面岩画的图像学研究》，中央民族大学博士学位论文，2018年。
④ 黄亚琪：《从自然空间到精神圣地——左江岩画分布空间研究》，《广西民族师范学院学报》2019年第2期。
⑤ ［罗马尼亚］米尔恰·伊利亚德：《神圣与世俗》，王建光译，华夏出版社2002年版，第4—5页。

显圣物在神圣空间的建构中具有极为关键的作用。正如伊利亚德所说："只有显圣物才揭示了一个绝对的基点，标明了一个中心。"① 显圣物使空间的均质性断裂，并使这处空间具有神圣性。显圣物标定中心的作用来源于其神圣性。具体而言，在均质无方向的空间（世俗空间）中出现了一个显圣物，显圣物具有神圣性，它区别于世俗空间中的其他物体。因此，显圣物标明了一个中心，成为建构世界不可或缺的基础。显圣物中心的标定，使空间的断裂成为可能。根据显圣物的中心位置，确立上下左右的方向，空间的方位得以确定。确定了位置的空间与混沌、均质的空间有所区别，由此形成空间的断裂。空间的断裂除了与位置的确定有关，还与围绕显圣物形成的神圣秩序有关。神圣以显圣物自身为中心，辐射周围空间，建构具有神圣性的空间。

神圣空间的出现是超历史的，人只能围绕显圣物建构神圣空间，或通过仪式回到创世之初的神圣来对神圣空间进行建构。神圣空间的超历史性体现在神圣空间是诸神造就的，是显圣物自我显现建构起来的，人无法像显圣物那样圣化一处空间，仪式可以使元始存在的神圣复归进而建构神圣空间。通过举行仪式，神圣在一个世俗的空间中复归。这种复归就等于神圣的切入，同样会导致此空间与周围的空间有所区别，神圣与世俗得以区分。仪式对于神圣空间的建构与显圣物对神圣空间的建构是类似的，区别在于显圣物通过自我显现而建构神圣空间，仪式则是通过对诸神的原创行为进行重复，分享宇宙起源的神圣性，进而赋予世俗空间结构，建构出神圣空间。

二、花山岩画神圣空间建构：显圣物及意义

花山岩画，又称左江岩画，是广西左江流域200多千米长的沿岸峭壁上的图绘类岩画，画幅距离河面数十米，包括人物、动物及器械的画像，最具代表性的是宁明花山岩壁的岩画。花山岩画是世界上罕见的巨大岩画群之一，2016年7月，左江花山岩画文化景观经申报成为中国第一个岩画类世界文化遗产，进一步为众多的研究者所关注。左江花山岩画有着巨大的历史文化价值。已有研究认为花山岩画具有神圣空间属性并以此概括其在骆越人心中的地位，但是对于整个岩画空间如何从一个世俗空间被建构为神圣空间，则缺乏必要的论证。花山的自然地理环境、壁画本身、壁画上彰显的仪式及以上所有的要素营造出的氛围是如何参与神圣空间的建构的？这是花山岩画神圣空间研究的逻辑链条中的必要一环。因此，尝试从显圣物、仪式和氛围三个层面讨论花山岩画神圣空间的建构过程，为理解花山岩画及其意义提供独特的视角。

神圣空间的建构有多种方式，其中最为重要的是通过显圣物建构。花山岩画神圣空间的显圣物具体表现为岩画场域中的山、水、天。

在文化传说中，山是神仙的居所，是与天界联系的桥梁。《礼记》有云："山林、川谷、丘陵能出云，为风雨，见怪物，皆曰神。"山具有神圣性，它是人神得以沟通的媒

---

① ［罗马尼亚］米尔恰·伊利亚德：《神圣与世俗》，王建光译，华夏出版社2002年版，第2页。

介。在骆越先民的宇宙观中，山、水、天等空间场域是其信仰中的神圣自我显现之地。骆越人眼中的宇宙是由三界组成的，它们分别是上界（天）、中界（地）、下界（河）。三界各有神祇，分别是雷神、布洛陀与图额。在壮族神话传说中，山是沟通三界的枢纽。"布洛陀把地加厚，把天顶高，但山还是和天空接近，以便沟通上界和中界。山水相连，以便沟通中界和下界。"① 在骆越先民的观念中，山不仅仅是神仙的居所，更是沟通三界的通道，是神圣的自我表征之所。山是有生命的，在岩壁上作画成为一种与山、与山中神灵沟通的方式。花山作为宇宙的轴心，既是神灵伟力自我显现之所，也是与神灵沟通之地，它造成了空间均质性的断裂，以花山为中心的空间从均质的世俗空间变为定位整个世界的神圣空间。花山作为骆越人心中的显圣物，它和周围的环境一起构成了骆越先民心中的圣地，花山及其周围的空间也就成为神圣空间。

不仅山具有显圣物的特性，水同样是神迹的显现，它掌控着人们的生死和生产。早期人类信仰水神，认为人能通过水获得生殖力量，使种族得以繁衍，动植物得以丰产。在壮族神话中，"布洛陀含了海里的一口水，喷到了姆六甲的肚脐眼上，九个月后姆六甲生下了十二个孩子"②。可见，在骆越人眼中，水的神圣力量可使生命诞生。水在生殖方面的神力不仅在人类繁衍上起作用，还对农作物的产量产生巨大影响。骆越先民以农业耕种为主，当风调雨顺时，农作物生长顺利，但是洪水或干旱会导致庄稼颗粒无收。水能使生命诞生，也能使生命结束。因此，骆越先民对传说中掌控雨水的雷神十分崇敬。花山岩画所处的左江流域水文特性较为特殊，夏秋两季多暴雨，历史上多次发生洪灾，而喀斯特地貌储水困难，洪水过后极易出现干旱，人们无力抵抗旱涝灾害，便对水产生崇敬、恐惧心理。况且在骆越先民行船过程中，尤其是经过河流拐弯处时，极易被汹涌湍急的水流吞噬。骆越先民以为是有鬼神在水中作祟，于是在临江而立的花山岩壁上作画，以求水神保佑。花山岩画所属的左江流域，毫无疑问也是神灵自我显现之处，属于显圣物。奔腾的左江之水与巍峨的花山浑然一体，山水一体地共同参与神圣空间的建构。

除山、水之外，天也具有神圣性。"上天之神以雷、闪电、暴雨和陨星等自然现象来表证着自己。天空、大气等构成了受上帝钟情的显圣现象。"③ 在壮族神话中，天上住着雷神，雷电和风雨等自然现象便是神力的自我表征，和花山与左江水一样都是圣显。花山作为显圣物，通过天沟通了上界，通过左江沟通了下界，因此三个显圣物便组合起来，共同确立了世界的中心，共同建构了神圣空间。对于骆越人而言，世界有了中心，世俗生活和精神生活就有了原点，从中心和原点出发构建整个宇宙的意义才具有了可能。作为显圣物的山、水、天通过神圣的自我显现切入空间，使原来空间的均质性断裂，把此处空间从世俗中抽离出来，花山岩画所处的空间便成为神圣空间。山、水、天是神圣迹

---

① 农冠品：《壮族神话集成》，广西民族出版社2007年版，第20页。
② 农冠品等：《女神·歌仙·英雄》，广西民族出版社1992年版，第8—9页。
③ ［罗马尼亚］米尔恰·伊利亚德：《神圣与世俗》，王建光译，华夏出版社2002年版，第65页。

象的显现，它们与无圣显的东西区别开来，成为一个绝对中心。围绕山、水、天，骆越人眼中整个世界的方向性得以确立，神圣性得以光耀，所以山、水、天周围的空间区别于无方向、混沌和均质的世俗空间，成为神圣的、非均质的神圣空间。山除了是神圣力量的自我显现之外，还具有宇宙之轴的象征意义。其通道/媒介作用使得神圣空间的深层含义得以显现——"我站在世界中央"①。山作为显圣物不仅在水平维度上使空间的均质性断裂，更在竖直维度上向上与向下突破，其与天结合沟通上界，与水结合沟通下界，于是一条通道形成了，它联系尘世、天国和地下世界。因为支柱周围环绕着我们所居住的世界，所以宇宙之轴在世界的中心。"宗教徒总是追求着把自己的居住地置于'世界的中心'。"② 对于信徒而言，均质的世界是没有方向的，不可以被人为的，也就不可以被理解。而神圣空间是有中心的，有方向的，因此建构世界才成为可能。而且居住的世界的中心即宇宙之轴周围，可以更加靠近圣显，更方便与天上的神灵沟通。于骆越人而言，花山、左江及天空组成的显圣物为他们建构了世界，提供了与神灵沟通的圣地。

三、花山岩画神圣空间建构：仪式及功能

神圣空间并非完全靠神庙的围墙建立起来，它还需要祭礼仪式去加以充实。花山岩画的神圣空间除了包含显圣物山、水、天建构的自然物质空间，还包含动态的仪式所建构的社会历史空间。骆越先民信仰蛙神，因此他们会选取特定的地点和特定的时间举行特殊的仪式，借助于神秘乃至神圣的仪式，世俗空间变成了神圣空间。

骆越先民信仰蛙神。左江岩画中"人物图像占据了内容的百分之八十五以上"③。从图像上来说，人物图像均形似蚂拐（亦称青蛙）。左江流域的骆越先民以原始农耕为主要生产方式，气候对于农耕生产具有重要影响。壮族传说中，掌管风雨的是青蛙女神，骆越先民认为蛙可以掌控风雨。神话传说中，青蛙是雷神和图额的儿子，它能与上下两界沟通，呼风唤雨。壮族民间传说《蟾蜍的故事》讲述了这样一则故事："蟾蜍接到了公主抛的绣球，但是皇帝要求蟾蜍变成人之后才能把公主许配给它，蟾蜍立马变成了一个美男子。皇上欣喜又好奇，便要求试试蛙皮，结果变成了蛤蟆，蟾蜍便继承了皇位。"《蛤蟆登殿》讲述的故事是："皇帝想要蛤蟆喊风得风，喊雨得雨的能力，便穿上蛙皮，想要既当皇帝又拥有神力。结果变成了蛤蟆，也失去了王位。"时至今日，在花山岩画周边乡镇仍流传着许多与蛙崇拜有关的民间习俗，广西"蚂拐节"便是骆越后裔崇尚蛙文化的传统节日。人形图案是人蛙的结合体，包含了对祖先和青蛙的双重崇拜。骆越先民祖先崇拜的代表是创世女神米洛甲和民族英雄布洛陀，她们被视为万物之祖，不仅是骆越先民英雄人物的代表，还是骆越民族的神灵。

---

① ［罗马尼亚］米尔恰·伊利亚德：《神圣与世俗》，王建光译，华夏出版社2002年版，第11页。
② ［罗马尼亚］米尔恰·伊利亚德：《神圣与世俗》，王建光译，华夏出版社2002年版，第2页。
③ 黄亚琪：《从自然空间到精神圣地——左江岩画分布空间研究》，《广西民族师范学院学报》2019年第2期。

"由于种族的迁徙、分流、演变必然会导致祭祀仪式过程的变形和发展，由于文化完整性的缺失和流传的过程中经过骆越后裔及后人的加工改造，骆越种族具有原始宗教性的祭祀仪式已经无法窥见其全貌。"① 骆越先民的祭祀仪式由于缺少史料记载和流传过程中的改造，难以还原，只能根据花山岩画所记录的祭祀仪式内容和骆越先民后代的祭祀仪式推测骆越先民举行仪式的盛况。②（图1）

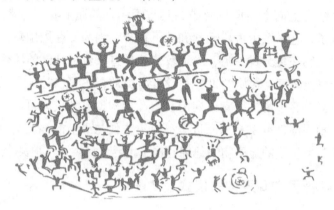

图1　花山岩画上所绘制的仪式图像

在仪式图像中可清晰看见岩画主体为蹲踞式人形图案，周围伴有铜鼓，人的位置相对固定，动作整齐划一，均为双手上举，双腿下蹲。画面描绘的可能是集体舞蹈活动。人们集体跳舞，动作似青蛙跳跃，并用铜鼓伴奏，部分人形图案有面具。在骆越文化中，蚂拐是信仰之神，铜鼓是通神礼器，面具起到通神的作用。骆越先民的集体舞蹈活动，是祭祀蛙神的仪式活动。

骆越先民后代的祭祀仪式可侧面证明和补充骆越先民祭祀蛙神仪式的存在和仪式的具体内容。"《魏书·僚传》说：骆越民族后裔的僚人，'俗畏鬼神，尤尚淫祀……鼓舞祀之，以求福利。'"③ 可见骆越先民的后裔有以铜鼓舞祭祀的习俗，这种习俗可能是骆越先民遗留下来的。"水族是骆越先民的后裔，骆越人岩画上的舞蹈姿势是水族铜鼓舞的雏形。"④ 水族铜鼓舞的双手向上伸展，双脚向下叉开的骑马蹲裆式舞姿与骆越先民双手上举、双腿下蹲的舞姿如出一辙，而且两种舞姿都伴随着铜鼓的敲击而动。每逢三月，男女老少聚在一起，举行蚂拐节。周围的人有节奏地敲击铜鼓，跳舞者的脸部、身上被画上绿色花纹模拟青蛙，舞者穿上草裙，模仿青蛙跳跃的姿势。值得注意的是，跳舞者的舞姿与岩画图案上的舞姿几无差异。

包含舞蹈的祭祀同样成为建构神圣空间的重要因素。具体而言，首先是仪式使创世

---

①　刘云思华：《花山岩画艺术发生学研究》，广西师范大学硕士学位论文，2017年。
②　中国人民政治协商会议广西壮族自治区委员会：《左江花山岩画文化景观图典》，广西人民出版社2019年版，第152页。
③　黄汝训、黄喆：《花山崖壁画研究》，中国广播电视出版社2005年版，第17页。
④　韩荣培：《水族铜鼓舞探源》，《贵州民族研究》1995年第1期。

之初的神圣复归,强化了空间的神圣性。"每一个宗教节日和宗教仪式都表示着对一个发生在神话中的过去、发生在'世界的开端'的神圣事件的再次现实化。"① "(1)通过对诸神的模仿,人们保持仍然存在于神圣之中……(2)通过对神圣的范式性不断再现,世界因之而被神圣化。"② 仪式通过对诸神行为的模仿,回到元始时间,拥有创世之初的神圣,世界成为崭新、纯净的世界。水稻播种前三个月成为骆越先民举行祭蛙仪式即丰产祭祀仪式的时间。每年举行仪式时,圣地便返回了元始时间,即神圣时间。在神圣时间举行的仪式活动与自然时间进行的相似活动是不同的,跳舞、敲鼓等仪式分别是对蛙神动作、雷神声音的模仿,希望分有诸神的神圣性,以求神灵保佑。舞蹈时人们双手曲肘上举,双腿半蹲,舞姿模仿青蛙跳跃,随着铜鼓声做出各种队列和动作以取悦蛙神。舞蹈动作简单有力,激昂澎湃,大规模进行的舞蹈表达人们对蛙神虔诚的感情。击打铸有青蛙塑像的铜鼓沟通雷神,发出悦耳的声音来愉悦神灵,祈求风调雨顺。其次,祭祀蛙神的仪式增强了神圣空间的边界感,形成了封闭性的神圣空间。"拉帕波特认为仪式发生于'特殊的时间''特殊的环境''特殊的场景',即'神圣空间'。"③ 花山及周围环境是先民眼中的圣地。圣地有能够沟通天地的神力,那么在圣地空间进行的舞蹈就能愉悦蛙神,鼓乐亦能取悦神明。仪式举行的地点多为岩壁对面的台地。台地是河流拐弯处的凸岸,不仅土地肥沃、易于取水,而且面积宽阔,是神圣的山、水、天中最适合举行仪式的场所。先民坚信在肥沃的土地上举行祭祀仪式能沟通并取悦神明,进而风调雨顺,庄稼丰产。骆越人通过举行祭祀仪式,在时间上完成了神圣力量的复归,与诸神同在,在空间上则是进一步确定了世界的中心,接近了神灵。在这个神圣空间中通过仪式可以与诸神同住同在,而在世俗空间中则没有这种可能,于是神圣与世俗的空间发生断裂。因此,仪式建构了骆越人与神祇联系紧密的神圣空间,并在此空间中实现仪式的功能。

仪式建构神圣空间不仅可以使骆越人与神明更接近,更重要的是还赋予了骆越人以世界的意义。骆越人通过仪式建构神圣空间,而神圣空间亦可赋予骆越人的世界以意义。骆越先民祈求神灵满足自己风调雨顺、作物丰收的需求促使着仪式活动在圣地不断举行,花山岩画所属的神圣空间也得以不断建构并逐步稳定。对于骆越人而言,神圣空间的建构就是对生存的世界进行秩序和关系的建构。没有神圣空间,不仅仅是失去了对农作物产量的保障,更是整个世界的失序。整个世界失去秩序,世界也就变成混沌,世界的意义就会消失。骆越人对神圣空间的建构,不仅仅是对于丰产这样世俗愿望的追求,还有对生存意义和信仰价值的追求:神圣空间不仅是肉体的居所,更是意义的所在,是骆越人的精神家园。

---

① [罗马尼亚]米尔恰·伊利亚德:《神圣与世俗》,王建光译,华夏出版社2002年版,第32页。
② [罗马尼亚]米尔恰·伊利亚德:《神圣与世俗》,王建光译,华夏出版社2002年版,第52页。
③ 张嘉馨:《岩画的空间环境及其神圣性研究》,《民族论坛》2019年第4期。

值得注意的是,通过各种仪式建构的神圣空间还具有非常重要的社会功能。许多学者如马林诺夫斯基认为所有巫术和仪式等,都是为了满足人们的需求。① 仪式是社会群体定期重新巩固自身的手段。仪式对于神圣空间的建构,显然还具有团结整个族群,赋予首领宗教权威的功能。经过 C_{14} 的科学鉴定,"花山岩画诞生于战国到汉代"②,"该时期的桂南、桂西南地区的墓葬出土了大量的兵器"③。我们所见的花山岩画上亦出现了大量的配有短剑和环首刀乃至双刀的人形图案,这些持有兵器的人物在画面中占据了或上或中的重要位置,且被描绘得比其他对象更大、更厚重。据考证,"秦军进攻岭南时曾被骆越人杀得'伏尸流血数十万',且史书记载骆越人'俗好相攻击'"④。花山岩画图案与考古证据、史料相互印证说明绘制花山岩画的时代是一个军事活动占据重要地位的时代,军事活动的开展需要强大的组织凝聚力。花山崖壁的岩画画幅巨大,气势恢宏,如果没有强大的组织力、凝聚力和生产力是无法完成的。定期举行的仪式可以增强组织凝聚力。处于神圣空间中的骆越人,在神秘而狂热的集体舞蹈当中宣泄着积攒的复杂情绪、情感和热情,增加了族群(集体)归属感;在宗教首领带领的祭祀仪式中感受到首领沟通神灵的力量及神灵的复归。通过神圣空间的仪式活动,骆越人之间的情感纽带得到了强化,将自己视为被神灵庇护的群体。群体中的每个人关于神灵和世界的观念被统一起来,群体内各成员之间的联系更紧密,认同感和归属感更强。就此而言,神圣空间的建构促进了整个族群的整合和凝聚,有助于形成和强化精神共同体。

四、花山岩画神圣空间建构:气氛及其功能

除了通过显圣物和仪式,神圣空间还可以通过气氛或氛围去建构。通过显圣物和仪式建构神圣空间时,神圣空间更接近一种客体,显圣物建构神圣空间如同磁铁自带磁场,仪式建构神圣空间更像是人们通过运动(活动)使其具有神圣性。活动的人和神圣空间的关系是割裂的,人是主体,神圣空间是客体,但是气氛或氛围弥补了主客二分的不足。德国美学家格诺特·波默的"气氛美学"理论,可以为理解神圣空间提供一个独特视角:不再区分活动的人与神圣空间,神圣空间不再是单纯的客体,而是一种主体与客体的共同在场,它勾连起一种神秘的感应关系并实现某种超越。

格诺特·波默是当代德国最具代表性的美学家之一,他提出的气氛美学试图弥合感性认识论中主体与客体的分裂,强调回归到鲍姆加通的感性学上去。"气氛"最初是个气象学概念,指高空大气层。自18世纪以来,该词也被比喻性地运用于日常生活,指某

---

① [英]马林诺夫斯基:《巫术与宗教的作用》,金泽等译,载史宗主编《20世纪西方宗教人类学文选》上,上海三联书店1995年版,第82—99页。
② 蓝日勇:《骆越花山岩画文化研究——骆越文化研究系列之四》,《广西师范学院学报》2017年第5期。
③ 廖国一:《论西瓯、骆越文化与中原文化的关系》,《民族研究》1996年第6期。
④ 覃彩銮:《骆越青铜文化初探》,《广西民族研究》1986年第2期。

处空间的情感色彩。比如大厅内的气氛很压抑，但是走廊的气氛很愉快。在波默的气氛美学中，气氛意味着感知物与被感知物的共同在场，波默强调为了感知某个事物，该事物必须在那里，必须在场，同时，主体也必须在场，必须身体性地存在。[①] 波默认为物是通过走出自身，进入空间的方式存在的，这种存在方式就是"绽出"。比如蓝色不是杯子的一种属性，蓝色的杯子在空间中绽出，它的蓝发散到整个空间中并为其周遭环境"染色"。感知者身体性地察觉到作为整体的气氛的弥漫（而非只依赖视听觉），知觉到作为活生生的身体性存在的自己身在何处，进行何种体验。于是，气氛中的感知者与被感知者共同在场，成为弥漫着"气氛"的现实性存在。

对于花山岩画所在的山、水、天而言，骆越人并不完全是通过感性认识建构其神圣性的，其神圣性也无法脱离骆越人而自然存在。山、水、天作为显圣物在空间中绽出，其神圣弥漫整个空间。具体而言，岩画所处的花山崖壁耸立，河流弯曲段的水域有一股特殊又危险的螺旋流。这种自然景象使得进入其中的骆越人感到自己进入神力充盈的氛围，油然泛起对自然神灵的敬畏之情。除了自然的绽出之外，岩画本身同样也存在绽出。首先，岩画采用了大片的赭红色颜料进行绘制。张晓凌认为原始人对色彩的感知与现代人存在本质上的差距。他认为，原始人"只能将'绿'归结为树叶色，'红'归结为血色"[②]。就像杯子的蓝色将清冷赋予整个空间一样，岩画的红色也使鲜艳夺目充斥了整个空间。在骆越先民的眼中，最初被感知的并不是岩画的形状及内容，而是大面积的血色。棕黄浅灰的山崖峡谷压迫而来，鲜艳神秘的巨大岩画高悬于顶。先民顿时被这种夺目的神秘气氛所笼罩。其次，众多的人像或纵向或横向地分布，居于中心的是远比其他人像更加巨大的正身人像，较小的正身人像则分布周围，中间杂有铜鼓等礼乐之器，还有犬类生物图像杂处其间。侧身人像动作齐整地朝向中心人像，或左或右的动作呈现出韵律与节奏之美。整个画面主次分明，错落有致，张弛有度，看似混乱实则包含秩序。岩画上绘制的祭祀与舞蹈场面，钟鼓齐鸣，场面庄重，人物动作齐整，双手高举。一个宏大的仪式仿佛正在身边举办，自己则只能仰视庞大的庄重仪式，一种充满敬畏的气氛就此形成。岩画的颜色与图案交织在一起，渲染出仪式所具有的强大的力量、整齐的节奏、规范的流程。即使此处没有举行仪式，恢宏场面仿佛扑面而来，足以营造出高耸深沉而富有动感、神秘又栩栩如生的神圣氛围。宏大的场面采用骆越人眼中的血色绘制，那上面的人像就不再是过去的影像，而是被祖先和神灵附身的神圣符号。可见，整个岩画在空间中绽出，神秘、神圣、敬畏及无上神力亲临的气氛被营造出来。

骆越人身体性地感受并浸入神秘和神圣的气氛之中，神圣的氛围使得此处的空间同质性发生变化，神圣空间得以建构。骆越人对花山岩画的感受并不仅仅源于视觉，还源于身体性在神圣氛围中的存在：他们通过眼睛、听闻钟鸣鼓乐的耳朵，还有嗅觉、味觉

---

① Gernot Bohme: *The Aesthetics of Atmospheres*. Jean-Paul Thibaud (ed.), Routledge, 2017, p.26.
② 张晓凌：《中国原始艺术精神》，重庆出版社2004年版，第227页。

等多重感觉,以及参与舞蹈动作的身体,共同感应和感受神圣的气氛。在祭祀仪式中,铜鼓铜铃的撞击声与人声激荡回旋在山水间,人身神影伴随天光云影照射在岩壁、水面上,骆越人的整个身体虔诚地沉浸在神圣气氛中,由此激发了骆越先民对神灵、祖先、灵魂的敬畏和崇拜,使得整个氛围更加神秘和神圣。在神圣的气氛中,骆越人感受到自己在神灵栖息之处存在,在一个强大的族群组织(集体)里存在,在这个世界上鲜明地存在。于是,花山的山、水、天显圣物,各种仪式与舞蹈,以及仪式中的骆越人,共同营构弥漫着神秘性的氛围,这种神圣的气氛使得空间的性质发生了改变,空间具有了神圣性。波默认为气氛必然带有情绪,不可能是中性的,"气氛始终有一种趋势,设定某种情感基调"①,主体对气氛的身体性的察觉就像被某种情绪的大气所笼罩,察觉到气氛的同时情感也会发生。波默认为存在着两种情况,分别是浸入与相异。浸入意味着主体踏入空间时被其中的气氛所感染,主体的情感与客体绽出的情感达成一致。相异则与浸入相反,它意味着主体感受到一个不同于当前情绪状态的另一种状态,虽然他感受到气氛的情绪与自己的情感不同,但他仍然会不可避免地被气氛所蕴含的情感影响着。对于骆越人而言,他们进入花山岩画所处的自然空间和仪式建构的神秘空间,无论自身怀有什么样的情感,都将被整个空间饱含的神圣气氛所影响,最后浸入其中。气氛通过感知直接影响情感,骆越人与其说通过复杂的理性思考之后浸入神圣空间,不如说受到了感性和情绪的感染而成为弥漫着气氛的神圣空间的有机组成部分,在弥漫的气氛中体验着仪式,体验着神秘和神圣,骆越人与神圣空间构成一个有机统一的世界。于是,骆越先民对于神灵的敬畏、集体的认同归属和首领的崇敬会直接而迅速地倍增,这不仅使得个人获得了安全感、存在感和意义,更重要的是使整个群体的凝聚力与信仰与日俱增。

左江花山岩画作为世界非物质文化遗产,蕴含着丰富的人类文化密码和人类学价值,是研究壮族文化和民族精神的宝贵文化遗产,是中华民族优秀文化的有机组成部分。立足于花山岩画的空间研究,从显圣物、仪式和氛围三个维度出发,对花山岩画的环境、岩画图案、仪式乃至骆越先民的生活生存空间进行考察,对于建构整体性的神圣空间具有丰富的文化意义和精神价值。花山岩画的神圣空间,不仅仅是古骆越人精神生活的原点,还是其生产生活的重要场所,对于凝聚群体(族群)共识,深化文化共同体意识,提升族群归属感和认同感等具有重要的意义。花山岩画的神圣空间研究,不仅为研究骆越及壮族文化提供了有益的尝试,亦为岩画的进一步研究提供了独特视角和思路。

---

① [德]格诺德·波默,杨震:《伯梅气氛美学访谈录》,《外国美学》2019年第2辑。

主要参考文献

一、著作类

埃尔曼·R. 瑟维斯. 人类学百年争论：1860—1960［M］. 贺志雄，等译. 昆明：云南大学出版社，1997.

柏拉图. 柏拉图对话集［M］. 王太庆，译. 北京：商务印书馆，2004.

曹典顺. 马克思《人类学笔记》研究读本［M］. 北京：中央编译出版社，2013.

戴维·洛奇. 二十世纪文学评论：上册［M］. 葛林，等译. 上海：上海译文出版社，1987.

邓福星. 艺术前的艺术：史前艺术研究［M］. 济南：山东文艺出版社，1986.

邓晓芒. 冥河的摆渡者：康德的《判断力批判》［M］. 昆明：云南人民出版社，1997.

E. 希尔斯. 论传统［M］. 傅铿，吕乐，译. 上海：上海人民出版社，1991.

樊平. 历代桂林山水风情诗词400首［M］. 桂林：漓江出版社，2004.

范成大. 桂海虞衡志校补［M］. 齐治平，校注. 南宁：广西民族出版社，1984.

方汉文. 比较文化学［M］. 桂林：广西师范大学出版社，2003.

冯景源. 人类境遇与历史时空：马克思《人类学笔记》、《历史学笔记》研究［M］. 北京：中国人民大学出版社，2004.

弗朗索瓦·达高涅. 理性与激情：加斯东·巴什拉传［M］. 尚衡，译. 北京：北京大学出版社，1997.

弗朗兹·博厄斯. 人类学与现代生活［M］. 刘莎，谭晓勤，张卓宏，译. 北京：华夏出版社，1999.

弗洛依德. 图腾与禁忌［M］. 北京：中国民间文艺出版社，1986.

傅其林. 审美意识形态的人类学阐释［M］. 成都：巴蜀书社，2008.

傅修延，夏汉宁. 文学批评方法论基础［M］. 南昌：江西人民出版社，1986.

高丙中. 民俗文化与民俗生活［M］. 北京：中国社会科学出版社，1994.

格罗塞. 艺术的起源［M］. 蔡慕晖，译. 北京：商务印书馆，1984.

广西壮族自治区民族研究所. 广西左江流域崖壁画考察与研究［M］. 南宁：广西民

族出版社, 1987.

郭于华. 仪式与社会变迁 [M]. 北京: 社会科学文献出版社, 2000.

过伟. 中国女神 [M]. 南宁: 广西教育出版社, 2000.

何毛堂, 李玉田, 李金伟. 黑衣壮的人类学考察 [M]. 南宁: 广西人民出版社, 1999.

黑格尔. 美学: 第一卷 [M]. 朱光潜, 译. 北京: 商务印书馆, 1979.

黑格尔. 小逻辑 [M]. 贺麟, 译. 北京: 商务印书馆, 1980.

黄汝训, 黄喆. 花山崖壁画研究 [M]. 北京: 中国广播电视出版社, 2005.

黄淑娉, 龚佩华. 文化人类学理论方法研究 [M]. 广州: 广东高等教育出版社, 1996.

江灏, 钱宗武. 今古文尚书全译 [M]. 贵阳: 贵州人民出版社, 1990.

江西省文联文艺理念研究室. 文学研究新方法论 [M]. 南昌: 江西人民出版社, 1985.

蒋炳钊. 百越文化研究 [M]. 厦门: 厦门大学出版社, 2005.

金泽. 中国民间信仰 [M]. 杭州: 浙江教育出版社, 1995.

康德. 纯粹理性批判 [M]. 邓晓芒, 译. 北京: 人民出版社, 2005.

康德. 实用人类学 [M]. 邓晓芒, 译. 上海: 上海人民出版社, 2005.

克莱夫·贝尔. 艺术 [M]. 周金环, 马钟元, 译. 北京: 中国文联出版社, 1984.

克利福德·格尔茨. 文化的解释 [M]. 韩莉, 译. 南京: 译林出版社, 1999.

克恰诺夫, 李范文, 罗矛昆. 圣立义海研究 [M]. 银川: 宁夏人民出版社, 1995.

蓝怀昌, 蓝书京, 蒙通顺. 密洛陀 [M]. 北京: 中国民间文艺出版社, 1988.

雷·韦勒克, 奥·沃伦. 文学理论 [M]. 刘象愚, 等译. 北京: 生活·读书·新知三联书店, 1984.

雷蒙·阿隆. 社会学主要思潮 [M]. 葛智强, 胡秉成, 王沪宁, 译. 北京: 华夏出版社, 2000.

梁庭望. 壮族风俗志 [M]. 北京: 中央民族学院出版社, 1987.

列维-斯特劳斯. 忧郁的热带 [M]. 王志明, 译. 北京: 生活·读书·新知三联书店, 2000.

林锋. 马克思"人类学笔记"研究: 前沿问题探讨 [M]. 北京: 北京大学出版社, 2021.

林惠祥. 文化人类学 [M]. 上海: 上海文艺出版社, 1991.

刘勰. 文心雕龙注 [M]. 范文澜, 注. 北京: 人民文学出版社, 2008.

鲁枢元. 生态文艺学 [M]. 西安: 陕西人民教育出版社, 2000.

陆扬, 王毅. 文化研究导论 [M]. 上海: 复旦大学出版社, 2006.

罗钢, 刘象愚. 文化研究读本 [M]. 北京: 中国社会科学出版社, 2000.

马尔库斯，费彻尔．作为文化批评的人类学：一个人文学科的实验时代［M］．王铭铭，等译．北京：生活·读书·新知三联书店，1998．

马克思，恩格斯．马克思恩格斯全集：第46卷上册［M］．北京：人民出版社，1979．

马克思．1844年经济学-哲学手稿［M］．北京：人民出版社，1979．

马克思恩格斯选集：第一卷［M］．北京：人民出版社，1972．

马克思恩格斯选集：第三卷［M］．北京：人民出版社，1972．

马克思恩格斯选集：第四卷［M］．北京：人民出版社，1972．

马凌诺斯基．西太平洋的航海者［M］．梁永佳，李绍明，译．北京：华夏出版社，2001．

马文·哈里斯．文化人类学［M］．李培茱，高地，译．北京：东方出版社，1988．

米尔恰·伊利亚德．神圣与世俗［M］．王建光，译．北京：华夏出版社，2002．

莫金山．瑶族石牌制［M］．南宁：广西民族出版社，2000．

农冠品．壮族神话集成［M］．南宁：广西民族出版社，2007．

农冠品，等．女神·歌仙·英雄：壮族民间故事新选［M］．南宁：广西民族出版社，1992．

潘志清．西南少数民族心理特征嬗变研究［M］．南宁：广西人民出版社，2006．

皮亚杰．发生认识论原理［M］．王宪钿，等译．北京：商务印书馆，2011．

若盎·塞尔维埃．民族学［M］．王光，译．北京：商务印书馆，1996．

尚玉昌．生态学概论［M］．北京：北京大学出版社，2003．

史宗．二十世纪西方宗教人类学文选［M］．上海：生活·读书·新知上海三联书店，1995．

覃圣敏，等．广西左江流域崖壁画考察与研究［M］．南宁：广西民族出版社，1987．

唐华．花山文化研究［M］．南宁：广西人民出版社，2006．

唐正柱．红水河文化研究［M］．南宁：广西人民出版社，2001．

特里·伊格尔顿．审美意识形态［M］．王杰，傅德根，麦永雄，译．桂林：广西师范大学出版社，2001．

王杰．寻找母亲的仪式：南宁国际民歌艺术节的审美人类学考察［M］．桂林：广西师范大学出版社，2004．

王学谦．自然文化与20世纪中国文学［M］．长春：吉林大学出版社，1999．

威廉·A.哈维兰．文化人类学［M］．瞿铁鹏，张钰，译．上海：上海社会科学院出版社，2006．

韦其麟．壮族民间文学概观［M］．南宁：广西人民出版社，1988．

维柯．新科学：上册［M］．朱光潜，译．北京：商务印书馆，1989．

维特根斯坦. 逻辑哲学论［M］. 郭亮,译. 北京：商务印书馆,1985.

乌丙安. 中国山岳的文化版模//游琪,刘锡诚. 山岳与象征［M］. 北京：商务印书馆,2001.

吴超. 中国民歌［M］. 杭州：浙江教育出版社,1995.

伍蠡甫. 西方文论选［M］. 上海：上海译文出版社,1979.

谢选骏. 中国神话［M］. 杭州：浙江教育出版社,1995.

徐崇温. 用马克思主义评析西方思潮［M］. 重庆：重庆出版社,1990.

徐霞客. 徐霞客桂林山水游记［M］. 许凌云,张家璠,注译. 南宁：广西人民出版社,1982.

许嘉璐. 文白对照十三经［M］. 广州：广东教育出版社；西安：陕西人民教育出版社；南宁：广西教育出版社,1995.

叶舒宪. 文学人类学探索［M］. 桂林：广西师范大学出版社,1998.

叶舒宪. 庄子的文化解析［M］. 武汉：湖北人民出版社,1997.

袁鼎生. 超循环：生态方法论［M］. 北京：科学出版社,2010.

袁亚愚,徐晓禾. 当代社会学的研究方法［M］. 成都：四川大学出版社,1986.

袁愈荌. 诗经全译［M］. 贵阳：贵州人民出版社,1981.

詹姆斯·博曼. 社会科学的新哲学［M］. 李霞,等译. 上海：上海人民出版社,2006.

张猛,顾昕,张继宗. 人的创世纪：文化人类学的源流［M］. 成都：四川人民出版社,1987.

张晓凌. 中国原始艺术精神［M］. 重庆：重庆出版社,1992.

中共中央马克思、恩格斯、列宁、斯大林著作编译局. 马克思古代社会史笔记［M］. 北京：人民出版社,1996.

中国人类学学会. 国外人类学：2［M］. 广州：广东高等教育出版社,1980.

中国人民政治协商会议广西壮族自治区委员会. 左江花山岩画文化景观图典［M］. 南宁：广西人民出版社,2018.

中国社会科学院情报研究所. 科学学译文集［M］. 北京：科学出版社,1980.

钟敬文. 民俗学概论［M］. 上海：上海文艺出版社,1998.

钟敬文. 钟敬文民俗学论集［M］. 上海：上海文艺出版社,1998.

钟嵘. 诗品全译［M］. 徐达,译注. 贵阳：贵州人民出版社,1990.

周去非. 岭外代答校注［M］. 杨武泉,校注. 北京：中华书局,1999.

庄孔韶. 人类学通论［M］. 太原：山西教育出版社,2002.

庄锡昌,孙志民. 文化人类学的理论构架［M］. 杭州：浙江人民出版社,1988.

二、期刊论文

陈一军. 马克思《人类学笔记》的美学意义［J］. 马克思主义美学研究,2018（1）.

冯宪光，傅其林. 审美人类学的形成及其在中国的现状与出路［J］. 广西民族学院学报，2004（5）.

格诺德·伯梅，杨震. 伯梅气氛美学访谈录［J］. 外国美学，2019（2）.

郭浩. 马克思《人类学笔记》研究综述［J］. 邢台学院学报，2014（1）.

韩荣培. 水族铜鼓舞探源［J］. 贵州民族研究，1995（1）.

贺慧星，向汉庆. 马克思《人类学笔记》论实现物质变换的文化路径［J］. 长春大学学报，2020（5）.

胡经之. 走向文化美学［J］. 学术研究，2001（1）.

黄亚琪. 从自然空间到精神圣地：左江岩画分布空间研究［J］. 广西民族师范学院学报，2019（2）.

江丹林，孙麾. 论马克思晚年"人类学笔记"与马克思主义人类学建设［J］. 学术界，1990（5）.

赖大仁，李婕婷. 马克思美学思想与当代美学研究之反思［J］. 中国人民大学学报，2021（5）.

赖大仁. 马克思人类学美学思想略论［J］. 青海社会科学，1992（1）.

蓝日勇. 骆越花山岩画文化研究：骆越文化研究系列之四［J］. 广西师范学院学报，2017（5）.

廖国一. 论西瓯、骆越文化与中原文化的关系［J］. 民族研究，1996（6）.

刘成群，高云鹏. "人类学笔记"与马克思对黑格尔历史主义的扬弃［J］. 天府新论，2021（4）.

马玉华. 20世纪中国人类学研究述评［J］. 江苏大学学报，2007（6）.

孟凡君，王杰. 恩格斯的美学思想探源：兼论马克思主义美学的审美实证精神［J］. 马克思主义美学研究，2020（2）.

彭继红，吴清松. 马克思《人类学笔记》中的原始生态思维初探［J］. 湖南行政学院学报，2021（2）.

覃彩銮. 骆越青铜文化初探［J］. 广西民族研究，1986（2）.

王杰. 古代神话与现代美学：学习马克思《人类学笔记》中的美学论述［J］. 广西大学学报，1990（1）.

王杰. 美学研究的人类学转向与文学学科的文化实践：以南宁国际民歌艺术节的初步研究为例［J］. 广西民族学院学报，2004（5）.

王杰，等. 审美人类学视野中的"南宁国际民歌节"［J］. 民族艺术，2002（3）.

王杰，海力波. 马克思的审美人类学思想［J］. 广西师范大学学报，2000（4）.

王杰，彭兆荣，覃德清. 审美人类学三人谈［J］. 广西民族学院学报，2002（6）.

王杰，覃德清，海力波. 审美人类学的学理基础与实践精神［J］. 文学评论，2002（4）.

王铭铭. 二十五年来中国的人类学研究：成就与问题［J］. 江西社会科学，2005（12）.

王永灿. 人类生态维度的原点性回溯：《人类学笔记》中马克思生态思想解读［J］. 江苏科技大学学报，2020（2）.

闫丹阳. 浅谈马克思晚年《人类学笔记》的写作原因与背景［J］. 今古文创，2021（47）.

张浩然. 马克思晚年《人类学笔记》思想研究新视域［J］. 经济师，2022（4）.

张嘉馨. 岩画的空间环境及其神圣性研究［J］. 民族论坛，2019（4）.

张谨. 马克思人类学笔记与摩尔根《古代社会》的比较研究：晚年马克思的自我超越［J］. 华中学术，2021（3）.

张利群. 论花山崖壁画影象造型的生命意识及其人类学意蕴［J］. 贵州民族研究，2003（2）.

张良丛. 论审美人类学的学科建构和价值诉求［J］. 东方论坛，2010（4）.

郑元者. 蒋孔阳的美论及其人类学美学主题［J］. 文艺研究，1996（6）.

周书灿. 中国早期四岳、五岳地理观念析疑［J］. 浙江学刊，2012（4）.

三、学位论文

苟爱萍. 贺兰山人面岩画的图像学研究［D］. 北京：中央民族大学博士学位论文，2018.

李碧莹. 马克思《人类学笔记》的社会发展思想及价值研究［D］. 沈阳：沈阳航空航天大学硕士学位论文，2020.

刘云思华. 花山岩画艺术发生学研究［D］. 桂林：广西师范大学硕士学位论文，2017.

吴青云. 马克思《人类学笔记》人与自然共生思想研究［D］. 南京：南京师范大学硕士学位论文，2021.

徐圣权. 马克思《人类学笔记》中的文化思想研究［D］. 青岛：青岛科技大学硕士学位论文，2022.

杨超. 圣坛之石：意大利梵尔卡莫妮卡研究的现状以及启示［D］. 北京：中央民族大学博士学位论文，2009.

尹庆红. 黑衣壮山歌文化的内涵与现代审美价值［D］. 桂林：广西师范大学硕士学位论文，2005.

张浩然. 马克思晚年《人类学笔记》的社会历史思想研究［D］. 哈尔滨：黑龙江大学硕士学位论文，2022.

后 记

自 2017 年广西师范大学教材建设项目立项起,文学院文艺学教研室组织"审美人类学理论与批评"研究团队,反复讨论本教材编写体例大纲,开展分工与协作、专题研究与整体研究、修改与统稿等工作,经过四年多的不懈努力,终于在 2023 年 6 月底顺利完成初稿撰写任务。全书由张利群策划,刘世文统稿,具体章节撰写者及分工如下:

绪论,张利群;第一章,张利群、莫其逊;第二章,廖国伟、王朝元;第三章,莫其逊、张利群、廖国伟;第四章,刘世文;第五章,张利群、刘世文;第六章,张利群、张逸;第七章,张利群、刘世文、张逸。

本书在编写过程中得到学界同人诸多指导与帮助,在此一并致谢。期待本书顺利出版后,能够得到专家学者的批评指正。

审美人类学作为一门方兴未艾而又前景辉煌的新兴学科,正处在构建与建设过程中,我们愿为之增砖添瓦以建构起高楼大厦,推动审美人类学研究进一步发展。